国内外主粮作物质量安全限量标准比较研究

郑鹭飞 杨明 金茂俊 主编

GUONEIWAI ZHULIANG ZUOWU
ZHILIANG ANQUAN
XIANLIANG BIAOZHUN
BIJIAO YANJIU

化学工业出版社
·北京·

内容简介

本书以主粮作物种植过程中的农药投入品、重金属污染和采收储运过程中的真菌毒素污染等风险因子作为切入点，梳理比较国内和国际上相关主粮作物质量安全标准，主要包括国内外主粮农药残留限量标准、国内外主粮重金属及污染物和真菌毒素限量标准等内容，同时全面整理了国内主粮生产技术规程标准，以期帮助读者了解我国相关标准的制定情况以及在国际上所处的水平，发现我国相关标准制定中的缺项与不足，为我国相关部门统筹后续标准制定提供参考，也为主粮作物生产加工、相关主粮产品质量安全检测监管提供参考。

本书可供主粮作物生产加工企业、主粮作物国际贸易人员、农技推广人员、主粮作物中农药残留标准制定人员等参考和使用。

图书在版编目（CIP）数据

国内外主粮作物质量安全限量标准比较研究 / 郑鹭飞，杨明，金茂俊主编. —北京：化学工业出版社，2023.6
ISBN 978-7-122-43198-1

Ⅰ.①国… Ⅱ.①郑… ②杨… ③金… Ⅲ.①粮食-食品标准-对比研究-世界 Ⅳ.①TS210.7

中国国家版本馆 CIP 数据核字（2023）第 054652 号

责任编辑：孙高洁　刘　军　　　　　文字编辑：李娇娇
责任校对：边　涛　　　　　　　　　装帧设计：王晓宇

出版发行：化学工业出版社（北京市东城区青年湖南街 13 号　邮政编码 100011）
印　　装：涿州市般润文化传播有限公司
710mm×1000mm　1/16　印张 14¼　字数 249 千字　2023 年 7 月北京第 1 版第 1 次印刷

购书咨询：010-64518888　　　　　　　　　售后服务：010-64518899
网　　址：http://www.cip.com.cn

凡购买本书，如有缺损质量问题，本社销售中心负责调换。

定　　价：98.00 元

本书编写人员名单

主　　编：郑鹭飞　杨　明　金茂俊

副 主 编：佘永新　王　淼　黄晓冬　曹　振　邵　勇

参编人员：（按姓名汉语拼音排序）

　　　　　高　松　李敏洁　李晓慧　王洪萍　王　琨

　　　　　王　琦　王　倩　王源上　许灵媛　杨艺玥

　　　　　岳　宁　张　琛

前言

民以食为天。粮食始终是治国安邦的重要战略物资。近年来，随着农业科技的不断进步，我国粮食连年丰收，粮食产量连续 7 年保持在 1.3 万亿斤（1 斤=500g）以上，2021 年粮食总产量达到 13657 亿斤。同时，我国也是粮食进口大国，据统计，2021 年我国进口粮食 16453.9 万吨，同比增长 18.1%。

农产品质量和食品安全事关人民身体健康和生命安全。为切实保障农产品质量和食品安全，各国制定了一系列农产品质量和食品安全标准，也依据标准开展了大量的农产品检测和质量安全监管措施。在标准制定过程中，在充分保障质量安全基础上，各国也会根据农产品生产供应及进出口情况，采用宽严不同的限量值。相应农产品质量和食品安全标准已成为世界上很多国家越来越重视的技术性贸易措施。

鉴于以上，本书系统收集整理了国内外主粮生产技术规程标准，为我国相关部门后续标准制定提供参考，也为主粮作物生产加工及产品质量安全保障监督提供参考。本书附录部分有关农药没有官方中文通用译名的，编者以化学名表示。

本书的出版得到了国家农产品质量安全风险评估专项的资助。在编写过程中得到了农业农村部农药检定所李富根研究员的支持和指导，感谢全体参编人员在数据收集整理方面的辛勤付出。

鉴于编者知识水平和认知范围有限，所收集资料数据定有不全之处甚至还会存在纰漏瑕疵，敬请各位专家和同仁批评指正。

编者
2022 年 12 月

目录

1

国内外主粮农药残留
限量标准

随着世界人口的日益增长与国际贸易的日益加深，主粮的国际贸易一直是农产品国际贸易中的活跃分子。近年来随着我国农业科技的投入加大，良种与良法的推广普及使得我国粮食产量一直保持高位并有稳定的增长，这也使得我国粮食在数量上可以满足市场需求，由于粮食作物种植过程中不可避免会遭受病虫害的侵袭所以化学投入品的使用是保证粮食增产丰收的重要保障之一，因此在产量得到保证的情况下主粮的质量安全问题就更需要严格把控。作为植物源性农产品，农药残留是影响粮食质量安全的重要因素之一。由于我国是粮食进口大国，农药残留是影响我国进口粮食安全的重要环节。国际农产品贸易中欧盟、日本、美国是质量安全的领跑者，他们凭借自身先进的科学技术和在农药残留限量管理及风险评估方面的先进经验，制定了详细的农药残留限量标准。因国际食品法典委员会（Codex Alimentarius Commission，CAC）的相关标准在国际贸易中的准绳作用，其制定的农药残留限量标准对国际农产品贸易具有积极的推动指导作用。为了解国内外主粮农药残留限量标准制定情况，编者共收集整理了 9 个国家和地区以及国际组织中主粮农药最大残留量标准，进行比较分析：一是在国际农产品贸易中农药残留限量标准有话语权的国家和地区，如欧盟、日本、美国；二是与我国粮食贸易比较频繁的国家，如澳大利亚、新西兰、韩国等；三是在国际农产品贸易中起准绳作用的CAC。通过比较研究，弄清楚我国制定的主粮中农药残留限量标准在国际上所处水平，分析研判优势与不足，为后续我国制定和修订主粮中农药残留限量标准提供可靠数据支撑。

1.1 国内外农药管理概述

综合对比发现，与我国 GB 2763—2021《食品安全国家标准 食品中农药最大残留限量》相比，农药残留限量标准数量最多的是欧盟（超过 20 万条，测算依据 318 个农产品，656 个活性物质），其次是日本。究其原因主要是欧盟和日本农业科技较发达且农产品进口量大，完备的农产品质量安全标准是对进口农产品质量安全严格管理的手段之一，同时也是贸易门槛，可以使欧盟和日本在农产品进口贸易中处于主导地位。因此我国在后续制（修）定农药最大残留限量标准时可以考虑积极参考国际标准并结合我国实情，为我国食品质量安全与我国在国际农产品贸易中占据主导地位提供制度保障。

1.1.1　国内外水稻农药残留限量标准总览

综合数据，对国内外水稻（包括糙米，以下省略"包括"二字）农药残留限量标准的数量和残留限量值进行对比分析，结果见表1-1。

与GB 2763—2021《食品安全国家标准　食品中农药最大残留限量》相比，水稻（糙米）农药残留限量标准数量最多的是欧盟，其次是日本，分别是498项和300项，因此我国在后续制（修）定农药残留限量标准时可以重点参考欧盟标准。此外，我国香港特别行政区制定的水稻（糙米）中的农药最大残留量有45个，与内地制定的282项限量标准比较，其中242种农药仅内地有制定限量标准，5种农药仅香港特别行政区有制定限量标准。两地都有最大残留量的农药有40种，其中30种农药最大残留量标准一致，4种农药最大残留限量标准内地限量值比较低，6种香港特别行政区较低。我国台湾地区制定的水稻（糙米）农药最大残留限量标准146项，与大陆的282项农药最大残留量相比，其中192项农药仅大陆有制定最大残留限量标准，56种农药仅台湾地区有制定最大残留限量标准。两地均有最大残留量的农药有90种，其中27种农药最大残留限量标准一致，30种农药最大残留限量标准大陆限量值较低，33种农药最大残留限量标准台湾地区限量值较低。

表1-1　国内外水稻（糙米）农药残留限量标准对比情况汇总表

国家 （地区、组织）	国外农药残留限量总数/项	仅中国有规定的农药数量/种	中、外均有规定的农药数量/种	仅国外有规定的农药数量/种	中、外均有规定的农药		
					比国外严格的农药数量/种	与国外一致的农药数量/种	比国外宽松的农药数量/种
CAC	40	248	34	6	8	17	9
欧盟	498	139	143	355	26	26	91
美国	91	230	52	39	27	13	12
澳大利亚、新西兰	111	227	55	56	14	13	28
日本	300	144	138	162	49	31	58
韩国	246	155	127	119	35	35	57

1.1.2　国内外小麦农药残留限量标准总览

综合数据，对国内外小麦农药残留限量标准的数量和残留限量值进行对比分析，结果见表 1-2。

与 GB 2763—2021《食品安全国家标准　食品中农药最大残留限量》相比，小麦农药残留限量标准数量最多的是欧盟，其次是日本，分别是 498 项和 258 项，我国在后续制（修）定农药残留限量标准时可以重点参考欧盟标准。此外，我国香港特别行政区制定的小麦中的农药最大残留限量有 90 个，与内地制定的 241 项限量标准比较，其中 176 种农药仅内地有制定限量标准，25 种农药仅香港特别行政区有制定限量标准。两地都有最大残留限量的农药有 65 种，其中 45 种农药最大残留限量标准一致，14 种农药最大残留限量标准内地限量值比较低，6 种香港特别行政区较低。我国台湾地区制定的小麦农药最大残留限量标准为 55 项，与大陆的 241 项农药最大残留限量相比，其中 198 项农药仅大陆有制定最大残留限量标准，12 种农药仅台湾地区有制定最大残留限量标准。两地均有最大残留限量的农药有 43 种，其中 22 种农药最大残留限量标准一致，6 种农药最大残留限量标准大陆限量值较低，15 种农药最大残留限量标准台湾地区限量值较低。

表 1-2　国内外小麦农药残留限量标准对比情况汇总表

国家（地区、组织）	国外农药残留限量总数/项	仅中国有规定的农药数量/种	中、外均有规定的农药数量/种	仅国外有规定的农药数量/种	中、外均有规定的农药		
					比国外严格的农药数量/种	与国外一致的农药数量/种	比国外宽松的农药数量/种
CAC	65	185	56	9	11	34	11
欧盟	498	101	140	358	30	47	63
美国	104	192	49	55	20	14	15
澳大利亚、新西兰	129	174	67	62	14	24	29
日本	258	119	122	136	53	49	20
韩国	165	170	71	94	18	29	24

1.1.3　国内外玉米农药残留限量标准总览

综合数据，对国内外玉米农药残留限量标准的数量和残留限量值进行对比分析，结果见表 1-3。

与 GB 2763—2021《食品安全国家标准　食品中农药最大残留限量》相比，玉米农药残留限量标准数量最多的是欧盟，其次是日本，分别是 497 项和 275 项，因此我国在后续制（修）定农药残留限量标准时可以重点参考欧盟标准。

此外，我国香港特别行政区制定的玉米中的农药最大残留限量有 98 个，与内地制定的 207 项限量标准比较，其中 146 种农药仅内地有制定限量标准，37 种农药仅香港特别行政区有制定限量标准。两地都有最大残留限量的农药有 61 种，其中 43 种农药最大残留限量标准一致，6 种农药最大残留限量标准内地限量值比较低，12 种香港特别行政区较低。我国台湾地区制定的玉米农药最大残留限量标准为 40 项，与大陆的 207 项农药最大残留限量相比，其中 184 项农药仅大陆有制定最大残留限量标准，17 种农药仅台湾地区有制定最大残留限量标准。两地均有最大残留限量的农药有 23 种，其中 11 种农药最大残留限量标准一致，7 种农药最大残留限量标准大陆限量值较低，5 种农药最大残留限量标准台湾地区限量值较低。

表 1-3　国内外玉米农药残留限量标准对比情况汇总表

国家 （地区、组织）	国外农药残留限量总数/项	仅中国有规定的农药数量/种	中、外均有规定的农药数量/种	仅国外有规定的农药数量/种	中、外均有规定的农药		
					比国外严格的农药数量/种	与国外一致的农药数量/种	比国外宽松的农药数量/种
CAC	55	160	47	8	2	35	10
欧盟	497	87	120	377	15	46	59
美国	137	158	49	88	16	21	12
澳大利亚、新西兰	106	155	52	54	15	20	17
日本	275	94	113	162	47	44	22
韩国	171	128	79	92	24	29	26

1.1.4　国内外马铃薯农药残留限量标准总览

综合数据，对国内外马铃薯农药残留限量标准的数量和残留限量值进行对比分析，结果见表 1-4。

与 GB 2763—2021《食品安全国家标准　食品中农药最大残留限量》相比，马铃薯农药残留限量标准数量最多的是欧盟，其次是日本，数量分别是 495 项和 278 项，因此我国在后续制（修）定农药残留限量标准时可以重点参考欧盟。此外，我国香港特别行政区制定的马铃薯中的农药最大残留限量有 72 个，与内地制定的 200 项限量标准比较，其中 151 种农药仅内地有制定限量标准，23 种农药仅香港特别行政区有制定限量标准。两地都有最大残留限量的农药有 49 种，其中 29 种农药最大残留限量标准一致，12 种农药最大残留限量标准为内地限量值比较低，8 种为香港特别行政区较低。我国台湾地区制定的马铃薯农药最大残留限量标准为 72 项，与大陆的 200 项农药最大残留限量相比，其中 158 项农药为仅大陆有制定最大残留限量标准，30 种农药为仅台湾地区有制定最大残留限量标准。两地均有最大残留限量的农药有 42 种，其中 26 种农药最大残留限量标准一致，9 种农药最大残留限量标准为大陆限量值较低，7 种农药最大残留限量标准为台湾地区限量值较低。

表 1-4　国内外马铃薯农药残留限量标准对比情况汇总表

国家 （地区、组织）	国外农药残留限量总数/项	仅中国有规定的农药数量/种	中、外均有规定的农药数量/种	仅国外有规定的农药数量/种	中、外均有规定的农药		
					比国外严格的农药数量/种	与国外一致的农药数量/种	比国外宽松的农药数量/种
CAC	79	134	66	13	10	46	10
欧盟	495	81	119	376	19	43	57
美国	65	160	39	26	22	7	10
澳大利亚、新西兰	77	163	37	40	10	11	16
日本	278	86	114	164	48	45	21
韩国	207	102	98	111	35	31	32

1.1.5　"一律限量"标准解析

"一律标准"大多数是指日本肯定列表中的"一律标准"，"一律标准"作为日本肯定列表制度的核心是指日本对某些农业化学品在农产品中的残留量对人体健康是否有潜在危害的水平缺乏科学依据，便以 0.01mg/kg 为农药残留指标，这一指标是以 50kg 的人均体重、可接受摄入量为 $0.03\mu g/(kg \cdot d)$，人均摄入各类食物以 150g 为基准计算得来的。日本对在肯定列表中所覆盖的所有农业化学品和食品/农产品规定如下：有"最大残留限量"标准的则遵从"最大残留限量"标准；无"最大残留限量"标准的则按 0.01mg/kg 的"一律标准"对待。这里未制定"最大残留限量"标准的包括下列两种情况：

（1）在任何食品/农产品中均未制定"最大残留限量"标准，如日本未针对杀虫双农药制定任何"最大残留限量"标准，即杀虫双在所有食品/农产品中的残留限量均为"一律标准"（0.01mg/kg）；

（2）尽管某种农药已针对某些食品/农产品制定了"最大残留限量"标准，但未对所讨论的特定食品/农产品制定"最大残留限量"标准，如肯定列表中对蜂蜜设定了 64 种农药限量指标，但对于其他蜂产品（比如花粉、蜂胶、蜂蜡等）没有设置具体的限量指标，这就意味着花粉、蜂胶、蜂蜡等蜂产品都实行"一律标准"。

就欧盟而言，在执行最低检测限时，针对不同食品种类和化学以及检测仪器反应的具体情况，其限量指标是不同的，范围可在 0.01～0.1mg/kg 之间。欧盟将对未在欧洲登记注册，或没有充分依据说明农药残留对消费者不构成危害的产品，设置最低检测限（limit of determination，LOD）为其最大残留限量（maximum residue limit，MRL），即现行的 0.01mg/kg，又称"一律标准"。一般来说，以 LOD 作为 MRL 的有 8 种情况：

（1）某活性物质已被淘汰不再使用，在正常情况下也就排除了残留物在产品中出现的可能性，但存在非法使用和旧的原料中留有残留的可能。

（2）严格禁止有残留的品种，该化合物已被禁用，进口商品也不允许有残留。

（3）按授权使用某一农药，按授权的施药方式而无残留。

（4）在某些作物中，因未使用过该物质而无残留。

（5）虽然欧盟已不再授权使用，但第三国可能被广泛使用，从这些国家进口的产品中可能有该物质的残留。

（6）原有的 MRL 偏高，随着试验研究的深入，认为原 MRL 已不符合要求，但旧的指标还未被修改。

（7）由于对环境和人的安全考虑，某一物质被禁用。

（8）对试验数据尚不充分的产品，也可采用 LOD 的政策性标准。

欧盟采取 0.01mg/kg 作为"一律标准"，主要是因为针对目前正在使用的农药品种，以 0.01mg/kg 建立的 MRL，对消费者具有较好的保护性；不能以"0"作为指标，因为没有一种分析方法能真正测得"0"的残留量，只能无限向"0"指标靠近。

实际上在日本制定"一律标准"以前，其他国家或地区对设置"一律标准"的问题已经在考虑并实施。现将有关国家或地区的情况列于表 1-5。

表 1-5 有关国家或地区"一律标准"情况

国家或地区	一律标准/(mg/kg)
加拿大	0.1（正在修订中）
新西兰	0.1
德国	0.01
美国	无统一限值

国家或地区	一律标准/(mg/kg)
欧盟	0.01
日本	0.01
韩国	尚未制定的先采用 Codex，若 Codex 不存在则采用同类产品中最严标准，若二者均不存在则采用农药限量中最低值
澳大利亚	不得检出
马来西亚	0.01

目前，我国 GB 2763—2021《食品安全国家标准 食品中农药最大残留限量》规定了 10092 项最大残留限量，涉及 564 种农药，从农药残留标准覆盖的食品农产品种类来看，已制定的农药残留限量涉及 308 种农产品，而一些发达国家和地区，如欧盟制定了 656 种农药的 20 多万项限量标准，美国制定了 372 种农药的 1.2 万项限量标准，日本制定了 800 多种农药的 5 万多项限量标准。相比之下，现阶段我国农产品农药最大残留限量的制定还有一定的不足之处，近年来我国也在结合国际与国内实际情况，针对一些在我国尚未登记使用的农药制定了"一律限量"标准，如氯酞酸和氯酞酸甲酯等农药，一定程度上填补了农产品质量安全监管中的空白，让农产品质量监管有标准可依。

1.2 中国主粮农药最大残留限量标准

1.2.1 水稻（糙米）中农药最大残留限量标准情况

中国水稻（糙米）的农药最大残留限量标准主要来源于 GB 2763—2021《食品安全国家标准 食品中农药最大残留限量》。该标准于 2021 年 9 月 3 日正式实施，其中关于水稻（糙米）中农药最大残留限量标准的详细情况见表 1-6。

表 1-6 GB 2763—2021 中关于水稻（糙米）相关农药最大残留限量标准

编号	农药中文名	农药英文名	最大残留限量/(mg/kg)
1	2,4-滴二甲胺盐	2,4-D dimethylamine salt	0.05
2	2 甲 4 氯（钠）	[MCPA(sodium)]	（0.05）
3	2 甲 4 氯二甲胺盐	MCPA-dimethylamine salt	0.1（0.05）
4	2 甲 4 氯异辛酯	MCPA-isooctyl	0.05*（0.05*）
5	阿维菌素	abamectin	（0.02）

续表

编号	农药中文名	农药英文名	最大残留限量/(mg/kg)
6	胺苯磺隆	ethametsulfuron	0.01 稻类
7	巴毒磷	crotoxyphos	0.02*稻类
8	百草枯	paraquat	0.05
9	百菌清	chlorothalonil	0.2
10	倍硫磷	fenthion	0.05（0.05）
11	苯醚甲环唑	difenoconazole	（0.5）
12	苯嘧磺草胺	saflufenacil	0.01*谷物
13	苯噻酰草胺	mefenacet	（0.05*）
14	苯线磷	fenamiphos	0.02（0.02）
15	吡虫啉	imidacloprid	（0.05）
16	吡氟酰草胺	diflufenican	0.05（0.05）
17	吡嘧磺隆	pyrazosulfuron-ethyl	（0.1）
18	吡蚜酮	pymetrozine	1（0.1）
19	吡唑醚菌酯	pyraclostrobin	5（1）
20	苄嘧磺隆	bensulfuron-methyl	0.05（0.05）
21	丙草胺	pretilachlor	0.1
22	丙环唑	propiconazole	（0.1）
23	丙硫多菌灵	albendazole	0.1*（0.1*）
24	丙硫克百威	benfuracarb	0.2（0.2）
25	丙嗪嘧磺隆	propyrisulfuron	0.05*（0.05*）
26	丙炔噁草酮	oxadiargyl	（0.02*）
27	丙森锌	propineb	2（1）
28	丙溴磷	profenofos	（0.02）
29	丙酯杀螨醇	chloropropylate	0.02*稻类
30	草铵膦	glufosinate-ammonium	0.9*
31	草甘膦	glyphosate	0.1
32	草枯醚	chlornitrofen	0.01*稻类
33	草芽畏	2,3,6-TBA	0.01*稻类
34	虫酰肼	tebufenozide	5（2）
35	除虫菊素	pyrethrins	0.3
36	除虫脲	diflubenzuron	0.01
37	春雷霉素	kasugamycin	（0.01*）
38	哒螨灵	pyridaben	1(0.01)
39	代森铵	amobam	2（1）
40	稻丰散	phenthoate	0.05（0.2）

编号	农药中文名	农药英文名	最大残留限量 /(mg/kg)
41	稻瘟灵	isoprothiolane	1
42	稻瘟酰胺	fenoxanil	（1）
43	敌百虫	trichlorfon	0.1（0.1）
44	敌稗	propanil	2
45	敌草腈	dichlobenil	0.01*
46	敌草快	diquat	（1）
47	敌敌畏	dichlorvos	0.1
48	敌磺钠	fenaminosulf	0.5*（0.5*）
49	敌菌灵	anilazine	0.2
50	敌瘟磷	edifenphos	0.1（0.2）
51	地虫硫磷	fonofos	0.05
52	丁草胺	butachlor	0.5
53	丁虫腈	flufiprole	0.1*（0.02*）
54	丁硫克百威	carbosulfan	0.5（0.5）
55	丁香菌酯	SYP-3375	0.5*（0.2*）
56	啶虫脒	acetamiprid	（0.5）
57	啶酰菌胺	boscalid	0.1
58	啶氧菌酯	picoxystrobin	0.2（0.2）
59	毒草胺	propachlor	0.05（0.05）
60	毒虫畏	chlorfenvinphos	0.01 稻类
61	毒氟磷	dufulin	5*（1*）
62	毒菌酚	hexachlorophene	0.01*稻类
63	毒死蜱	chlorpyrifos	0.5
64	对硫磷	parathion	0.1
65	多菌灵	carbendazim	2
66	多杀霉素	spinosad	1（0.5）
67	多效唑	paclobutrazol	0.5
68	噁草酮	oxadiazon	0.05（0.05）
69	噁霉灵	hymexazol	（0.1*）
70	噁嗪草酮	oxaziclomefone	0.05
71	噁唑酰草胺	metamifop	0.05*（0.05*）
72	二甲戊灵	pendimethalin	0.2（0.1）
73	二氯喹啉草酮	quintrione	0.1*（0.05*）
74	二氯喹啉酸	quinclorac	（1）
75	二嗪磷	diazinon	0.1

编号	农药中文名	农药英文名	最大残留限量 /(mg/kg)
76	二溴磷	naled	0.01*稻类
77	粉唑醇	flutriafol	1（0.5）
78	呋虫胺	dinotefuran	10（5）
79	呋喃磺草酮	tefuryltrione	0.02*（0.02*）
80	氟苯虫酰胺	flubendiamide	0.01（0.01）
81	氟吡呋喃酮	flupyradifurone	3*
82	氟吡磺隆	flucetosulfuron	（0.05*）
83	氟虫腈	fipronil	（0.02）
84	氟除草醚	fluoronitrofen	0.01*稻类
85	氟啶虫胺腈	sulfoxaflor	5*（2*）
86	氟啶虫酰胺	flonicamid	0.5（0.1）
87	氟硅唑	flusilazole	0.2
88	氟环唑	epoxiconazole	（0.5）
89	氟醚菌酰胺	fluopimomide	0.1*（0.1*）
90	氟酮磺草胺	triafamone	0.05*（0.05*）
91	氟酰胺	flutolanil	1（2）
92	氟唑环菌胺	sedaxane	0.01*
93	氟唑菌酰胺	fluxapyroxad	5*（1*）
94	福美双	thiram	2（1）
95	咯菌腈	fludioxonil	0.05（0.05）
96	格螨酯	2,4-dichlorophenyl benzenesulfonate	0.01*稻类
97	庚烯磷	heptenophos	0.01*稻类
98	禾草丹	thiobencarb	（0.2）
99	禾草敌	molinate	0.1（0.1）
100	环丙嘧磺隆	cyclosulfamuron	（0.1*）
101	环丙唑醇	cyproconazole	0.08
102	环虫酰肼	chromafenozide	2（1）
103	环螨酯	cycloprate	0.01*稻类
104	环戊噁草酮	pentoxazone	0.05*（0.05*）
105	环氧虫啶	cycloxaprid	0.1*（0.1*）
106	环酯草醚	pyriftalid	0.1（0.1）
107	灰瘟素	blasticidin-S	0.1*
108	己唑醇	hexaconazole	（0.1）
109	甲氨基阿维菌素苯甲酸盐	emamectin benzoate	（0.02）
110	甲胺磷	methamidophos	（0.5）

编号	农药中文名	农药英文名	最大残留限量 /(mg/kg)
111	甲拌磷	phorate	0.05（0.05）
112	甲草胺	alachlor	0.05
113	甲磺隆	metsulfuron-methyl	0.01 稻类
114	甲基毒死蜱	chlorpyrifos-methyl	5*
115	甲基对硫磷	parathion-methyl	0.02
116	甲基立枯磷	tolclofos-methyl	（0.05）
117	甲基硫环磷	phosfolan-methyl	0.03*
118	甲基硫菌灵	thiophanate-methyl	1
119	甲基嘧啶磷	pirimiphos-methyl	5 (2)
120	甲基异柳磷	isofenphos-methyl	（0.02*）
121	甲咪唑烟酸	imazapic	0.05
122	甲萘威	carbaryl	1
123	甲霜灵和精甲霜灵	metalaxyl and metalaxyl-M	（0.1）
124	甲氧虫酰肼	methoxyfenozide	0.2（0.1）
125	甲氧滴滴涕	methoxychlor	0.01 稻类
126	甲氧咪草烟	imazamox	0.01
127	腈苯唑	fenbuconazole	0.1
128	精噁唑禾草灵	fenoxaprop-P-ethyl	（0.1）
129	井冈霉素	jingangmycin	0.5（0.5）
130	久效磷	monocrotophos	0.02
131	抗蚜威	pirimicarb	0.05
132	克百威	carbofuran	（0.1）
133	喹硫磷	quinalphos	2*/0.2*（1*）
134	乐果	dimethoate	0.05
135	乐杀螨	binapacryl	0.05*稻类
136	磷胺	phosphamidon	0.02
137	磷化铝	aluminium phosphide	0.05
138	磷化镁	magnesium phosphide	0.05
139	硫丹	endosulfan	0.05 稻类
140	硫酰氟	sulfuryl fluoride	0.05*（0.1*）
141	硫线磷	cadusafos	0.02
142	氯苯甲醚	chloroneb	0.02 稻类
143	氯吡嘧磺隆	halosulfuron-methyl	0.01（0.01）
144	氯虫苯甲酰胺	chlorantraniliprole	0.5*
145	氯啶菌酯	triclopyricarb	5*（2*）

续表

编号	农药中文名	农药英文名	最大残留限量/(mg/kg)
146	氯氟吡啶酯	florpyrauxifen-benzyl	0.5*（0.1*）
147	氯氟吡氧乙酸和氯氟吡氧乙酸异辛酯	fluroxypyr and fluroxypyr-meptyl	0.2
148	氯氟氰菊酯和高效氯氟氰菊酯	cyhalothrin and lambda-cyhalothrin	（1）
149	氯化苦	chloropicrin	0.1
150	氯磺隆	chlorsulfuron	0.01 稻类
151	氯菊酯	permethrin	2
152	氯氰菊酯和高效氯氰菊酯	cypermethrin and beta-cypermethrin	2
153	氯噻啉	imidaclothiz	0.1*（0.1*）
154	氯酞酸	chlorthal	0.01*稻类
155	氯酞酸甲酯	chlorthal-dimethyl	0.01 稻类
156	氯溴异氰尿酸	chloroisobromine cyanuric acid	0.2*（0.2*）
157	氯唑磷	isazofos	0.05
158	马拉硫磷	malathion	8
159	茅草枯	dalapon	0.01*稻类
160	咪鲜胺和咪鲜胺锰盐	prochloraz and prochloraz-manganese chloride complex	0.5
161	咪唑乙烟酸	imazethapyr	0.1
162	醚磺隆	cinosulfuron	（0.1）
163	醚菊酯	etofenprox	（0.01）
164	醚菌酯	kresoxim-methyl	1（0.1）
165	嘧苯胺磺隆	orthosulfamuron	0.05*（0.05*）
166	嘧草醚	pyriminobac-methyl	0.2*（0.1*）
167	嘧啶肟草醚	pyribenzoxim	0.05*（0.05*）
168	嘧菌环胺	cyprodinil	0.2（0.2）
169	嘧菌酯	azoxystrobin	1（0.5）
170	灭草环	tridiphane	0.05*稻类
171	灭草松	bentazone	0.1*
172	灭螨醌	acequinocyl	0.01 稻类
173	灭线磷	ethoprophos	（0.02）
174	灭锈胺	mepronil	（0.2*）
175	萘乙酸和萘乙酸钠	1-naphthylacetic acid and sodium 1-naphthylacetic acid	（0.1）
176	宁南霉素	ningnanmycin	0.2*（0.2*）
177	哌草丹	dimepiperate	（0.05*）
178	哌虫啶	paichongding	0.5*（0.5*）

续表

编号	农药中文名	农药英文名	最大残留限量/(mg/kg)
179	扑草净	prometryn	0.05（0.05）
180	嗪氨灵	triforine	0.1*稻类
181	嗪吡嘧磺隆	metazosulfuron	0.05*（0.05*）
182	氰氟草酯	cyhalofop-butyl	（0.1*）
183	氰氟虫腙	metaflumizone	0.5*（0.1*）
184	噻草酮	cycloxydim	0.09*
185	噻虫胺	clothianidin	0.5（0.2）
186	噻虫啉	thiacloprid	10（0.2）
187	噻虫嗪	thiamethoxam	（0.1）
188	噻呋酰胺	thifluzamide	7（3）
189	噻霉酮	benziothiazolinone	1*（0.5*）
190	噻嗪酮	buprofezin	0.3（0.3）
191	噻唑锌	zinc thiazole	0.2*（0.2*）
192	三苯基乙酸锡	fentin acetale	5*（0.05*）
193	三氟硝草醚	fluorodifen	0.02*稻类
194	三环唑	tricyclazloe	5（0.5）
195	三氟吡氧乙酸	triclopyr	0.05（0.05）
196	三氯杀螨醇	dicofol	0.02 稻类
197	三唑醇	triadimenol	0.5（0.05）
198	三唑磷	triazophos	0.05/0.6
199	三唑酮	triadimefon	0.5
200	杀虫单	thiosultap-monosodium	（1）
201	杀虫环	thiocyclam	0.2
202	杀虫脒	chlordimeform	0.01（0.01）
203	杀虫双	thiosultap-disodium	1（1）
204	杀虫畏	tetrachlorvinphos	0.01 稻类
205	杀螺胺乙醇胺盐	niclosamide-olamine	2*（0.5*）
206	杀螟丹	cartap	0.1（0.1）
207	杀螟硫磷	fenitrothion	5（1）
208	杀扑磷	methidathion	0.05 稻类
209	莎稗磷	anilofos	0.1（0.1）
210	申嗪霉素	phenazino-1-carboxylic acid	0.1*（0.1*）
211	双草醚	bispyribac-sodium	0.1*（0.1*）
212	双环磺草酮	benzobicyclon	0.1*（0.1*）
213	双唑草腈	pyraclonil	0.3*（0.3*）

续表

编号	农药中文名	农药英文名	最大残留限量/(mg/kg)
214	霜霉威和霜霉威盐酸盐	propamocarb and propamocarb hydrochloride	0.2（0.1）
215	水胺硫磷	isocarbophos	0.05（0.05）
216	四氟醚唑	tetraconazole	3（0.1）
217	四聚乙醛	metaldehyde	（0.2）
218	四氯苯酞	phthalide	0.5*（1*）
219	四氯虫酰胺	tetrachlorantraliprole	5*(0.5*)
220	速灭磷	mevinphos	0.02 稻类
221	特丁硫磷	terbufos	0.01*稻类
222	特乐酚	dinoterb	0.01*稻类
223	调环酸钙	prohexadione-calcium	0.05（0.05）
224	萎锈灵	carboxin	（0.2）
225	肟菌酯	trifloxystrobin	0.1（0.1）
226	五氟磺草胺	penoxsulam	0.02*（0.02*）
227	戊硝酚	dinosam	0.01*稻类
228	戊唑醇	tebucomazole	（0.5）
229	西草净	simetryn	（0.05）
230	烯丙苯噻唑	probenazole	1*（1*）
231	烯虫炔酯	kinoprene	0.01*稻类
232	烯虫乙酯	hydroprene	0.01*稻类
233	烯虫酯	methoprene	10
234	烯啶虫胺	nitenpyram	0.5（0.1）
235	烯肟菌胺	fenaminstrobin	1*（1*）
236	烯效唑	uniconazole	（0.1）
237	烯唑醇	diniconazole	0.05
238	消螨酚	dinex	0.01*
239	硝磺草酮	mesotrione	0.05（0.05）
240	辛菌胺醋酸盐	xinjunan acetate	0.3*（0.05*）
241	辛硫磷	phoxim	0.05
242	溴苯腈	bromoxynil	0.05（0.05）
243	溴甲烷	methyl bromide	0.02*稻类
244	溴氰虫酰胺	cyantraniliprole	0.2*（0.2*）
245	溴氰菊酯	deltamethrin	0.5
246	溴硝醇	bronopol	0.2*(0.2*)
247	亚胺硫磷	phosmet	0.5
248	盐酸吗啉胍	moroxydine hydrochloride	5*（1*）

续表

编号	农药中文名	农药英文名	最大残留限量/(mg/kg)
249	乙草胺	acetochlor	（0.05）
250	乙虫腈	ethiprole	0.2
251	乙基多杀菌素	spinetoram	0.5*（0.2*）
252	乙硫磷	ethion	0.2
253	乙蒜素	ethylicin	0.05*（0.05*）
254	乙酰甲胺磷	acephate	（1）
255	乙氧氟草醚	oxyfluorfen	（0.05）
256	乙氧磺隆	ethoxysulfuron	（0.05）
257	乙酯杀螨醇	chlorobenzilate	0.02 稻类
258	异丙草胺	propisochlor	0.05*（0.05*）
259	异丙甲草胺和精异丙甲草胺	metolachlor and S-metolachlor	（0.1）
260	异丙隆	isoproturon	（0.05）
261	异丙威	isoprocarb	（0.2）
262	异稻瘟净	iprobenfos	（0.5）
263	异噁草酮	clomazone	（0.02）
264	异菌脲	iprodione	（10）
265	抑草蓬	erbon	0.05*稻类
266	抑食肼	yishijing	20*（20*）
267	吲唑磺菌胺	amisulbrom	0.05*（0.05*）
268	茚草酮	indanofan	0.01*稻类
269	茚虫威	indoxacarb	0.1（0.1）
270	增效醚	piperonyl butoxide	30
271	仲丁灵	butralin	0.05（0.05）
272	仲丁威	fenobucarb	0.5
273	唑草酮	carfentrazone-ethyl	（0.1）
274	艾氏剂	aldrin	0.02
275	滴滴涕	DDT	0.1
276	狄氏剂	dieldrin	0.02
277	毒杀芬	camphechlor	0.01*
278	六六六	HCH	0.05
279	氯丹	chlordane	0.02 稻类
280	灭蚁灵	mirex	0.01
281	七氯	heptachlor	0.02
282	异狄氏剂	endrin	0.01

"*"表示该限量为临时限量。

根据 GB 2763—2021《食品安全国家标准 食品中农药最大残留限量》的食品分类，关于水稻（糙米）的农药最大残留限量有 242 项，稻类和谷物类限量 40 项，水稻（糙米）相关农药最大残留限量共计 282 项。其中 38 项≤0.01mg/kg 且这 38 项中多数是以"一律限量"的形式呈现，134 项>0.01mg/kg、≤0.1mg/kg，77 项>0.1mg/kg、≤1mg/kg，33 项>1mg/kg。

这 282 项标准分布情况如图 1-1 所示，可以看到≤0.1mg/kg 的限量值占到了总体的 61%，并且其中≤0.01mg/kg 的限量值占到了 13.48%。>1mg/kg 的限量占总体的 11.7%。总体来看，我国水稻中农药最大残留限量标准比较严格，且限量值范围分布总体呈现出正态分布，在为农产品质量安全提供保障和为人民群众食品安全保驾护航的同时，也能很好地满足农业生产实际需求。

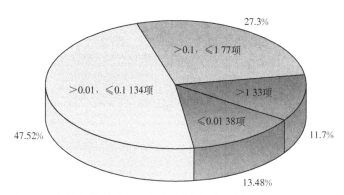

图 1-1 水稻农药最大残留限量标准分布情况（单位：mg/kg）

1.2.2 小麦中农药最大残留限量标准情况

中国小麦的农药最大残留限量标准主要来源于 GB 2763—2021《食品安全国家标准 食品中农药最大残留限量》。该标准于 2021 年 9 月 3 日正式实施，其中关于小麦中农药残留最大残留限量标准的详细情况见表 1-7。

表 1-7 GB 2763—2021 中关于小麦的农药最大残留限量标准

编号	农药中文名	农药英文名	最大残留限量 /(mg/kg)
1	2,4-滴丁酯	2,4-D butylate	0.05
2	2,4-滴二甲胺盐	2,4-D dimethylamine salt	2
3	2,4-滴和 2,4-滴钠盐	2,4-D and 2,4-D Na	2
4	2,4-滴异辛酯	2,4-D-ethyl hexyl	2*
5	2 甲 4 氯（钠）	[MCPA(sodium)]	0.1

续表

编号	农药中文名	农药英文名	最大残留限量 /(mg/kg)
6	2 甲 4 氯二甲胺盐	MCPA-dimethylamine salt	0.1
7	2 甲 4 氯异辛酯	MCPA-isooctyl	0.1*
8	阿维菌素	abamectin	0.01
9	矮壮素	chlormequat	5
10	氨氯吡啶酸	picloram	0.2*
11	氨氯吡啶酸三异丙醇胺盐	picloram-tris(2-hydroxypropyl)ammonium	0.02*
12	胺苯磺隆	ethametsulfuron	0.01 麦类
13	巴毒磷	crotoxyphos	0.02*麦类
14	百草枯	paraquat	0.5 小麦粉
15	百菌清	chlorothalonil	0.1
16	倍硫磷	fenthion	0.05
17	苯并烯氟菌唑	benzovindiflupyr	0.01*
18	苯磺隆	tribenuron-methyl	0.05
19	苯菌酮	metrafenone	0.06
20	苯醚甲环唑	difenoconazole	0.1
21	苯嘧磺草胺	saflufenacil	0.01*谷物
22	苯线磷	fenamiphos	0.02 麦类
23	苯锈啶	fenpropidin	1
24	吡草醚	pyraflufen-ethyl	0.03
25	吡虫啉	imidacloprid	0.05
26	吡氟酰草胺	diflufenican	0.05
27	吡噻菌胺	penthiopyrad	0.1*
28	吡蚜酮	pymetrozine	0.02
29	吡唑醚菌酯	pyraclostrobin	0.2
30	吡唑萘菌胺	isopyrazam	0.03*
31	丙草胺	pretilachlor	0.05
32	丙环唑	propiconazole	0.05
33	丙硫多菌灵	albendazole	0.1*
34	丙硫菌唑	prothioconazole	0.01*
35	丙炔氟草胺	flumioxazin	0.4*
36	丙酯杀螨醇	chloropropylate	0.02*麦类
37	草甘膦	glyphosate	5
38	草枯醚	chlornitrofen	0.01*麦类
39	草芽畏	2,3,6-TBA	0.01*麦类
40	除虫菊素	pyrethrins	0.3

编号	农药中文名	农药英文名	最大残留限量/(mg/kg)
41	除虫脲	diflubenzuron	0.2
42	代森联	metiram	1
43	代森锰锌	mancozeb	1
44	单嘧磺隆	monosulfuron	0.1*
45	单嘧磺酯	monosulfuron-ester	0.1*
46	敌百虫	trichlorfon	0.1
47	敌草腈	dichlobenil	0.01*麦类
48	敌草快	diquat	2
49	敌敌畏	dichlorvos	0.1 麦类
50	地虫硫磷	fonofos	0.05 麦类
51	丁苯吗啉	fenpropimorph	0.5
52	丁硫克百威	carbosulfan	0.1
53	啶虫脒	acetamiprid	0.5
54	啶磺草胺	pyroxsulam	0.02*
55	啶酰菌胺	boscalid	0.5
56	啶氧菌酯	picoxystrobin	0.07
57	毒虫畏	chlorfenvinphos	0.01 麦类
58	毒菌酚	hexachlorophene	0.01*麦类
59	毒死蜱	chlorpyrifos	0.5
60	对硫磷	parathion	0.1 麦类
61	多菌灵	carbendazim	0.5
62	多抗霉素	polyoxins	0.5*
63	多杀霉素	spinosad	1 麦类
64	多效唑	paclobutrazol	0.5
65	噁唑菌酮	famoxadone	0.1
66	二氯吡啶酸	clopyralid	2
67	二嗪磷	diazinon	0.1
68	二溴磷	naled	0.01*麦类
69	粉唑醇	flutriafol	0.5
70	呋草酮	flurtamone	0.05
71	呋虫胺	dinotefuran	2
72	氟吡草酮	bicyclopyrone	0.04*
73	氟吡呋喃酮	flupyradifurone	3*
74	氟虫腈	fipronil	0.002
75	氟除草醚	fluoronitrofen	0.01*麦类

编号	农药中文名	农药英文名	最大残留限量 /(mg/kg)
76	氟啶虫胺腈	sulfoxaflor	0.2*
77	氟啶虫酰胺	flonicamid	0.08
78	氟硅唑	flusilazole	0.2 麦类
79	氟环唑	epoxiconazole	0.05
80	氟氯吡啶酯	halauxifen-methyl	0.02*
81	氟氯氰菊酯和高效氟氯氰菊酯	cyfluthrin and beta-cyfluthrin	0.5
82	氟噻草胺	flufenacet	0.5*
83	氟唑环菌胺	sedaxane	0.01*
84	氟唑磺隆	flucarbazone-sodium	0.01*
85	氟唑菌酰胺	fluxapyroxad	0.3*
86	福美双	thiram	1
87	复硝酚钠	sodium nitrophenolate	0.2*
88	咯菌腈	fludioxonil	0.05
89	格螨酯	2,4-dichlorophenyl benzenesulfonate	0.01*麦类
90	庚烯磷	heptenophos	0.01*麦类
91	硅噻菌胺	silthiofam	0.01*
92	禾草灵	diclofop-methyl	0.1
93	环吡氟草酮	cypyrafluone	0.01*
94	环丙唑醇	cyproconazole	0.2
95	环氧菌胺	cyflufenamid	0.05
96	环螨酯	cycloprate	0.01*麦类
97	己唑醇	hexaconazole	0.1
98	甲胺磷	methamidophos	0.05 麦类
99	甲拌磷	phorate	0.02
100	甲磺隆	metsulfuron-methyl	0.01 麦类
101	甲基碘磺隆钠盐	iodosulfuron-methyl-sodium	0.02*
102	甲基毒死蜱	chlorpyrifos-methyl	5*麦类
103	甲基对硫磷	parathion-methyl	0.02 麦类
104	甲基二磺隆	mesosulfuron-methyl	0.02*
105	甲基硫环磷	phosfolan-methyl	0.03*麦类
106	甲基硫菌灵	thiophanate-methyl	0.5
107	甲基嘧啶磷	pirimiphos-methyl	5
108	甲基异柳磷	isofenphos-methyl	0.02*麦类
109	甲硫威	methiocarb	0.05*
110	甲咪唑烟酸	imazapic	0.05

续表

编号	农药中文名	农药英文名	最大残留限量/(mg/kg)
111	甲哌鎓	mepiquat chloride	0.05*
112	甲氰菊酯	fenpropathrin	0.1
113	甲霜灵和精甲霜灵	metalaxyl and metalaxyl-M	0.05 麦类
114	甲氧滴滴涕	methoxychlor	0.01 麦类
115	甲氧咪草烟	imazamox	0.05
116	腈苯唑	fenbuconazole	0.1
117	腈菌唑	myclobutanil	0.1 麦类
118	精噁唑禾草灵	fenoxaprop-P-ethyl	0.05
119	井冈霉素	jingangmycin	0.5
120	久效磷	monocrotophos	0.02 麦类
121	抗倒酯	trinexapac-ethyl	0.05*
122	抗蚜威	pirimicarb	0.05
123	克百威	carbofuran	0.05 麦类
124	喹氧灵	quinoxyfen	0.01
125	乐果	dimethoate	0.05
126	乐杀螨	binapacryl	0.05*麦类
127	联苯吡菌胺	bixafen	0.05*
128	联苯菊酯	bifenthrin	0.5
129	联苯三唑醇	bitertanol	0.05
130	磷化铝	aluminium phosphide	0.05 麦类
131	硫丹	endosulfan	0.05 麦类
132	硫环磷	phosfolan	0.03
133	硫酰氟	sulfuryl fluoride	0.1*
134	硫线磷	cadusafos	0.02 麦类
135	氯氨吡啶酸	aminopyralid	0.1*
136	氯苯甲醚	chloroneb	0.02 麦类
137	氯吡嘧磺隆	halosulfuron-methyl	0.02
138	氯虫苯甲酰胺	chlorantraniliprole	0.02*麦类
139	氯啶菌酯	triclopyricarb	0.2*
140	氯氟吡氧乙酸和氯氟吡氧乙酸异辛酯	fluroxypyr and fluroxypyr-meptyl	0.2
141	氯氟氰菊酯和高效氯氟氰菊酯	cyhalothrin and lambda-cyhalothrin	0.05
142	氯化苦	chloropicrin	0.1 麦类
143	氯磺隆	chlorsulfuron	0.01 麦类
144	氯菊酯	permethrin	2

编号	农药中文名	农药英文名	最大残留限量/(mg/kg)
145	氯氰菊酯和高效氯氰菊酯	cypermethrin and beta-cypermethrin	0.2
146	氯噻啉	imidaclothiz	0.2*
147	氯酞酸	chlorthal	0.01*麦类
148	氯酞酸甲酯	chlorthal-dimethyl	0.01 麦类
149	马拉硫磷	malathion	8 麦类
150	麦草畏	dicamba	0.5
151	茅草枯	dalapon	0.01*麦类
152	咪鲜胺和咪鲜胺锰盐	prochloraz and prochloraz-manganese chloride complex	0.5
153	咪唑烟酸	imazapyr	0.05
154	醚苯磺隆	triasulfuron	0.05
155	醚菌酯	kresoxim-methyl	0.05
156	嘧菌环胺	cyprodinil	0.5
157	嘧菌酯	azoxystrobin	0.5
158	灭草环	tridiphane	0.05*麦类
159	灭草松	bentazone	0.1*麦类
160	灭多威	methomyl	0.2 麦类
161	灭螨醌	acequinocyl	0.01 麦类
162	灭线磷	ethoprophos	0.05 麦类
163	灭幼脲	chlorbenzuron	3
164	萘乙酸和萘乙酸钠	1-naphthylacetic acid and sodium 1-naphthylacetic acid	0.05
165	哌虫啶	paichongding	0.1*
166	嗪氨灵	triforine	0.1*麦类
167	氰戊菊酯和 S-氰戊菊酯	fenvalerate and esfenvalerate	2
168	氰烯菌酯	phenamide	0.05*
169	炔草酯	clodinafop-propargyl	0.1*
170	噻虫胺	clothianidin	0.02
171	噻虫啉	thiacloprid	0.1
172	噻虫嗪	thiamethoxam	0.1
173	噻吩磺隆	thifensulfuron-methyl	0.05
174	噻呋酰胺	thifluzamide	0.5
175	噻霉酮	benziothiazolinone	0.2*
176	三氟硝草醚	fluorodifen	0.02*麦类
177	三甲苯草酮	tralkoxydim	0.05
178	三氯杀螨醇	dicofol	0.02 麦类

续表

编号	农药中文名	农药英文名	最大残留限量 /(mg/kg)
179	三唑醇	triadimenol	0.2
180	三唑磷	triazophos	0.05
181	三唑酮	triadimefon	0.2
182	杀虫脒	chlordimeform	0.01 麦类
183	杀虫双	thiosultap-disodium	0.2
184	杀虫畏	tetrachlorvinphos	0.01 麦类
185	杀螟硫磷	fenitrothion	5 麦类
186	杀扑磷	methidathion	0.05 麦类
187	申嗪霉素	phenazino-1-carboxylic acid	0.05*
188	生物苄呋菊酯	bioresmethrin	1
189	双氟磺草胺	florasulam	0.01
190	双唑草酮	bipyrazone	0.02*
191	水胺硫磷	isocarbophos	0.05 麦类
192	速灭磷	mevinphos	0.02 麦类
193	特丁津	terbuthylazine	0.05
194	特丁硫磷	terbufos	0.01*麦类
195	特乐酚	dinoterb	0.01*麦类
196	涕灭威	aldicarb	0.02
197	萎锈灵	carboxin	0.05
198	肟菌酯	trifloxystrobin	0.2
199	五氯硝基苯	quintozene	0.01
200	戊硝酚	dinosam	0.01*麦类
201	戊唑醇	tebucomazole	0.05
202	烯虫炔酯	kinoprene	0.01*麦类
203	烯虫乙酯	hydroprene	0.01*麦类
204	烯肟菌胺	fenaminstrobin	0.1*
205	烯效唑	uniconazole	0.05
206	烯唑醇	diniconazole	0.2
207	酰嘧磺隆	amidosulfuron	0.01*
208	消螨酚	dinex	0.01*麦类
209	辛硫磷	phoxim	0.05
210	辛酰溴苯腈	bromoxynil octanoate	0.1*
211	溴苯腈	bromoxynil	0.05
212	溴甲烷	methyl bromide	0.02*麦类
213	溴氰菊酯	deltamethrin	0.5,麦类

编号	农药中文名	农药英文名	最大残留限量/(mg/kg)
214	亚砜磷	oxydemeton-methyl	0.02*
215	氧乐果	omethoate	0.02 麦类
216	野麦畏	triallate	0.05
217	野燕枯	difenzoquat	0.1 麦类
218	叶菌唑	metconazole	0.1 麦类
219	乙羧氟草醚	fluoroglycofen-ethyl	0.05
220	乙烯利	ethephon	1
221	乙酰甲胺磷	acephate	0.2
222	乙酯杀螨醇	chlorobenzilate	0.02 麦类
223	异丙隆	isoproturon	0.05
224	异丙威	isoprocarb	0.2
225	抑草蓬	erbon	0.05* 麦类
226	抑霉唑	imazalil	0.01
227	茚草酮	indanofan	0.01* 麦类
228	增效醚	piperonyl butoxide	30 麦类
229	唑草酮	carfentrazone-ethyl	0.1
230	唑啉草酯	pinoxaden	0.1*
231	唑嘧磺草胺	flumetsulam	0.05
232	艾氏剂	aldrin	0.02 麦类
233	滴滴涕	DDT	0.1 麦类
234	狄氏剂	dieldrin	0.02 麦类
235	毒杀芬	camphechlor	0.01* 麦类
236	林丹	lindane	0.05
237	六六六	HCH	0.05 麦类
238	氯丹	chlordane	0.02 麦类
239	灭蚁灵	mirex	0.01 麦类
240	七氯	heptachlor	0.02 麦类
241	异狄氏剂	endrin	0.01 麦类

"*"表示该限量为临时限量。

根据 GB 2763—2021《食品安全国家标准 食品中农药最大残留限量》的食品分类，关于小麦的农药最大残留限量标准有 159 项，小麦类和谷物类限量 82 项，小麦相关农药最大残留限量标准共计 241 项。其中 44 项限量≤0.01mg/kg，且这 44 项中多数是以"一律限量"的形式呈现，130 项限量>0.01mg/kg、

≤0.1mg/kg，50 项＞0.1mg/kg、≤1mg/kg，17 项＞1mg/kg。

这 241 项标准分布情况如图 1-2 所示，可以看到≤0.1mg/kg 的限量值占到了总体的 72.2%，并且其中≤0.01mg/kg 的限量值也占到了 18.26%。＞1mg/kg 的限量占总体的 7.05%。总体来看，我国小麦中农药最大残留限量标准比较严格，且限量值范围分布总体呈现出正态分布，同时兼顾了农产品质量安全和农业生产的实际需求。

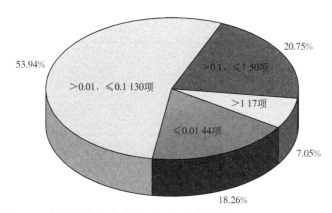

图 1-2　小麦农药最大残留限量标准分布情况（单位：mg/kg）

1.2.3　玉米中农药最大残留限量标准情况

中国玉米的农药最大残留限量标准主要来源于 GB 2763—2021《食品安全国家标准　食品中农药最大残留限量》。该标准于 2021 年 9 月 3 日正式实施，其中关于玉米中农药最大残留限量标准的详细情况见表 1-8。

表 1-8　GB 2763—2021 中关于玉米的农药最大残留限量标准

编号	农药中文名	农药英文名	最大残留限量/(mg/kg)
1	2,4-滴丁酯	2,4-D butylate	0.05
2	2,4-滴二甲胺盐	2,4-D dimethylamine salt	0.1
3	2,4-滴和 2,4-滴钠盐	2,4-D and 2,4-D Na	0.1
4	2,4-滴异辛酯	2,4-D-ethyl hexyl	0.1*
5	2 甲 4 氯（钠）	[MCPA(sodium)]	0.05
6	2 甲 4 氯二甲胺盐	MCPA-dimethylamine salt	0.05
7	2 甲 4 氯异辛酯	MCPA-isooctyl	0.05*
8	阿维菌素	abamectin	0.02
9	矮壮素	chlormequat	5

续表

编号	农药中文名	农药英文名	最大残留限量/(mg/kg)
10	氨唑草酮	amicarbazone	0.05*
11	胺苯磺隆	ethametsulfuron	0.1 旱粮类
12	胺鲜酯	diethyl aminoethyl hexanoate	0.2*
13	巴毒磷	crotoxyphos	0.02*旱粮类
14	百草枯	paraquat	0.1
15	苯醚甲环唑	difenoconazole	0.1
16	苯嘧磺草胺	saflufenacil	0.01*谷物
17	苯线磷	fenamiphos	0.02 旱粮类
18	苯唑草酮	topramezone	0.05*
19	吡虫啉	imidacloprid	0.05
20	吡噻菌胺	penthiopyrad	0.01*
21	吡唑醚菌酯	pyraclostrobin	0.05
22	丙环唑	propiconazole	0.05
23	丙硫菌唑	prothioconazole	0.01*
24	丙硫克百威	benfuracarb	0.05
25	丙炔氟草胺	flumioxazin	0.02*
26	丙森锌	propineb	0.1
27	丙酯杀螨醇	chloropropylate	0.02*旱粮类
28	草铵膦	glufosinate-ammonium	0.1*
29	草甘膦	glyphosate	1
30	草枯醚	chlornitrofen	0.01*旱粮类
31	草芽畏	2,3,6-TBA	0.01*旱粮类
32	除虫菊素	pyrethrins	0.3
33	除虫脲	diflubenzuron	0.2
34	代森铵	amobam	0.1
35	稻瘟灵	isoprothiolane	0.05
36	敌草腈	dichlobenil	0.01*旱粮类
37	敌草快	diquat	0.05
38	敌敌畏	dichlorvos	0.2
39	地虫硫磷	fonofos	0.05 旱粮类
40	丁草胺	butachlor	0.5
41	丁硫克百威	carbosulfan	0.1
42	啶酰菌胺	boscalid	0.1
43	啶氧菌酯	picoxystrobin	0.015
44	毒虫畏	chlorfenvinphos	0.01 旱粮类

编号	农药中文名	农药英文名	最大残留限量 /(mg/kg)
45	毒菌酚	hexachlorophene	0.01*旱粮类
46	毒死蜱	chlorpyrifos	0.05
47	对硫磷	parathion	0.1 旱粮类
48	多菌灵	carbendazim	0.5
49	多杀霉素	spinosad	1 旱粮类
50	二甲戊灵	pendimethalin	0.1
51	二氯吡啶酸	clopyralid	1
52	二嗪磷	diazinon	0.02
53	二溴磷	naled	0.01*旱粮类
54	砜嘧磺隆	rimsulfuron	0.1
55	氟苯虫酰胺	flubendiamide	0.02
56	氟苯脲	teflubenzuron	0.01
57	氟吡草酮	bicyclopyrone	0.02*
58	氟吡呋喃酮	flupyradifurone	0.015*
59	氟虫腈	fipronil	0.1
60	氟除草醚	fluoronitrofen	0.01*旱粮类
61	氟啶虫酰胺	flonicamid	0.7
62	氟硅唑	flusilazole	0.2 旱粮类
63	氟环唑	epoxiconazole	0.1
64	氟乐灵	trifluralin	0.05
65	氟氯氰菊酯和高效氟氯氰菊酯	cyfluthrin and beta-cyfluthrin	0.05
66	氟噻草胺	flufenacet	0.05*
67	氟唑环菌胺	sedaxane	0.01*旱粮类
68	氟唑菌酰胺	fluxapyroxad	0.05*
69	福美双	thiram	0.1
70	咯菌腈	fludioxonil	0.05 旱粮类
71	格螨酯	2,4-dichlorophenyl benzenesulfonate	0.01*旱粮类
72	庚烯磷	heptenophos	0.01*旱粮类
73	环丙唑醇	cyproconazole	0.01
74	环螨酯	cycloprate	0.01*旱粮类
75	磺草酮	sulcotrione	0.05*
76	甲氨基阿维菌素苯甲酸盐	emamectin benzoate	0.05
77	甲胺磷	methamidophos	0.05 旱粮类
78	甲拌磷	phorate	0.05
79	甲草胺	alachlor	0.2

编号	农药中文名	农药英文名	最大残留限量/(mg/kg)
80	甲磺隆	metsulfuron-methyl	0.01 旱粮类
81	甲基碘磺隆钠盐	iodosulfuron-methyl-sodium	0.05*
82	甲基毒死蜱	chlorpyrifos-methyl	5*旱粮类
83	甲基对硫磷	parathion-methyl	0.02 旱粮类
84	甲基硫环磷	phosfolan-methyl	0.03*旱粮类
85	甲基硫菌灵	thiophanate-methyl	0.5
86	甲基异柳磷	isofenphos-methyl	0.02*
87	甲硫威	methiocarb	0.05*
88	甲咪唑烟酸	imazapic	0.01
89	甲萘威	carbaryl	0.02
90	甲霜灵和精甲霜灵	metalaxyl and metalaxyl-M	0.05 旱粮类
91	甲酰氨基嘧磺隆	foramsulfuron	0.01*
92	甲氧虫酰肼	methoxyfenozide	0.02
93	甲氧滴滴涕	methoxychlor	0.01 旱粮类
94	腈菌唑	myclobutanil	0.02
95	精二甲吩草胺	dimethenamid-P	0.01
96	久效磷	monocrotophos	0.02 旱粮类
97	抗蚜威	pirimicarb	0.05 旱粮类
98	克百威	carbofuran	0.05 旱粮类
99	克菌丹	captan	0.05
100	乐杀螨	binapacryl	0.05*旱粮类
101	联苯菊酯	bifenthrin	0.05
102	磷化铝	aluminium phosphide	0.05 旱粮类
103	硫丹	endosulfan	0.05 旱粮类
104	硫双威	thiodicarb	0.05
105	硫酰氟	sulfuryl fluoride	0.05*旱粮类
106	硫线磷	cadusafos	0.02 旱粮类
107	螺甲螨酯	spiromesifen	0.02*
108	绿麦隆	chlortoluron	0.1
109	氯苯甲醚	chloroneb	0.02 旱粮类
110	氯吡嘧磺隆	halosulfuron-methyl	0.05
111	氯虫苯甲酰胺	chlorantraniliprole	0.02*旱粮类
112	氯氟吡氧乙酸和氯氟吡氧乙酸异辛酯	fluroxypyr and fluroxypyr-meptyl	0.5
113	氯氟氰菊酯和高效氯氟氰菊酯	cyhalothrin and lambda-cyhalothrin	0.02

编号	农药中文名	农药英文名	最大残留限量 /(mg/kg)
114	氯化苦	chloropicrin	0.1 旱粮类
115	氯磺隆	chlorsulfuron	0.01 旱粮类
116	氯菊酯	permethrin	2 旱粮类
117	氯氰菊酯和高效氯氰菊酯	cypermethrin and beta-cypermethrin	0.05
118	氯酞酸	chlorthal	0.01*旱粮类
119	氯酞酸甲酯	chlorthal-dimethyl	0.01 旱粮类
120	马拉硫磷	malathion	8 旱粮类
121	麦草畏	dicamba	0.5
122	茅草枯	dalapon	0.01*旱粮类
123	咪鲜胺和咪鲜胺锰盐	prochloraz and prochloraz-manganese chloride complex	2 旱粮类
124	咪唑烟酸	imazapyr	0.05
125	咪唑乙烟酸	imazethapyr	0.1
126	醚菊酯	etofenprox	0.05
127	嘧菌酯	azoxystrobin	0.02
128	灭草环	tridiphane	0.05*旱粮类
129	灭草松	bentazone	0.2*
130	灭多威	methomyl	0.05 旱粮类
131	灭螨醌	acequincyl	0.01 旱粮类
132	灭线磷	ethoprophos	0.05 旱粮类
133	萘乙酸和萘乙酸钠	1-naphthylacetic acid and sodium 1-naphthylacetic acid	0.05
134	扑草净	prometryn	0.02
135	嗪氨灵	triforine	0.1*旱粮类
136	嗪草酸甲酯	fluthiacet-methyl	0.05*
137	嗪草酮	metribuzin	0.05
138	氰草津	cyanazine	0.05
139	氰戊菊酯和S-氰戊菊酯	fenvalerate and esfenvalerate	0.02
140	噻草酮	cycloxydim	0.2*
141	噻虫胺	clothianidin	0.02
142	噻虫嗪	thiamethoxam	0.05
143	噻吩磺隆	thifensulfuron-methyl	0.05
144	噻酮磺隆	thiencarbazone-methyl	0.05*
145	三氟硝草醚	fluorodifen	0.02*旱粮类
146	三氯杀螨醇	dicofol	0.02 旱粮类
147	三唑醇	triadimenol	0.5

编号	农药中文名	农药英文名	最大残留限量 /(mg/kg)
148	三唑磷	triazophos	0.05 旱粮类
149	三唑酮	triadimefon	0.5
150	杀虫单	thiosultap-monosodium	0.5
151	杀虫脒	chlordimeform	0.01 旱粮类
152	杀虫双	thiosultap-disodium	0.5
153	杀虫畏	tetrachlorvinphos	0.01 旱粮类
154	杀螟硫磷	fenitrothion	5 旱粮类
155	杀扑磷	methidathion	0.05 旱粮类
156	双氟磺草胺	florasulam	0.02
157	水胺硫磷	isocarbophos	0.05 旱粮类
158	四聚乙醛	metaldehyde	0.2
159	四氯虫酰胺	tetrachlorantrailiprole	0.05*
160	速灭磷	mevinphos	0.02 旱粮类
161	特丁津	terbuthylazine	0.1
162	特丁硫磷	terbufos	0.01*旱粮类
163	特乐酚	dinoterb	0.01*旱粮类
164	涕灭威	aldicarb	0.05
165	萎锈灵	carboxin	0.2
166	肟菌酯	trifloxystrobin	0.02
167	五氯硝基苯	quintozene	0.1
168	戊硝酚	dinosam	0.01*旱粮类
169	西玛津	simazine	0.1
170	烯虫炔酯	kinoprene	0.01*旱粮类
171	烯虫乙酯	hydroprene	0.01*旱粮类
172	烯唑醇	diniconazole	0.05
173	消螨酚	dinex	0.01*旱粮类
174	硝磺草酮	mesotrione	0.01
175	辛硫磷	phoxim	0.1
176	辛酰溴苯腈	bromoxynil octanoate	0.05*
177	溴苯腈	bromoxynil	0.1
178	溴甲烷	methyl bromide	0.02*旱粮类
179	溴氰菊酯	deltamethrin	0.5 旱粮类
180	亚胺硫磷	phosmet	0.05
181	烟嘧磺隆	nicosulfuron	0.1
182	氧乐果	omethoate	0.05 旱粮类

编号	农药中文名	农药英文名	最大残留限量 /(mg/kg)
183	乙拌磷	disulfoton	0.02
184	乙草胺	acetochlor	0.05
185	乙基多杀菌素	spinetoram	0.01*
186	乙烯利	ethephon	0.5
187	乙酰甲胺磷	acephate	0.2
188	乙酯杀螨醇	chlorobenzilate	0.02 旱粮类
189	异丙草胺	propisochlor	0.1*
190	异丙甲草胺和精异丙甲草胺	metolachlor and S-metolachlor	0.1
191	异噁唑草酮	isoxaflutole	0.02*
192	抑草蓬	erbon	0.05*旱粮类
193	茚草酮	indanofan	0.01*旱粮类
194	莠去津	atrazine	0.05
195	增效醚	piperonyl butoxide	30 旱粮类
196	种菌唑	ipconazole	0.01*
197	唑嘧磺草胺	flumetsulam	0.05
198	艾氏剂	aldrin	0.02 旱粮类
199	滴滴涕	DDT	0.1 旱粮类
200	狄氏剂	dieldrin	0.02 旱粮类
201	毒杀芬	camphechlor	0.01*旱粮类
202	林丹	lindane	0.01
203	六六六	HCH	0.05 旱粮类
204	氯丹	chlordane	0.02 旱粮类
205	灭蚁灵	mirex	0.01 旱粮类
206	七氯	heptachlor	0.02 旱粮类
207	异狄氏剂	endrin	0.01 旱粮类

"*"表示该限量为临时限量。

根据 GB 2763—2021《食品安全国家标准 食品中农药最大残留限量》的食品分类，关于玉米的农药最大残留限量标准有 125 项，旱粮类和谷物类限量82 项，玉米相关农药最大残留限量标准共计 207 项。其中 42 项限量≤0.01mg/kg，且这 42 项中多数是以"一律限量"的形式呈现，132 项限量>0.01mg/kg、≤0.1mg/kg，26 项>0.1mg/kg、≤1mg/kg，7 项>1mg/kg。

这 207 项标准分布情况如图 1-3 所示，可以看到≤0.1mg/kg 的限量值占到了总体的 84.06%，并且其中≤0.01mg/kg 的限量值占到了 20.29%。>1mg/kg 的限量占总体的 3.38%。总体来看，我国玉米中农药最大残留限量标准比较严格，且限量值范围分布总体呈现正态分布，在保障农产品质量安全和人民食品安全的条件下也满足农业生产实际需要。

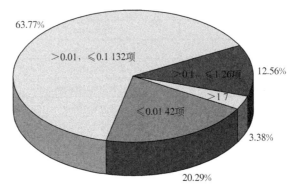

图 1-3　玉米农药最大残留限量标准分布情况（单位：mg/kg）

1.2.4　马铃薯中农药最大残留限量标准情况

中国马铃薯的农药最大残留限量标准主要来源于 GB 2763—2021《食品安全国家标准　食品中农药最大残留限量》。该标准于 2021 年 9 月 3 日正式实施，其中关于马铃薯中农药残留最大残留限量标准的详细情况见表 1-9。

表 1-9　GB 2763—2021 中关于马铃薯的农药最大残留限量标准

编号	农药中文名	农药英文名	最大残留限量/(mg/kg)
1	2,4-滴和 2,4-滴钠盐	2,4-D and 2,4-D Na	0.2
2	阿维菌素	abamectin	0.01
3	胺苯磺隆	ethametsulfuron	0.01 薯芋类蔬菜
4	巴毒磷	crotoxyphos	0.02*薯芋类蔬菜
5	百草枯	paraquat	0.05*薯芋类蔬菜
6	百菌清	chlorothalonil	0.2
7	保棉磷	azinphos-methyl	0.05
8	倍硫磷	fenthion	0.05 薯芋类蔬菜
9	苯并烯氟菌唑	benzovindiflupyr	0.02*
10	苯氟磺胺	dichlofluanid	0.1
11	苯醚甲环唑	difenoconazole	0.02
12	苯霜灵	benalaxyl	0.02
13	苯酰菌胺	zoxamide	0.02

编号	农药中文名	农药英文名	最大残留限量 /(mg/kg)
14	苯线磷	fenamiphos	0.02 薯芋类蔬菜
15	吡虫啉	imidacloprid	0.5
16	吡氟禾草灵和精吡氟禾草灵	fluazifop and fluazifop-P-butyl	0.6
17	吡噻菌胺	penthiopyrad	0.05*
18	吡唑醚菌酯	pyraclostrobin	0.02
19	丙环唑	propiconazole	0.05
20	丙硫菌唑	prothioconazole	0.02*
21	丙炔噁草酮	oxadiargyl	0.02*
22	丙炔氟草胺	flumioxazin	0.2
23	丙森锌	propineb	0.5
24	丙溴磷	profenofos	0.05
25	丙酯杀螨醇	chloropropylate	0.02*薯芋类蔬菜
26	草铵膦	glufosinate-ammonium	0.1*
27	草枯醚	chlornitrofen	0.01薯芋类蔬菜
28	草芽畏	2,3,6-TBA	0.01*薯芋类蔬菜
29	除虫菊素	pyrethrins	0.05 薯芋类蔬菜
30	代森联	metiram	0.05
31	代森锰锌	mancozeb	0.5
32	代森锌	zineb	0.5
33	敌百虫	trichlorfon	0.2 薯芋类蔬菜
34	敌草快	diquat	0.05
35	敌敌畏	dichlorvos	0.2 薯芋类蔬菜
36	敌磺钠	fenaminosulf	0.1*
37	地虫硫磷	fonofos	0.01 薯芋类蔬菜
38	丁硫克百威	carbosulfan	0.1 薯芋类蔬菜
39	啶酰菌胺	boscalid	1
40	毒虫畏	chlorfenvinphos	0.01 薯芋类蔬菜
41	毒菌酚	hexachlorophene	0.01*薯芋类蔬菜
42	毒死蜱	chlorpyrifos	0.02 薯芋类蔬菜
43	对硫磷	parathion	0.01 薯芋类蔬菜
44	多抗霉素	polyoxins	0.5*
45	多杀霉素	spinosad	0.01*
46	噁唑菌酮	famoxadone	0.5
47	二甲戊灵	pendimethalin	0.2
48	二嗪磷	diazinon	0.01

编号	农药中文名	农药英文名	最大残留限量 /(mg/kg)
49	二溴磷	naled	0.01*薯芋类蔬菜
50	砜嘧磺隆	rimsulfuron	0.1
51	氟苯脲	teflubenzuron	0.05
52	氟吡呋喃酮	flupyradifurone	0.05*
53	氟吡甲禾灵和高效氟吡甲禾灵	haloxyfop-methyl and haloxyfop-P-methyl	0.1*
54	氟吡菌胺	fluopicolide	0.05*
55	氟吡菌酰胺	fluopyram	0.03*
56	氟虫腈	fipronil	0.02 薯芋类蔬菜
57	氟除草醚	fluoronitrofen	0.01*薯芋类蔬菜
58	氟啶胺	fluazinam	0.5
59	氟啶虫酰胺	flonicamid	0.2
60	氟氯氰菊酯和高效氟氯氰菊酯	cyfluthrin and beta-cyfluthrin	0.01
61	氟吗啉	flumorph	0.5*
62	氟醚菌酰胺	fluopimomide	0.1*
63	氟氰戊菊酯	flucythrinate	0.05
64	氟噻虫砜	fluensulfone	0.8*
65	氟噻唑吡乙酮	oxathiapiprolin	0.1*
66	氟酰胺	flutolanil	0.05
67	氟酰脲	novaluron	0.01
68	氟唑环菌胺	sedaxane	0.02*
69	福美双	thiram	0.5
70	复硝酚钠	sodium nitrophenolate	0.1*
71	咯菌腈	fludioxonil	0.05
72	格螨酯	2,4-dichlorophenyl benzenesulfonate	0.01*薯芋类蔬菜
73	庚烯磷	heptenophos	0.01*薯芋类蔬菜
74	环螨酯	cycloprate	0.01*薯芋类蔬菜
75	甲胺磷	methamidophos	0.05 薯芋类蔬菜
76	甲拌磷	phorate	0.01 薯芋类蔬菜
77	甲磺隆	metsulfuron-methyl	0.01 薯芋类蔬菜
78	甲基对硫磷	parathion-methyl	0.02 薯芋类蔬菜
79	甲基立枯磷	tolclofos-methyl	0.2
80	甲基硫环磷	phosfolan-methyl	0.03*薯芋类蔬菜
81	甲基硫菌灵	thiophanate-methyl	0.1
82	甲基异柳磷	isofenphos-methyl	0.01*薯芋类蔬菜

编号	农药中文名	农药英文名	最大残留限量/(mg/kg)
83	甲硫威	methiocarb	0.05*
84	甲萘威	carbaryl	1 薯芋类蔬菜
85	甲哌鎓	mepiquat chloride	3*
86	甲霜灵和精甲霜灵	metalaxyl and metalaxyl-M	0.05
87	甲氧滴滴涕	methoxychlor	0.01 薯芋类蔬菜
88	精二甲吩草胺	dimethenamid-P	0.01
89	久效磷	monocrotophos	0.03 薯芋类蔬菜
90	抗蚜威	pirimicarb	0.05 薯芋类蔬菜
91	克百威	carbofuran	0.02 薯芋类蔬菜
92	克菌丹	captan	0.05
93	喹禾灵和精喹禾灵	quizalofop and quizalofop-P-ethyl	0.05*
94	喹啉铜	oxine-copper	0.2
95	乐果	dimethoate	0.01 薯芋类蔬菜
96	乐杀螨	binapacryl	0.05* 薯芋类蔬菜
97	联苯菊酯	bifenthrin	0.05 薯芋类蔬菜
98	磷胺	phosphamidon	0.05 薯芋类蔬菜
99	磷化铝	aluminium phosphide	0.05 薯芋类蔬菜
100	硫丹	endosulfan	0.05 薯芋类蔬菜
101	硫环磷	phosfoan	0.03 薯芋类蔬菜
102	硫线磷	cadusafos	0.02 薯芋类蔬菜
103	螺虫乙酯	spirotetramat	0.8*
104	螺甲螨酯	spiromesifen	0.02*
105	氯苯胺灵	chlorpropham	30
106	氯苯甲醚	chloroneb	0.01 薯芋类蔬菜
107	氯虫苯甲酰胺	chlorantraniliprole	0.02* 薯芋类蔬菜
108	氯氟氰菊酯和高效氯氟氰菊酯	cyhalothrin and lambda-cyhalothrin	0.02
109	氯化苦	chloropicrin	0.1 薯芋类蔬菜
110	氯磺隆	chlorsulfuron	0.01 薯芋类蔬菜
111	氯菊酯	permethrin	0.05
112	氯氰菊酯和高效氯氰菊酯	cypermethrin and beta-cypermethrin	0.01 薯芋类蔬菜
113	氯酞酸	chlorthal	0.01* 薯芋类蔬菜
114	氯酞酸甲酯	chlorthal-dimethyl	0.01 薯芋类蔬菜
115	氯唑磷	isazofos	0.01 薯芋类蔬菜
116	马拉硫磷	malathion	0.5
117	茅草枯	dalapon	0.01* 薯芋类蔬菜

编号	农药中文名	农药英文名	最大残留限量 /(mg/kg)
118	咪唑菌酮	fenamidone	0.02
119	嘧菌酯	azoxystrobin	0.1
120	嘧霉胺	pyrimethanil	0.05
121	灭草环	tridiphane	0.05*薯芋类蔬菜
122	灭草松	bentazone	0.1*
123	灭多威	methomyl	0.2 薯芋类蔬菜
124	灭菌丹	folpet	0.1
125	灭螨醌	acequinocyl	0.01 薯芋类蔬菜
126	灭线磷	ethoprophos	0.02 薯芋类蔬菜
127	萘乙酸和萘乙酸钠	1-naphthylacetic acid and sodium 1-naphthylacetic acid	0.05
128	内吸磷	demeton	0.02 薯芋类蔬菜
129	嗪草酮	metribuzin	0.2
130	氰氟虫腙	metaflumizone	0.02
131	氰霜唑	cyazofamid	0.02
132	氰戊菊酯和 S-氰戊菊酯	fenvalerate and esfenvalerate	0.05
133	噻草酮	cycloxydim	3*
134	噻虫啉	thiacloprid	0.02
135	噻虫嗪	thiamethoxam	0.2
136	噻呋酰胺	thifluzamide	2
137	噻节因	dimethipin	0.05
138	噻菌灵	thiabendazole	15
139	噻霉酮	benziothiazolinone	0.05*
140	噻唑膦	fosthiazate	0.1
141	三苯基氢氧化锡	fentin hydroxide	0.1*
142	三氟硝草醚	fluorodifen	0.01*薯芋类蔬菜
143	三氯杀螨醇	dicofol	0.01 薯芋类蔬菜
144	三唑磷	triazophos	0.05 薯芋类蔬菜
145	杀虫脒	chlordimeform	0.01 薯芋类蔬菜
146	杀虫畏	tetrachlorvinphos	0.01 薯芋类蔬菜
147	杀螟硫磷	fenitrothion	0.5 薯芋类蔬菜
148	杀扑磷	methidathion	0.05 薯芋类蔬菜
149	杀线威	oxamyl	0.1*
150	双炔酰菌胺	mandipropamid	0.01*
151	霜霉威和霜霉威盐酸盐	propamocarb and propamocarb hydrochloride	0.3

续表

编号	农药中文名	农药英文名	最大残留限量 /(mg/kg)
152	霜脲氰	cymoxanil	0.5
153	水胺硫磷	isocarbophos	0.05 薯芋类蔬菜
154	四氯硝基苯	tecnazene	20
155	速灭磷	mevinphos	0.01 薯芋类蔬菜
156	特丁硫磷	terbufos	0.01* 薯芋类蔬菜
157	特乐酚	dinoterb	0.01* 薯芋类蔬菜
158	涕灭威	aldicarb	0.1
159	肟菌酯	trifloxystrobin	0.2
160	五氯硝基苯	quintozene	0.2
161	戊硝酚	dinosam	0.01* 薯芋类蔬菜
162	烯草酮	clethodim	0.5
163	烯虫炔酯	kinoprene	0.01* 薯芋类蔬菜
164	烯虫乙酯	hydroprene	0.01* 薯芋类蔬菜
165	烯酰吗啉	dimethomorph	0.05
166	消螨酚	dinex	0.01* 薯芋类蔬菜
167	辛硫磷	phoxim	0.05 薯芋类蔬菜
168	溴甲烷	methyl bromide	0.02* 薯芋类蔬菜
169	溴氰虫酰胺	cyantraniliprole	0.05*
170	溴氰菊酯	deltamethrin	0.01
171	亚胺硫磷	phosmet	0.05
172	亚砜磷	oxydemeton-methyl	0.01*
173	氧乐果	omethoate	0.02 薯芋类蔬菜
174	乙草胺	acetochlor	0.1
175	乙基多杀菌素	spinetoram	0.01*
176	乙酰甲胺磷	acephate	0.02 薯芋类蔬菜
177	乙酯杀螨醇	chlorobenzilate	0.01 薯芋类蔬菜
178	异丙甲草胺和精异丙甲草胺	metolachlor and S-metolachlor	0.05
179	异噁草酮	clomazone	0.02
180	异菌脲	iprodione	0.5
181	抑草蓬	erbon	0.05* 薯芋类蔬菜
182	抑霉唑	imazalil	5
183	抑芽丹	maleic hydrazide	50
184	茚草酮	indanofan	0.01* 薯芋类蔬菜
185	茚虫威	indoxacarb	0.02
186	蝇毒磷	coumaphos	0.05 薯芋类蔬菜

编号	农药中文名	农药英文名	最大残留限量/(mg/kg)
187	增效醚	piperonyl butoxide	0.5 薯芋类蔬菜
188	治螟磷	sulfotep	0.01 薯芋类蔬菜
189	唑虫酰胺	tolfenpyrad	0.01
190	唑螨酯	fenpyroximate	0.05
191	唑嘧菌胺	ametoctradin	0.05*
192	艾氏剂	aldrin	0.05 薯芋类蔬菜
193	滴滴涕	DDT	0.05 薯芋类蔬菜
194	狄氏剂	dieldrin	0.05 薯芋类蔬菜
195	毒杀芬	camphechlor	0.05*薯芋类蔬菜
196	六六六	HCH	0.05 薯芋类蔬菜
197	氯丹	chlordane	0.02 薯芋类蔬菜
198	灭蚁灵	mirex	0.01 薯芋类蔬菜
199	七氯	heptachlor	0.02 薯芋类蔬菜
200	异狄氏剂	endrin	0.05 薯芋类蔬菜

"*"表示该限量为临时限量。

根据 GB 2763—2021《食品安全国家标准 食品中农药最大残留限量》的食品分类，关于马铃薯的农药最大残留限量标准有 110 项，薯芋类蔬菜限量 90 项，马铃薯相关农药最大残留限量标准共计 200 项。其中 51 项限量≤0.01mg/kg，且这 51 项中多数是以"一律限量"的形式呈现，106 项限量＞0.01mg/kg、≤0.1mg/kg，35 项＞0.1mg/kg、≤1mg/kg，8 项＞1mg/kg。

这 200 项标准分布情况如图 1-4 所示，可以看到≤0.1mg/kg 的限量值占到

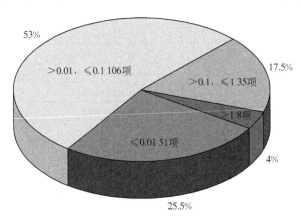

图 1-4 马铃薯农药最大残留限量标准分布情况（单位：mg/kg）

了总体的 78.5%，并且其中≤0.01mg/kg 的限量值也占到了 25.5%。>1mg/kg 的限量占总体的 4%。总体来看，我国马铃薯中农药最大残留限量标准比较严格，且限量值范围总体呈现正态分布，这样既能很好地保障农产品质量安全，保障人民群众食品安全，也能很好地适应农业生产实际。

1.2.5　禁限用农药

为平衡农业生产安全、农产品质量安全和生态环境安全，保障农业生产者和牲畜安全等问题，有效预防和降低农药使用带来的风险，我国相关主管部门很早就开始行动，并且一直在行动，近年来国家对农药生产使用的监管越来越严格。农业部（现农业农村部）及相关单位陆续发布了许多禁用和限用农药产品清单，最早的通知可以追溯到 1997 年 10 月 30 日发布的［1997］17 号《农业部、化工部、全国供销合作总社关于停止生产、销售、使用除草醚农药的通知》自 2000 年 12 月 31 日起停止生产除草醚、撤销除草醚农药登记证。最新的是 2022 年 3 月 17 日农业农村部发布的第 536 号公告：自 2022 年 9 月 1 日起，撤销甲拌磷、甲基异柳磷、水胺硫磷、灭线磷原药及制剂产品的农药登记，禁止生产。已合法生产的产品在质量保证期内可以销售和使用，自 2024 年 9 月 1 日起禁止销售和使用。

同时为规范和安全地生产销售和使用农药，我国也有相关法律法规作为依据，《中华人民共和国食品安全法》第四十九条规定：禁止将剧毒、高毒农药用于蔬菜、瓜果、茶叶和中草药材等国家规定的农作物；第一百二十三条规定：违法使用剧毒、高毒农药的，除依照有关法律、法规规定给予处罚外，可以由公安机关依照规定给予拘留。《中华人民共和国农药管理条例》第三十四条对农药禁限用方面也作出了相关规定：农药使用者应当严格按照农药的标签标注的使用范围、使用方法和剂量、使用技术要求和注意事项使用农药，不得扩大使用范围、加大用药剂量或者改变使用方法；农药使用者不得使用禁用的农药；标签标注安全间隔期的农药，在农产品收获前应当按照安全间隔期的要求停止使用；剧毒、高毒农药不得用于防治卫生害虫，不得用于蔬菜、瓜果、茶叶、菌类、中草药材的生产，不得用于水生植物的病虫害防治。

至 2022 年 4 月，我国禁止使用的农药 49 种，限制使用农药 27 种，具体名单见表 1-10 和表 1-11。

表 1-10 国家禁止使用农药清单

序号	农药名称	禁用原因	禁用范围	撤销登记日期	禁止销售使用日期	公告
1	六六六	持久有机污染物	国家明令禁止使用18种	2002年6月5日	2002年6月5日	农业部公告第199号
2	滴滴涕					
3	毒杀芬					
4	艾氏剂					
5	狄氏剂					
6	二溴乙烷	致癌、致畸、生殖毒性				
7	除草醚					
8	杀虫脒					
9	敌枯双					
10	二溴氯丙烷					
11	砷类	高毒、富集				
12	铅类					
13	汞制剂					
14	氟乙酰胺	高毒、剧毒				
15	甘氟					
16	毒鼠强					
17	氟乙酸钠					
18	毒鼠硅					
19	甲胺磷		禁止使用	2003年12月31日（混配制剂）	2004年6月30日（混配制剂），2008年1月9日（原药和单剂）	农业部公告第274号，五部门2008年第1号公告
20	对硫磷					
21	甲基对硫磷					
22	久效磷					
23	磷胺					
24	苯线磷	高毒		2011年10月31日	2013年10月31日	农业部公告第1586号
25	地虫硫磷					
26	甲基硫环磷					
27	磷化钙					
28	磷化镁					
29	磷化锌					
30	硫线磷					
31	蝇毒磷					
32	治螟磷					
33	特丁硫磷					

序号	农药名称	禁用原因	禁用范围	撤销登记日期	禁止销售使用日期	公告
34	百草枯	对人畜毒害大		2014 年 7 月 1 日撤销百草枯水剂登记和生产许可、停止生产，保留母药生产企业水剂出口境外使用登记、允许专供出口生产	2016 年 7 月 1 日停止水剂在国内销售和使用	农业部、工业和信息化部、国家质量监督检验检疫总局公告第 1745 号
35	氯磺隆		禁止使用	2013 年 12 月 31 日撤销单剂产品登记证；2015 年 7 月 1 日，撤销原药和复配制剂产品登记证	2015 年 12 月 31 日	
36	胺苯磺隆	长残效致害药		2013 年 12 月 31 日撤销单剂产品登记证；2015 年 7 月 1 日，撤销原药和复配制剂产品登记证	2015 年 12 月 31 日禁止单剂产品销售使用；2015 年 7 月 1 日，禁止复配制剂产品销售使用	农业部公告第 2032 号
37	甲磺隆				2015 年 12 月 31 日禁止单剂产品在国内销售使用；2017 年 7 月 1 日禁止在国内销售使用，保留出口境外使用登记	
38	福美胂	对人类和环境高风险、杂质致癌		2013 年 12 月 31 日	2015 年 12 月 31 日	
39	福美甲胂					
40	三氯杀螨醇	高毒		2016 年 9 月 7 日	2018 年 10 月 1 日	农业部公告第 2445 号
41	2,4-滴丁酯				2023 年 1 月 29 日	
42	林丹	强致癌，环境污染物			2019 年 3 月 26 日	生态环境部等 11 部委联合发布公告 2019 年第 10 号
43	硫丹					
44	氟虫胺	持久有机污染物		2019 年 3 月 26 日	2020 年 1 月 1 日	农业部公告第 148 号
45	杀扑磷	高毒		2015 年 10 月 1 日	2015 年 10 月 1 日	农业部公告第 2289 号
46	甲拌磷	高毒		2022 年 9 月 1 日	2024 年 9 月 1 日	农业农村部公告 536 号
47	甲基异柳磷					
48	水胺硫磷					
49	灭线磷					

表 1-11　国家限制使用农药清单

序号	农药名称	禁用范围	公告	施行日期	限用原因	备注
1	氧乐果	甘蓝、柑橘禁用	农业部公告第 194 号	2002 年 6 月 1 日	高毒	实行定点经营，标签还应标注"限制使用"字样，用于食用农产品的，还应标注安全间隔期
2	涕灭威		农业部公告第 199 号	2002 年 6 月 5 日		
3	克百威					
4	内吸磷					
5	磷环磷					\
6	氯唑磷					
7	氰戊菊酯	茶树	农业部公告第 199 号	2002 年 6 月 5 日	杂质为有机氯，残留超标	
8	丁酰肼（比久）	花生	农业部第 274 号公告，农农发（2010）2 号通知	2003 年 4 月 30 日	致癌	实行定点经营，标签还应标注"限制使用"字样，用于食用农产品的，还应标注安全间隔期
9	氟虫腈	仅限于卫生用、玉米等部分旱田种子包衣剂和专供出口产品使用	农业部公告第 1157 号	2009 年 10 月 1 日	对甲壳类水生生物和蜜蜂具有高风险，在水和土壤中降解慢	
10	灭多威	十字花科蔬菜禁用	农业部公告第 1586 号	2011 年 6 月 15 日	高毒	
11	溴甲烷	黄瓜禁用	农业部公告第 2289 号	2015 年 10 月 1 日	高毒/蒙特利尔协议管制物（破坏臭氧层）	
12		农业	农业部公告第 2552 号	2019 年 1 月 1 日		
13	毒死蜱	蔬菜禁用	农业部公告第 2032 号	2016 年 12 月 31 日	残留超标	实行定点经营，标签还应标注"限制使用"字样，用于食用农产品的，还应标注安全间隔期
14	三唑磷					
15	氯化苦	限用于土壤熏蒸，在专业技术人员指导下使用	农业部公告第 2289 号	2015 年 10 月 1 日	高毒	实行定点经营，标签还应标注"限制使用"字样，用于食用农产品的，还应标注安全间隔期
16	磷化铝	限规范包装的磷化铝农药产品。应当内外双层包装。外包装应具有良好密闭性，防水防潮防气体外泄。内包装应具有通透性，便于直接熏蒸使用。内、外包装均应标注高毒标识及"人畜居住场所禁止使用"等注意事项	农业部公告第 2445 号	2018 年 10 月 1 日	对人畜高毒	实行定点经营，标签还应标注"限制使用"字样，用于食用农产品的，还应标注安全间隔期

序号	农药名称	禁用范围	公告	施行日期	限用原因	备注
17	乙酰甲胺磷	蔬菜、瓜果、茶叶、菌类和中草药材禁用	农业部公告第 2552 号	2019 年 8 月 1 日	剧毒、高毒	标签应标注"限制使用"字样,用于食用农产品的,还应标注安全间隔期
18	丁硫克百威				高毒	
19	乐果					
20	氟鼠灵	—	农业部公告 2567 号	2017 年 10 月 1 日	—	实行定点经营,标签还应标注"限制使用"字样,用于食用农产品的,还应标注安全间隔期
21	C 型肉毒梭菌毒素					
22	D 型肉毒梭菌毒素					
23	敌鼠钠盐					
24	杀鼠灵					
25	杀鼠醚					
26	溴敌隆					
27	溴鼠灵					

1.2.6　香港特别行政区主粮农药最大残留限量标准

香港食品中农药残留在《食物内除害剂残余规例》(第 1332CM 章)中进行了规定,为方便公众使用,还相应出台了《〈食物内除害剂残余规例〉使用指引》、《〈食物内除害剂残余规例〉食物分类指引》、《建议在〈食物内除害剂残余规例〉中增加或修订最高残余限量和最高再残余限量以及增加获豁免除害剂的指引》。表 1-12 和图 1-5 展示了香港主粮农药最大残留限量标准分布情况,从而可以了解香港主粮中农药最大残留标准的宽严情况,从图中可以看到香港特别行政区四种作物限量值分布情况基本和内地差不多,主要分布在＞0.01mg/kg、≤1mg/kg 的范围内,这与除欧盟外的其他地区也是一致的。

表 1-12　香港特别行政区主粮农药最大残留限量标准分类

作物	限量范围/(mg/kg)	数量/项	比例/%
水稻(糙米)	≤0.01	0	0.00
	＞0.01,≤0.1	22	48.89
	＞0.1,≤1	18	40.00
	＞1	5	11.11
小麦	≤0.01	7	7.78
	＞0.01,≤0.1	46	51.11
	＞0.1,≤1	26	28.89
	＞1	11	12.22

续表

作物	限量范围/(mg/kg)	数量/项	比例/%
玉米	≤0.01	18	18.37
	>0.01，≤0.1	65	66.33
	>0.1，≤1	13	13.27
	>1	2	2.04
马铃薯	≤0.01	6	8.33
	>0.01，≤0.1	45	62.50
	>0.1，≤1	14	19.44
	>1	7	9.72

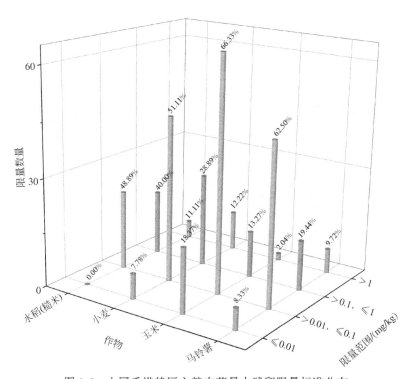

图 1-5　中国香港特区主粮农药最大残留限量标准分布

我国 GB 2763—2021《食品安全国家标准　食品中农药最大残留限量》关于主粮的农药数量与香港特别行政区标准相比较的情况见表 1-13。

我国香港四种农产品上农药限量标准数据较少，但是与内地相同农药数量以及相同农药上相同限量值的数量较多。这种现象的出现一定程度上跟饮食结构以及香港大量从内地引入农产品有关。

表 1-13 香港特别行政区与内地主粮农药最大残留限量标准比对

作物名称	内地农药残留限量总数/项	香港农药残留限量总数/项	仅内地有规定的农药数量/种	内地、香港均有规定的农药数量/种	仅香港有规定的农药数量/种	内地、香港均有规定的农药		
						比香港严格的农药数量/种	与香港一致的农药数量/种	比香港宽松的农药数量/种
水稻（糙米）	282	45	242	40	5	4	30	6
小麦	241	90	176	65	25	14	45	6
玉米	207	98	146	61	37	6	43	12
马铃薯	200	72	151	49	23	12	29	8

根据最新的《食物内除害剂残余规例》查询结果，香港特别行政区豁免物质清单见表 1-14。根据 2018 年出台的标准，现将相关主粮中的农药最大残留限量标准整理在表 1-15 中。

表 1-14 香港特别行政区豁免物质清单

序号	物质名称
1	1,4-二氨基丁烷
2	苯乙酮
3	赤杨树皮
4	损毁链格孢菌株 059
5	乙酸铵
6	碳酸氢铵/碳酸氢钾/碳酸氢钠
7	无定型二氧化硅
8	白粉寄生孢单离物 M10 和菌株 AQ10
9	蜡样芽孢杆菌菌株 BP01
10	短小芽孢杆菌菌株 QST2808
11	枯草芽孢杆菌菌株 GBO3、MBI600 和 QST713
12	苏云金芽孢杆菌
13	球孢白僵菌菌株 GHA
14	硼酸/硼酸盐类［硼砂（十水四硼酸钠）、四水八硼酸二钠、氧化硼（硼酐）、硼酸钠和偏硼酸钠］
15	溴氯二甲基尿酸
16	碳酸钙/碳酸钠
17	辣椒碱
18	甲壳素
19	几丁聚糖
20	肉桂醛
21	丁香油
22	盾壳霉菌株 CON/M/91-08

续表

序号	物质名称
23	细胞分裂素
24	皂树萃取物（皂角苷）
25	茶树萃取物
26	脂肪酸 $C_7 \sim C_{20}$
27	脂肪族醇
28	γ-氨基丁酸
29	大蒜萃取物
30	香叶醇
31	链孢粘帚霉菌株 J1446
32	高油菜素内酯
33	芹菜夜蛾核型多角体病毒的包含体
34	印度谷螟颗粒体病毒
35	吲哚-3-丁酸
36	乙二胺四乙酸铁络合物
37	磷酸铁
38	玖烟色拟青霉菌株 97
39	乳酸
40	石硫合剂（多硫化钙）
41	溶血磷脂酰乙醇胺
42	邻氨基苯甲酸甲酯
43	甲基壬基酮
44	矿物油
45	硫酸二氢单脲（硫酸盐尿素）
46	*Muscodor albus* 菌株 QST20799 和其在再水合作用下所产生的挥发物
47	苦楝油
48	蝗虫微孢子虫
49	日本金龟颗粒病毒的包含体
50	淡紫拟青霉菌株 251
51	过氧乙酸
52	信息素
53	仙人掌得克萨斯仙人球（*Opuntia lindheimeri*）、西班牙栎（*Quercus falcata*）、香漆（*Rhus aromatica*）和美国红树（*Rhizophora mangle*）萃取物
54	磷酸二氢钾
55	邻硝基苯酚钾/对硝基苯酚钾/邻硝基苯酚钠/对硝基苯酚钠
56	三碘化钾
57	水解蛋白

序号	物质名称
58	绿针假单胞菌菌株 63-28 和 MA342
59	*Pseudozyma flocculosa* 菌株 PF-A22 UL
60	寡雄腐霉菌菌株 DV74
61	鼠李糖脂生物表面活性剂
62	S-诱抗素
63	海草萃取物
64	硅酸铝钠
65	山梨糖醇辛酸酯
66	大豆卵磷脂
67	甜菜夜蛾核型多角体病毒
68	利迪链霉菌菌株 WYEC108
69	蔗糖辛酸酯
70	硫黄
71	妥尔油
72	人工制成的 *Chenopodium ambrosioides* near *ambrosioides* 萃取物中的萜烯成分（α-松油烯、d-苎烯和对异丙基甲苯）
73	棘孢木霉菌株 ICC012
74	盖姆斯木霉菌株 ICC080
75	钩状木霉菌株 382
76	哈茨木霉菌株 T-22 和 T-39
77	三甲胺盐酸盐
78	水解酿酒酵母萃取物

表 1-15 香港特别行政区四种主粮农药残留最大残留限量标准

编号	农药英文名	农药中文名	最大残留限量/(mg/kg)			
			水稻（精米）	小麦	玉米	马铃薯
1	2,4-D	2,4-滴	0.1（0.1）	1	0.05	0.2
2	acephate	乙酰甲胺磷	1	0.2	0.2	
3	alachlor	甲草胺			0.02	
4	aldicarb	涕灭威		0.02	0.05	1
5	ametryn	莠灭净			0.05	
6	aminopyralid	氯氨吡啶酸		0.1		
7	atrazine	莠去津			0.05	
8	azinphos-methyl	保棉磷				0.05
9	azoxystrobin	嘧菌酯		0.2	0.02	
10	benalaxyl	苯霜灵				0.02

编号	农药英文名	农药中文名	最大残留限量/(mg/kg)			
			水稻（精米）	小麦	玉米	马铃薯
11	benfuracarb	丙硫克百威	（0.2）	0.1		
12	bensulfuron-methyl	苄嘧磺隆	（0.05）			
13	bentazone	灭草松		0.1	0.2	0.1
14	benthiazole	苯噻硫氰		0.1	0.1	
15	bifenthrin	联苯菊酯		0.5	0.05	
16	bioresmethrin	生物苄呋菊酯		1		
17	bitertanol	联苯三唑醇		0.05		
18	blasticidin S	灭瘟素	0.1			
19	boscalid	啶酰菌胺		0.5		
20	bromoxynil	溴苯腈		0.05	0.05	
21	buprofezin	噻嗪酮	0.3			
22	butachlor	丁草胺	（0.5）			
23	butylate	丁草特			0.1	
24	chlorpyrifos	毒死蜱	0.1（0.1）	0.5	0.05	2
25	carbaryl	甲萘威	（1）	2	0.02	
26	carbendazim	多菌灵	2（2）	0.05	0.5	
27	carbofuran	克百威	（0.2）	0.1	0.1	0.1
28	carbosulfan	丁硫克百威	0.2（0.2）		0.1	0.05
29	carboxin	萎锈灵		0.2	0.2	
30	chlorbenzuron	灭幼脲	3			
31	chlordane	氯丹	（0.02）			
32	chlorethoxyfos	氯氧磷			0.01	
33	chlorimuron-ethyl	氯嘧磺隆			0.01	
34	chlormequat	矮壮素		5	5	
35	chlorothalonil	百菌清		0.1		
36	chlorpropham	氯苯胺灵				30
37	chlorpyrifos-methyl	甲基毒死蜱		10		
38	chlortoluron	绿麦隆		0.1	0.1	
39	clodinafop-propargyl	炔草酯		0.1		
40	clopyralid	二氯吡啶酸		3	1	
41	clothianidin	噻虫胺		0.02	0.02	
42	cyfluthrin	氟氯氰菊酯		0.15	0.05	
43	cyhalothrin	氯氟氰菊酯		0.05	0.02	
44	cymoxanil	霜脲氰				0.05
45	cypermethrin	氯氰菊酯		2		

续表

编号	农药英文名	农药中文名	最大残留限量/(mg/kg)			
			水稻（精米）	小麦	玉米	马铃薯
46	cyproconazole	环丙唑醇			0.01	
47	cyprodinil	嘧菌环胺		0.5		
48	cyromazine	灭蝇胺				0.8
49	deltamethrin	溴氰菊酯	0.5（0.5）		0.2	0.01
50	diazinon	二嗪磷		0.1	0.02	
51	dicamba	麦草畏		2	0.01	
52	dichlofluanid	抑菌灵				0.1
53	diclofop-methyl	禾草灵		0.1		
54	dicloran	氯硝胺				0.25
55	difenoconazole	苯醚甲环唑			0.01	0.02
56	diflubenzuron	除虫脲		0.2	0.2	
57	dimethenamid	二甲吩草胺			0.01	0.01
58	dimethipin	噻节因				0.05
59	dimethoate	乐果		0.05	0.5	0.5
60	dimethomorph	烯酰吗啉				0.05
61	diniconazole	烯唑醇		0.05	0.05	
62	diquat	敌草快	1（0.2）	2	0.05	0.2
63	dithiocarbamates	二硫代氨基甲酸盐	0.05（0.05）	1	0.1	
64	diuron	敌草隆		0.5	0.1	
65	edifenphos	敌瘟磷	（0.1）			
66	endosulfan	硫丹		0.3	0.2	
67	ethalfluralin	乙丁烯氟灵				0.05
68	ethephon	乙烯利		1	0.5	
69	ethoprophos	灭线磷			0.02	0.05
70	etofenprox	醚菊酯				0.01
71	famoxadone	噁唑菌酮		0.1		0.02
72	fenamidone	咪唑菌酮				0.02
73	fenbuconazole	腈苯唑	0.1	0.1		
74	fenitrothion	杀螟硫磷	1（1）			
75	fenoxaprop-ethyl	噁唑禾草灵		0.05		
76	fenpropimorph	丁苯吗啉		0.5		
77	fenthion	倍硫磷	0.05	0.05		
78	fentinhydroxide	三苯基氢氧化锡				0.05
79	fenvalerate	氰戊菊酯			0.02	0.05

编号	农药英文名	农药中文名	最大残留限量/(mg/kg)			
			水稻（精米）	小麦	玉米	马铃薯
80	fipronil	氟虫腈	0.02	0.002	0.01	0.02
81	flonicamid	氟啶虫酰胺				0.2
82	florasulam	双氟磺草胺		0.01		
83	fluazinam	氟啶胺				0.02
84	flubendiamide	氟虫双酰胺			0.02	
85	flufenacet	氟噻草胺		0.6	0.05	
86	flufenpyr-ethyl	氟哒嗪草酯			0.01	
87	flumetsulam	唑嘧磺草胺			0.05	
88	flumiclorac	氟烯草酸			0.01	
89	flumioxazin	丙炔氟草胺			0.02	0.02
90	fluridone	氟啶草酮				0.1
91	fluroxypyr	氯氟吡氧乙酸		0.2		
92	fluthiacet-methyl	氟噻乙草酯			0.01	
93	flutolanil	氟酰胺	0.1（1）			
94	folpet	灭菌丹				0.1
95	fomesafen	氟磺胺草醚				0.025
96	glufosinate-ammonium	草铵膦			0.1	0.5
97	glyphosate	草甘膦			5	
98	halosulfuron-methyl	氯吡嘧磺隆			0.05	0.05
99	hymexazol	恶霉灵	0.1			
100	imazalil	抑霉唑		0.01		5
101	imazamethabenz methyl ester	咪草酸甲酯		0.1		
102	imazapyr	灭草烟			0.05	
103	imidacloprid	吡虫啉			0.02	
104	indoxacarb	茚虫威			0.02	0.02
105	iodosulfuron-methyl-sodium	甲基碘磺隆钠盐			0.02	0.03
106	iprodione	异菌脲	10			
107	isoprocarb	异丙威	（0.2）			
108	isoprothiolane	稻瘟灵	（1）			
109	kasugamycin	春雷霉素	0.1			
110	kresoxim-methyl	醚菌酯		0.05		
111	lindane	林丹			0.05	0.01
112	linuron	利谷隆			0.05	
113	malathion	马拉硫磷	1		10	

续表

编号	农药英文名	农药中文名	最大残留限量/(mg/kg)			
			水稻（精米）	小麦	玉米	马铃薯
114	maleic hydrazide	抑芽丹				50
115	mandipropamid	双炔酰菌胺				0.01
116	MCPA	2甲4氯		1		
117	mepronil	灭锈胺	0.2			
118	mesosulfuron-methyl	甲基二磺隆		0.03		
119	mesotrione	硝磺草酮			0.01	
120	metaflumizone	氰氟虫腙				0.02
121	metalaxyl	甲霜灵			0.05	
122	metconazole	叶菌唑		0.15	0.02	
123	methamidophos	甲胺磷	0.5			
124	methidathion	杀扑磷			0.1	0.02
125	methiocarb	灭虫威		0.05	0.05	0.05
126	methomyl	灭多威		2	0.05	0.02
127	methoxyfenozide	甲氧虫酰肼			0.02	
128	metolachlor	异丙甲草胺	0.1		0.1	
129	metribuzin	嗪草酮			0.05	
130	molinate	禾草敌	（0.1）			
131	monocrotophos	久效磷		0.02		
132	nicosulfuron	烟嘧磺隆			0.1	
133	nitrapyrin	氯草定		0.5	0.1	
134	novaluron	双苯氟脲				0.01
135	oxadiazon	噁草酮	0.05			
136	oxamyl	杀线威				0.1
137	oxydemeton-methyl	亚砜磷		0.02		0.01
138	oxyfluorfen	乙氧氟草醚			0.05	
139	paclobutrazol	多效唑		0.5		
140	paraquat	百草枯	0.1（0.1）	1.1	0.1	0.5
141	parathion	对硫磷				0.05
142	parathion-methyl	甲基对硫磷		0.1	0.1	0.05
143	phenthoate	稻丰散	（0.05）			
144	phorate	甲拌磷		0.02	0.05	0.5
145	phosmet	亚胺硫磷			0.05	0.05
146	picloram	氨氯吡啶酸		0.5		
147	pirimicarb	抗蚜威			0.05	
148	pretilachlor	丙草胺	（0.1）			

编号	农药英文名	农药中文名	最大残留限量/(mg/kg)			
			水稻（精米）	小麦	玉米	马铃薯
149	primisulfuron-methyl	氟嘧磺隆			0.02	
150	procymidone	腐霉利				0.1
151	propachlor	毒草胺			0.2	
152	propamocarb	霜霉威				0.3
153	propanil	敌稗	（2）			
154	propargite	炔螨特			0.1	0.03
155	propiconazole	丙环唑		0.05	0.05	
156	prothioconazole	丙硫菌唑		0.1		
157	prothiofos	丙硫磷				0.05
158	pymetrozine	吡蚜酮		0.02		0.02
159	pyraclostrobin	吡唑醚菌酯		0.2	0.02	0.02
160	pyridate	哒草特			0.03	
161	pyrimethanil	嘧霉胺				0.05
162	pyrimitate	嘧啶磷	2（1）		1	
163	pyroxsulam	啶磺草胺		0.01		
164	quinalphos	喹硫磷	（0.2）			
165	quinclorac	二氯喹啉酸		0.5		
166	quinoxyfen	喹氧灵		0.01		
167	quintozene	五氯硝基苯		0.01	0.01	0.2
168	quizalofop ethyl	乙基喹禾灵		0.05		
169	rimsulfuron	砜嘧磺隆			0.1	0.1
170	simazine	西玛津			0.2	
171	spinosyn	多杀菌素			0.01	
172	spiromesifen	螺甲螨酯			0.02	0.02
173	spirotetramat	螺虫乙酯				5
174	streptomycin	链霉素				0.25
175	sulfuryl fluoride	硫酰氟	0.1（0.1）			
176	tebucomazole	戊唑醇		0.05	0.05	
177	tebufenozide	虫酰肼	0.1			
178	tecnazene	四氯硝基苯				20
179	teflubenzuron	伏虫隆				0.05
180	tefluthrin	七氟菊酯			0.06	
181	tembotrione	环磺酮			0.02	
182	terbufos	特丁硫磷			0.01	
183	thiabendazole	噻菌灵				15

编号	农药英文名	农药中文名	最大残留限量/(mg/kg)			
			水稻（精米）	小麦	玉米	马铃薯
184	thiacloprid	噻虫啉		0.1		0.02
185	thiamethoxam	噻虫嗪	0.1	0.05	0.05	
186	thiencarbazone methyl	噻酮磺隆		0.01	0.01	
187	thifensulfuron-methyl	噻吩磺隆		0.05	0.05	
188	thiocyclam	杀虫环	（0.2）			
189	thiosultap-disodium	杀虫双	（0.2）			
190	tolclofos-methyl	甲基立枯磷				0.2
191	topramezone	苯吡唑草酮			0.01	
192	tralkoxydim	肟草酮		0.02		
193	triasulfuron	醚苯磺隆		0.02		
194	tribenuron-methyl	苯磺隆		0.05	0.01	
195	trichlorfon	敌百虫	0.1	0.1		
196	trifloxystrobin	肟菌酯		0.2	0.02	0.02
197	trifluralin	氟乐灵		0.05	0.05	0.05
198	zoxamide	苯酰菌胺				0.02

1.3 CAC 主粮农药最大残留限量标准

CAC 是由联合国粮农组织（FAO）和世界卫生组织（WHO）共同建立的，以保障消费者的健康和确保食品贸易公平为宗旨的一个制定国际食品标准的政府间组织，CAC 标准都是以科学为基础，并在获得所有成员国的一致同意的基础上制定出来的。CAC 标准已经成为全球消费者、食品生产者和加工者、各国食品安全管理机构以及国际食品农产品贸易中重要的基本参考标准。从 1961年创立国际食品法典委员会以来，其在食品质量和安全方面的工作得到了成员国的承认，CAC 标准的制定有效减少了国际食品贸易的摩擦，促进了贸易公平和公正。现在将 CAC 标准中主粮相关的农药最大残留限量标准按主粮品种分类整理于第 5 章 5.1 小节中，同时表 1-16 和图 1-6 也展示了 CAC 标准中主粮中农药最大残留限量标准分布情况，便于我们更清晰了解 CAC 标准的宽严情况，从图中我们可以看到在 CAC 限制标准中，限量值主要集中在 0.01～0.1mg/kg 范围内，这样既可以满足安全要求，也不至于太过严格而无法平衡成员国间正常的进出口贸易公平。

表 1-16 CAC 主粮农药最大残留限量标准分类

作物	限量范围/(mg/kg)	数量/项	比例/%
水稻（糙米）	≤0.01	7	17.50
	>0.01，≤0.1	11	27.50
	>0.1，≤1	8	20.00
	>1	14	35.00
小麦	≤0.01	4	6.15
	>0.01，≤0.1	32	49.23
	>0.1，≤1	18	27.69
	>1	11	16.92
玉米	≤0.01	16	29.09
	>0.01，≤0.1	37	67.27
	>0.1，≤1	1	1.82
	>1	1	1.82
马铃薯	≤0.01	17	21.52
	>0.01，≤0.1	43	54.43
	>0.1，≤1	10	12.66
	>1	9	11.39

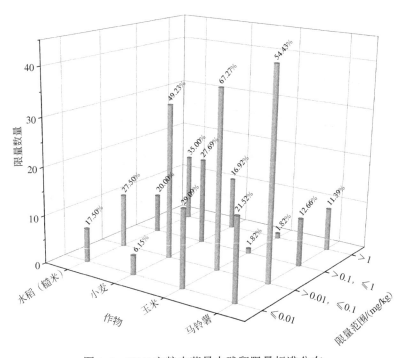

图 1-6 CAC 主粮农药最大残留限量标准分布

我国 GB 2763—2021《食品安全国家标准　食品中农药最大残留限量》关于主粮的农药数量与 CAC 标准相比较情况见表 1-17。

表 1-17　中国与 CAC 主粮农药最大残留限量标准对比

作物名称	中国农药残留限量总数/项	CAC 农药残留限量总数/项	仅中国有规定的农药数量/种	中国、CAC均有规定的农药数量/种	仅CAC有规定的农药数量/种	中国、CAC 均有规定的农药数量（种）		
						比 CAC 严格的农药数量/种	与 CAC 一致的农药数量/种	比 CAC 宽松的农药数量/种
水稻（糙米）	282	40	248	34	6	8	17	9
小麦	241	65	185	56	9	11	34	11
玉米	207	55	160	47	8	2	35	10
马铃薯	200	79	134	66	13	10	46	10

从表1-17可以看到，CAC 在四种作物上限量标准并不是很多，但是和中国均有的农药种类以及限量值一致性比例却是比较高的，其中限量值一致比例最低的水稻（糙米）上也占到了50%，这反映了我国在制定限量标准时积极参考和转化了 CAC 标准，使我国标准更接近国际准则，可以更好更积极地参与到国际农产品贸易中。

1.4　欧盟主粮农药最大残留限量标准

欧盟作为世界重要的粮食生产者和交易者，为了确保粮食安全，欧盟建立了一套相应严格完善的监管体系，在农药残留方面，欧盟制定（EC）No 396/2005 法规用于监管欧盟主粮中的农药残留量，保证贸易的公正化，令市场有序发展。现在将欧盟标准中主粮相关的农药最大残留限量标准按主粮品种分类整理于第 5 章5.2小节中，同时表1-18和图1-7也展示了欧盟标准中主粮中农药最大残留限量标准分布情况，让我们更清楚地了解欧盟标准的宽严情况，从图中可以看到，欧洲限量标准是十分严格的，其中≤0.01mg/kg 的限量值占比在四种作物中均超过了50%，且≤0.1mg/kg 的限量值在四种作物中占比达到了90%左右。

表 1-18　欧盟主粮农药最大残留限量标准分类

作物	限量范围/(mg/kg)	数量/项	比例/%
水稻（糙米）	≤0.01	262	52.61
	>0.01，≤0.1	182	36.55
	>0.1，≤1	32	6.43
	>1	21	4.22

续表

作物	限量范围/(mg/kg)	数量/项	比例/%
小麦	≤0.01	279	56.14
	>0.01，≤0.1	163	32.80
	>0.1，≤1	15	3.02
	>1	23	4.63
玉米	≤0.01	293	58.95
	>0.01，≤0.1	178	35.81
	>0.1，≤1	15	3.02
	>1	11	2.21
马铃薯	≤0.01	295	59.60
	>0.01，≤0.1	167	33.74
	>0.1，≤1	23	4.65
	>1	10	2.02

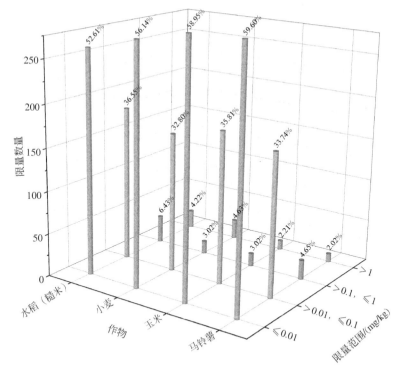

图 1-7 欧盟主粮农药最大残留限量标准分布

我国 GB 2763—2021《食品安全国家标准 食品中农药最大残留限量》关于主粮的农药数量与欧盟标准相比较的情况见表 1-19。

表 1-19　中国与欧盟主粮农药最大残留限量标准对比

作物名称	中国农药残留限量总数/项	欧盟农药残留限量总数/项	仅中国有规定的农药数量/种	中国、欧盟均有规定的农药数量/种	仅欧盟有规定的农药数量/种	中国、欧盟均有规定的农药数量/种		
						比欧盟严格的农药数量/种	与欧盟一致的农药数量/种	比欧盟宽松的农药数量/种
水稻（糙米）	282	498	139	143	355	26	26	91
小麦	241	497	101	140	357	30	47	63
玉米	207	497	87	120	377	15	46	59
马铃薯	200	495	81	119	376	19	43	57

　　四种作物限量标准的数量与欧盟相比，我国还是存在一定的差距，特别是小麦、玉米、马铃薯这三种作物上限量标准的数量差不多只有欧盟标准数量的一半，有的甚至不到一半，出现这种情况与欧洲农业科技发达、农药投入品大且公司多有着密切的关系。这样就使得我们需要在结合我国农业生产实际情况下，在后续制定修订农药残留限量标准时积极参考欧盟农药限量标准。同时我国也应该积极发挥大型农药生产公司的研发的能动性，积极为我国农药代谢残留的研究提供有效数据，为我国后续制定农药残留限量标准提供基础性数据，积极补足与欧盟的差距。

　　欧盟对食品安全有着严格的要求，同时也出台很多法规条例规范植保产品的销售与使用及其在食品中的残留。在欧盟，植保产品的生产销售使用主要受法规(EC)No 1107/2009的监管。关于植物和动物源性食品和饲料中农药残留限量的法律和有关事项均被包含在91/414/EEC 指令和2005年颁布的(EC) No 396/2005法规中。截至2020年11月更新后的(EC) No 396/2005法规的附录Ⅳ中，欧盟公布了豁免的食品中活性物质最大残留限量标准名单，总计148种活性物质，包含微生物、无机物和植物提取物等，豁免名单见表1-20。此外，欧盟还根据企业提供的资料以及风险评估确定了禁止使用的农药，通过相关法规对近938种农药和活性成分停止授权，具体的欧盟撤销登记的农药清单见附录。

表 1-20　欧盟豁免残留限量农药名单

序号	农药英文名	农药中文名	登记情况
1	1,4-diaminobutane (aka putrescine) (++)	1,4-二氨基丁烷（又名腐胺）	未批准
2	1-decanol	1-癸醇	批准
3	24-epibrassinolide	24-表芸苔素内酯	批准
4	ABE-IT 56	酿酒酵母菌株 DDSF623 裂解物的组成	批准
5	acetic acid	醋酸	批准
6	*Adoxophyes orana* GV strain BV-0001	茶小卷叶蛾颗粒体病毒菌株 BV-0001	批准

序号	农药英文名	农药中文名	登记情况
7	*Allium cepa* L. bulb extract	洋葱鳞茎提取物	批准
8	aluminium silicate (aka kaolin) (+) (++)	高岭土	批准
9	ammonium acetate (++)	乙酸铵	未批准
10	*Ampelomyces quisqualis* strain AQ10	白粉寄生孢菌 AQ10 株系	批准
11	aqueous extract from the germinated seeds of sweet *Lupinus albus*	甜羽扇豆萌发种子的水提取物	批准
12	*Aureobasidium pullulans* strains DSM 14940 and DSM 14941	出芽短梗霉菌 DSM 14940 和 DSM 14941 株系	批准
13	*Bacillus amyloliquefaciens* strain FZB24	解淀粉芽孢杆菌 FZB24 株系	批准
14	*Bacillus amyloliquefaciens* strain MBI 600	解淀粉芽孢杆菌 MBI 600 株系	未批准
15	*Bacillus amyloliquefaciens* subsp. *plantarum* strain D747	解淀粉芽孢杆菌植物亚种 D747 菌株系	批准
16	*Bacillus firmus* I-1582	坚强芽孢杆菌 I-1582	批准
17	*Bacillus pumilus* QST 2808	短小芽孢杆菌 QST 2808	批准
18	*Bacillus subtilis* strain IAB/BS03	枯草芽孢杆菌 IAB/BS03 株系	批准
19	*Bacillus subtilis* strain QST 713	枯草芽孢杆菌 QST 713 株系	批准
20	*Beauveria bassiana* PPRI 5339	球孢白僵菌 PPRI 5339 株系	批准
21	*Beauveria bassiana* strain ATCC 74040	球孢白僵菌 ATCC 74040 株系	批准
22	*Beauveria bassiana* strain GHA	球孢白僵菌 GHA 株系	批准
23	beer	啤酒	批准
24	benzoic acid (+)	苯甲酸	批准
25	calcium carbide	碳化钙	批准
26	calcium carbonate (++)	碳酸钙	批准
27	calcium hydroxide	氢氧化钙	批准
28	*Candida oleophila* strain O	假丝酵母 O 株系	批准
29	capric acid	癸酸	批准
30	carbon dioxide (++)	二氧化碳	批准
31	carvone	香芹酮	批准
32	cerevisane	酿酒酵母菌株 LAS117 干细胞壁	批准
33	chitosan hydrochloride	壳聚糖盐酸盐	批准
34	clayed charcoal	黏土炭	批准
35	*Clonostachys rosea* strain J1446 (formerly *Gliocladium catenulatum* strain J1446)	链孢粘帚霉菌 J1446 株系	批准
36	*Coniothyrium minitans* strain CON/M/91-08 (DSM 9660)	盾壳霉 CON/M/91-08（DSM 9660）株系	批准
37	COS-OGA	甲壳低聚糖-低聚半乳糖醛酸	批准
38	*Cydia pomonella* Granulovirus (CpGV)	苹果蠹蛾颗粒体病毒	批准
39	diammonium phosphate	磷酸氢二铵	批准

序号	农药英文名	农药中文名	登记情况
40	*Equisetum arvense* L.	问荆	批准
41	ethylene (++)	乙烯	批准
42	extract from tea tree (++)	澳洲茶树精油	批准
43	fatty acids / lauric acid (+) (++)	月桂酸	批准
44	fatty acids $C_7\sim C_{20}$ (+) (++)	脂肪酸 $C_7\sim C_{20}$	批准
45	fatty acids: fatty acid methyl ester (+) (++)	脂肪酸：脂肪酸甲酯	批准
46	fatty acids: heptanoic acid (+) (++)	脂肪酸：庚酸	批准
47	fatty acids: octanoic acid (+) (++)	脂肪酸：辛酸	批准
48	fatty acids: decanoic acid (+) (++)	脂肪酸：癸酸	批准
49	fatty acids: oleic acid incl ethyloleate (+) (++)	脂肪酸：油酸包括油酸乙酯	批准
50	fatty acids: pelargonic acid (+) (++)	脂肪酸：壬酸	未批准
51	fatty alcohols/aliphatic alcohols (+)	脂肪醇	未批准
52	FEN 560 (also called fenugreek or fenugreek seed powder)	葫芦巴籽粉	未批准
53	ferric phosphate [iron (Ⅲ) phosphate]	磷酸铁（Ⅲ）	批准
54	ferric pyrophosphate	焦磷酸铁	批准
55	ferric sulphate [iron (Ⅲ) sulphate] (++)	硫酸铁	未批准
56	ferrous sulphate [iron (Ⅱ) sulphate] (+) (++)	硫酸亚铁	未批准
57	folic acid (+)	叶酸	未批准
58	fructose	果糖	批准
59	garlic extract (++)	大蒜提取物	批准
60	geraniol (+) (++)	香叶醇	批准
61	gibberellic acid (++)	赤霉酸	批准
62	gibberellin (++)	赤霉素	批准
63	*Gliocladium catenulatum* strain J1446 (++)	链孢粘帚霉菌 J1446 株系	批准
64	*Helicoverpa armigera* nucleopolyhedrovirus	棉铃虫核型多角体病毒	批准
65	heptamaloxyloglucan	还原型 XFG 木葡寡糖	批准
66	hydrogen peroxide	七羟葡聚糖	批准
67	kieselguhr (aka diatomaceous earth) (++)	硅藻土	批准
68	L-ascorbic acid	L-抗坏血酸	批准
69	L-cysteine	L-半胱氨酸	批准
70	lactic acid (+)	乳酸	未批准
71	laminarin	海带多糖	批准
72	*Lecanicillium muscarium* strain Ve6	捕蝇蜡蚧菌 Ve6 株系	批准
73	lecithins	卵磷脂	批准

序号	农药英文名	农药中文名	登记情况
74	lime sulphur	石硫合剂	批准
75	limestone (++)	石灰岩	待办
76	maltodextrin	麦芽糊精	批准
77	methyl decanoate (CAS 110-42-9)	癸酸甲酯	批准
78	methyl nonyl ketone (++)	甲基壬基酮	未批准
79	methyl octanoate (CAS 111-11-5)	辛酸甲酯	批准
80	*Metschnikowia fructicola* strain NRRL Y-27328	*Metschnikowia fructicola* 菌 NRRL Y-27328 株系	批准
81	mild *Pepino mosaic virus* isolate VC1	轻型凤果花叶病毒分离物 VC1	批准
82	mild *Pepino mosaic virus* isolate VX1	轻型凤果花叶病毒分离物 VX1	批准
83	milk	牛奶	批准
84	mustard seeds powder	芥末籽粉	批准
85	onion oil	洋葱油	批准
86	orange oil (++)	橙油	批准
87	*Paecilomyces fumosoroseus apopka* strain 97	玫烟色棒束孢阿波普卡菌 97 株系	批准
88	*Paecilomyces fumosoroseus* strain FE 9901	玫烟色棒束孢 FE 9901 株系	批准
89	*Paecilomyces lilacinus* strain 251	淡紫拟青霉 251 株系	批准
90	paraffin oil (CAS 64742-46-7)	石蜡油（C_{11}~C_{25}）	批准
91	paraffin oil (CAS 72623-86-0)	石蜡油（C_{15}~C_{30}）	批准
92	paraffin oil (CAS 8042-47-5)	石蜡油（C_{18}~C_{30}、C_{17}~C_{31}）	批准
93	paraffin oil (CAS 97862-82-3)	石蜡油（C_{11}~C_{30}）	批准
94	*Pasteuria nishizawae* Pn1	西泽巴斯德氏柄菌 Pn1 株系	批准
95	*Pepino mosaic virus* strain CH2 isolate 1906	凤果花叶病毒 CH2 品系 1906 菌株	批准
96	*Pepino mosaic virus*, CH2 strain, mild isolate Abp2	凤果花叶病毒 CH2 品系轻度分离 Abp2 菌株	批准
97	*Pepino mosaic virus*, EU strain, mild isolate Abp1	凤果花叶病毒 EU 品系轻度分离 Abp1 菌株	批准
98	pepper (++)	胡椒粉	未批准
99	*Phlebiopsis gigantea*	大伏革菌	批准
100	plant oils / citronellol (++)	植物油/香茅醇	未批准
101	plant oils / clove oil eugenol (++)	植物油/丁香油丁香酚	批准
102	plant oils / rapeseed oil (++)	植物油/菜籽油	批准
103	plant oils / spearmint oil (++)	植物油/留兰香油，薄荷油	批准
104	potassium hydrogen carbonate (++)	碳酸氢钾	批准
105	potassium iodide (++)	碘化钾	未批准
106	potassium thiocyanate	硫氰酸钾	未批准

序号	农药英文名	农药中文名	登记情况
107	potassium tri-iodide	三碘化钾	未批准
108	*Pseudomonas chlororaphis* strain MA342	针假单胞菌 MA342 株系	批准
109	*Pseudomonas sp.* strain DSMZ 13134	假单胞菌属 DSMZ 13134 株系	批准
110	quartz sand (++)	石英砂	批准
111	repellants: blood meal (++)	驱避剂：血粉	批准
112	repellants: fish oil (++)	驱避剂：鱼油	未批准
113	repellants: sheep fat (++)	驱避剂：羊脂	批准
114	repellants: tall oil (++)	驱避剂：妥（塔）尔油	未批准
115	rescalure	红圆蚧引诱剂	批准
116	S-abscisic acid	S-诱抗素	批准
117	*Saccharomyces cerevisiae* strain LAS02	酿酒酵母菌 LAS02 株系	批准
118	*Salix* spp. cortex	柳属皮质	批准
119	seaweed extracts (++)	海藻提取物	未批准
120	sodium aluminium silicate (++)	硅酸钠铝	未批准
121	sodium chloride	氯化钠	未批准
122	sodium hydrogen carbonate	碳酸氢钠	批准
123	*Spodoptera exigua* multicapsid nucleo-polyhedrovirus (SeMNPV) isolate BV-0004	甜菜夜蛾核型多角体病毒分离株 BV-0004	批准
124	*Spodoptera exigua* nuclear polyhedrosis virus	甜菜夜蛾核型多角体病毒	未批准
125	*Spodoptera littoralis* nucleopolyhedrovirus	斜纹夜蛾核型多角体病毒	批准
126	*Streptomyces* K61 (formerly *S.griseoviridis*)	链霉菌 K61 株系	批准
127	sucrose	蔗糖	批准
128	sulphur	硫黄	批准
129	sulphuric acid	硫酸	未批准
130	sunflower oil	葵花籽油	批准
131	talc E553B	滑石 E553B	批准
132	terpenoid blend QRD 460	萜类混合物 QRD 460	批准
133	thymol (+) (++)	百里香酚	批准
134	*Trichoderma asperellum* (formerly *T. harzianum*) strains ICC012, T25 and TV1	棘孢木霉（原名哈茨木霉）ICC012、T25 和 TV1 株系	批准
135	*Trichoderma asperellum* (strain T34)	哈茨木霉 T34 株系	批准
136	*Trichoderma atroviride* (formerly *T. harzianum*) strains IMI 206040 and T11	深绿木霉（原名哈茨木霉）IMI 206040 和 T11 株系	批准
137	*Trichoderma atroviride* strain I-1237	深绿木霉 I-1237 株系	批准
138	*Trichoderma atroviride* strain SC1	深绿木霉 SC1 株系	批准
139	*Trichoderma gamsii* (formerly *T. viride*) strain ICC080	盖氏木霉（原名绿色木霉）ICC080 株系	批准

序号	农药英文名	农药中文名	登记情况
140	*Trichoderma harzianum* strains T-22 and ITEM 908	哈茨木霉 T-22 和 ITEM 908 株系	批准
141	*Trichoderma polysporum* strain IMI 206039	多孢木霉 IMI 206039 株系	未批准
142	trimethylamine hydrochloride (++)	盐酸三甲胺	未批准
143	urea	尿素	批准
144	*Urtica* spp.	荨麻属提取物	批准
145	*Verticillium albo atrum* isolate WCS850	黑白轮枝菌 WCS850 株系	批准
146	vinegar	醋	批准
147	whey	乳清	批准
148	*Zucchini yellow mosaic virus*, weak strain	西葫芦黄花叶病毒弱毒株	批准

1.5 美国主粮农药最大残留限量标准

美国作为农业生产大国与农产品出口大国，负责美国食品中农药残留量监测的机构是美国农业部和美国食品药品监督管理局，对农药最大残留限量的规定主要包含在联邦法规 CFR 40（环境保护）第180节，即化学农药在食品中的残留量与容许限量。美国目前规定的主粮农药最大残留限量标准见第5章5.3小节，同时表1-21和图1-8也展示了美国主粮农药最大残留限量标准分布情况，方便我们了解美国农药最大残留限量标准的宽严情况，从图中我们可以看到美国四种作物限量是相对宽松的，>0.01mg/kg、≤0.1mg/kg 的限量值占比在40%以上；同时>0.1mg/kg、≤1mg/kg 的限量值占比也在20%以上，只有玉米限量是在10%左右；这样的限量分布情况可能与美国粮食以出口为主的贸易现状有关。

表 1-21 美国主粮农药最大残留限量标准分类

作物	限量范围/(mg/kg)	数量/项	比例/%
水稻（糙米）	≤0.01	7	7.69
	>0.01，≤0.1	38	41.76
	>0.1，≤1	19	20.88
	>1	27	29.67
小麦	≤0.01	7	6.73
	>0.01，≤0.1	55	52.88
	>0.1，≤1	30	28.85
	>1	12	11.54

作物	限量范围/(mg/kg)	数量/项	比例/%
玉米	≤0.01	30	21.90
	>0.01，≤0.1	84	61.31
	>0.1，≤1	17	12.41
	>1	6	4.38
马铃薯	≤0.01	2	3.08
	>0.01，≤0.1	32	49.23
	>0.1，≤1	22	33.85
	>1	9	13.85

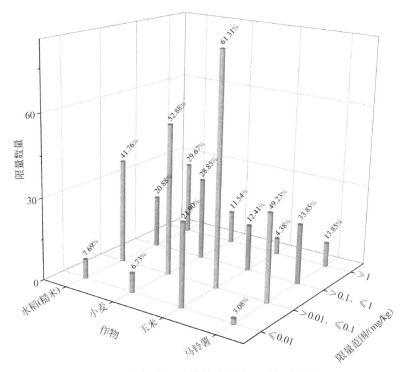

图 1-8　美国主粮农药最大残留限量标准分布

　　我国 GB 2763—2021《食品安全国家标准　食品中农药最大残留限量》关于主粮的农药数量与美国标准相比较的情况见表 1-22。

　　美国在四种作物上限量标准数量是比我国少的，同时在中、美均有的农药限量上，美国相对比我国要宽松一些，且美国农药限量多是以作物的类或者亚类的形式呈现。美国限量相对宽松可能与美国作为农业出口大国有一定的关系。

表 1-22 中国与美国主粮农药最大残留限量标准对比

作物名称	中国农药残留限量总数/项	美国农药残留限量总数/项	仅中国有规定的农药数量/种	中、美均有规定的农药数量/种	仅美国有规定的农药数量/种	中、美均有规定的农药数量/种		
						比美国严格的农药数量/种	与美国一致的农药数量/种	比美国宽松的农药数量/种
水稻（糙米）	282	91	230	52	39	27	13	12
小麦	241	104	192	49	55	20	14	15
玉米	207	137	158	49	88	16	21	12
马铃薯	200	65	160	39	26	22	7	10

美国联邦法规第40章第一章第E章180部分D子部分（CFR40 180.900～180.1393）规定了美国限量豁免物质，在最近更新的"豁免物质"清单中按性质分类为微生物活菌体、生物制剂农药、有机化合物、昆虫信息素、植物激素和植物生长调节剂、植物源性农药、生化农药植物花的挥发性引诱剂化合物、植物和微生物提取物、无机化合物及盐类、表面活性剂、食品添加剂、氨基酸、天敌、其他等14项见表1-23。

表 1-23 美国采用"豁免物质"清单

类型	名称	数量/个
微生物活菌体	*Alternaria destruens* 菌株 59、黄曲霉 AF36、花生上的黄曲霉 NRRL21882、白粉寄生孢单离物 M10、蜡状芽孢杆菌菌株 BPO1、强固芽孢杆菌 I-1582、甜菜上的罩状芽孢杆菌分离株、短小芽孢杆菌 GB34、短小芽孢杆菌菌株 QST2808、球形芽孢杆菌、枯草芽孢杆菌 GB03、枯草杆菌 MBI600、枯草杆菌菌株 QST713、解淀粉芽孢杆菌菌株 FZB24、球孢白僵菌 ATCC#74040、球孢白僵菌 HF23、球孢白僵菌菌株 GHA、假丝酵母单离物 I-182、胶孢炭疽菌 f.sp.合萌、盾壳霉菌株 CON/M/91-08、链孢粘帚霉菌株 J1446、绿粘帚霉单离体 GL-21、乳酸大链壶菌、真菌（*Muscodor albus*）QST 20799 及其在再水合时产生的挥发物、蝗虫微孢子虫、淡紫拟青霉 strain251、成团泛菌菌株 C9-1、成团泛菌菌株 E325、穿刺巴斯德杆菌、绿针假单胞菌菌株 63-28、荧光假单胞菌 A506、荧光假单胞菌 1629RS、丁香假单胞菌 742RS、荧光假单胞菌株 PRA-25、丁香假单胞菌（*Pseudozymafloc culosa*）菌株 PF-A22U L、利迪链霉菌 WYEC108、链霉菌 sp.菌株 K61、哈茨木霉菌 T-22、哈茨木霉菌株 T-39、微生物芽孢杆菌中存活的孢子、微生物苏云金芽孢杆菌中能成活的孢子、辣椒斑点病菌和番茄细菌性斑点病病原特定噬菌体	42
生物制剂农药	源自苏云金芽孢杆菌 *kurstaki* 品种的 δ-内毒素并包裹在已死荧光假单胞菌的 CryIA（c）和 CryIC 以及其表达质粒和克隆载体、源自苏云金芽孢杆菌并包裹在已死荧光假单胞菌的 δ-内毒素、芹菜夜蛾核型多角体病毒的包含体、印度谷螟颗粒病毒、已死的疣孢漆斑病、美洲棉铃虫核型多角体病毒、日本金龟颗粒病毒的包含体、棕榈疫霉、甜菜夜蛾核型多角体病毒、烟草绿斑驳花叶病毒（TMGMV）、小西葫芦黄花叶病毒菌株	12

类型	名称	数量/个
有机化合物	丙烯酸酯聚合体和共聚物、烯丙基异硫氰酸酯、作为芥菜的食品级油的成分、三异丙醇铝和仲丁醇铝、2-氨基-4,5-二氢-6-甲基-4-丙基-s-三唑酮、(1,5-α)吡咯-5-酮碳酸氢铵、较高脂肪酸的铵盐（C_8～C_{18}饱和的；C_8～C_{12}不饱和的）、3-氨基苯酰-2,4,5-三氯安息香酸、癸酸、二烯丙基硫化物、二元酯、二甲基亚砜、甲酰胺磺隆、甲醛与壬酚和环氧乙烷的聚合物、蚁酸、(Z)-11-十六醛、甲氧咪草烟、异构体产品-C、异构产品-M、异佛尔酮、烯虫酯、邻氨基苯甲酸甲酯、甲基丁香酚和马拉硫磷化合物、甲基水杨酸酯、单尿素二氢硫酸盐、N-(正-辛基)-2-吡咯烷酮和N-(正-十二烷基)-2-吡咯烷酮、N-椰油酰基肌氨酸钠盐混合物、壬酸、过氧乙酸、磷酸、聚-N-乙酰基-D-葡萄糖胺聚（环己双胍）氢氢化物（PHMB）、聚丁烯、多氧霉素D锌盐、四氢糠醇、麝香草酚、2,2,5-三甲基-3-二氯乙酰基-1,3-噁唑烷、三(2-乙基己基)磷酸酯、二甲苯	38
昆虫信息素	节肢动物信息素、(E,E)-8,10-十二碳二烯-1-醇、鳞翅类信息素、番茄蛾虫昆虫信息素	4
植物激素和植物生长调节剂	生长素、细胞分裂素、1,4-二甲基萘、乙烯、赤霉素[赤霉酸（GA_3和GA_4+GA_7）和钠或钾赤霉素]、超敏蛋白、1-甲基环丙烯、5-硝基愈创木酚钠、邻硝基苯酚钠、对硝基苯酚钠	10
植物源性农药	印棟素、6-苄基腺嘌呤、桉树油、薄荷醇、松油、芝麻茎	6
生化农药植物花的挥发性引诱剂化合物	肉桂醛、肉桂醇、4-甲氧基肉桂醛、3-苯基丙醇、4-甲氧苯乙基酒精、吲哚、1,2,4-三甲氧基苯、(Z)-7,8-环氧-2-甲基十八烷（舞毒蛾性引诱剂）、棉红铃虫性诱剂、S-脱落酸	10
植物和微生物提取物	熟亚麻籽油、辣椒碱、清澄亲油性苦棟油提取物，*Chenopodium ambrosioides near ambrosioides*萃取物、香叶醇，加州希蒙得木油，来自得克萨斯仙人球、西班牙栎、香漆和红树科的植物提取物，皂树提取物（皂角苷），大虎杖提取物，水解酿酒酵母提取物	11
无机化合物及盐类	硼酸及其盐、硼砂（十水四硼酸钠）、八硼酸二钠、硼氧化物（硼酐）、硼酸钠、偏硼酸钠、次氯酸钙、二氧化碳、氯气、铜、磷酸铁、硫酸亚铁、碘清洁剂、石灰、石硫合剂、氮、碳酸氢钾、磷酸二氢钾、硅酸钾、碳酸氢钠、碳酸钠、氯酸钠、亚氯酸钠、双乙酸钠、次氯酸钠、偏硅酸钠、硫黄、硫酸	28
表面活性剂	C_{12}～C_{18}脂肪酸钾盐，C_8、C_{10}和C_{12}脂肪酸甘油单酯和脂肪酸丙二醇单酯，甘醇，鼠李糖脂生物表面活性剂，三苯乙烯基苯酚聚氧乙烯醚	5
食品添加剂	肉桂醛、香茅醇、食物、药物和化妆品用色素一号蓝色粉、过氧化氢、溶血磷脂酰乙醇胺（LPE）、聚-D-葡萄糖胺（聚氨基葡萄糖）、山梨酸钾、丙酸、山梨糖醇辛酸酯、二氧化钛、3,7,11-三甲基-1,6,10-十二碳三烯-1-醇、3,7,11-三甲基-2,6,10-十二碳三烯-3-醇、醋酸	13
氨基酸	γ-氨基丁酸、L-谷氨酸、N-酰基肌氨酸、N-椰油酰基肌氨酸、N-月桂酰肌氨酸、N-甲基-N-（1-氧十二烷基）氨基乙酸、N-甲基-N-（1-氧八烷基）氨基乙酸、N-甲基-N-1-氧十四烷氨基乙酸、N-肉豆蔻酰肌氨酸、N-油酰基肌氨酸	10
天敌	寄生的（拟寄生物）和食肉昆虫	1
其他	硅藻土、高岭土、季铵盐氮化合物，烷基（C_{12}～C_{18}）苄基二甲基氯化物等农药成分、活性炭等化学信息剂中的惰性成分、干酪素等特别化学物质、丁二烯-苯乙烯共聚物等聚合体	351

1.6 澳大利亚和新西兰主粮农药最大残留限量标准

澳大利亚和新西兰于 1998 年签订食品标准互认协议，共同建立了澳大利亚、新西兰食品标准局（FSANZ），负责制定澳大利亚和新西兰的食品标准法典。澳大利亚和新西兰作为农业生产大国，关于农药残留限量标准的规定主要来源于澳新食品标准局颁布的《澳大利亚-新西兰食品标准法典》，其中所规定的主粮农药最大残留限量标准的具体情况见第 5 章 5.4 小节，同时表 1-24 和图 1-9 也展示了澳大利亚和新西兰标准主粮中农药最大残留限量标准分布情况，可以帮助更好地了解澳大利亚和新西兰农药最大残留标准的宽严情况，从图中可以看到澳大利亚和新西兰四种作物限量标准中＞0.01mg/kg、≤0.1mg/kg 的限量值均占到了总数的 50%左右，这和我国四种作物中限量值分布情况是相似的。

表 1-24　澳大利亚和新西兰主粮农药最大残留限量标准分类

作物	限量范围/(mg/kg)	数量/项	比例/%
水稻（糙米）	≤0.01	24	21.62
	＞0.01，≤0.1	59	53.15
	＞0.1，≤1	13	11.71
	＞1	15	13.51
小麦	≤0.01	34	26.36
	＞0.01，≤0.1	66	51.16
	＞0.1，≤1	15	11.63
	＞1	14	10.85
玉米	≤0.01	22	20.56
	＞0.01，≤0.1	63	58.88
	＞0.1，≤1	12	11.21
	＞1	9	8.41
马铃薯	≤0.01	16	20.78
	＞0.01，≤0.1	37	48.05
	＞0.1，≤1	17	22.08
	＞1	7	9.09

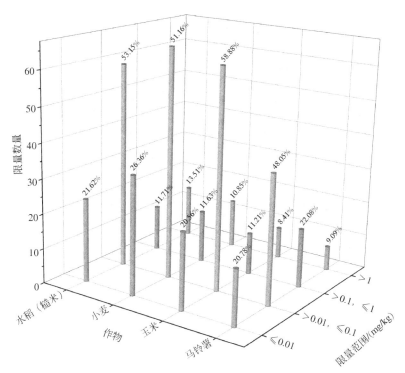

图 1-9　澳大利亚和新西兰主粮农药最大残留限量标准分布

　　我国 GB 2763—2021《食品安全国家标准　食品中农药最大残留限量》关于主粮的农药数量与澳大利亚和新西兰标准相比较的情况见表 1-25。

表 1-25　中国与澳大利亚和新西兰主粮农药最大残留限量标准比对

作物名称	中国农药残留限量总数/项	澳大利亚和新西兰农药残留限量总数/项	仅中国有规定的农药数量/种	中国、澳大利亚和新西兰均有规定的农药数量/种	仅澳大利亚和新西兰有规定的农药数量/种	中国、澳大利亚和新西兰均有规定的农药数量/种		
						比澳大利亚和新西兰严格的农药数量/种	与澳大利亚和新西兰一致的农药数量/种	比澳大利亚和新西兰宽松的农药数量/种
水稻（糙米）	282	111	227	55	56	14	13	28
小麦	241	129	174	67	62	14	24	29
玉米	207	106	155	52	54	15	20	17
马铃薯	200	77	163	37	40	10	11	16

　　总体上四种作物中农药残留限量标准的数据我国均比澳大利亚和新西兰的要多，同时我国与澳大利亚和新西兰农药种类的重合度并不高，在相同农药的限量值上澳大利亚和新西兰的较我国的要严格一些，这些应该与澳大利亚和新西兰独特的地理位置气候环境，以及其农业发展路线有关。

1.7 日本主粮农药最大残留限量标准

日本国土狭长多山，可耕种土地面积少，并且农业实行精细化发展的路线，同时为了保护日本本土农业，日本对农产品有着十分严格的要求，建立了一套完善而又系统的法律法规以确保农产品的质量安全。2006 年日本厚生劳动省出台了肯定列表制度以对农产品的农药残留限量作出规定，根据日本厚生劳动省网站最新公布的肯定列表制度的相关数据将相关的主粮的农药最大残留限量标准列于第 5 章 5.5 小节中，同时表 1-26 和图 1-10 也展示了日本肯定度列表中主粮农药最大残留限量标准分布情况，从表中我们可以明确地知道日本农药最大残留标准的宽严情况，从图中我们可以发现，日本四种作物限量值的分布情况和我国的是比较相近的，>0.01mg/kg、≤0.1mg/kg 的限量值均占到了总数的 50%以上有的甚至超过 60%。

表 1-26　日本主粮农药最大残留限量标准分类

作物	限量范围/(mg/kg)	数量/项	比例/%
水稻（糙米）	≤0.01	26	8.67
	>0.01，≤0.1	163	54.33
	>0.1，≤1	88	29.33
	>1	21	7.00
小麦	≤0.01	16	6.20
	>0.01，≤0.1	130	50.39
	>0.1，≤1	78	30.23
	>1	34	13.18
玉米	≤0.01	29	10.55
	>0.01，≤0.1	172	62.55
	>0.1，≤1	51	18.55
	>1	23	8.36
马铃薯	≤0.01	26	9.35
	>0.01，≤0.1	164	58.99
	>0.1，≤1	72	25.90
	>1	16	5.76

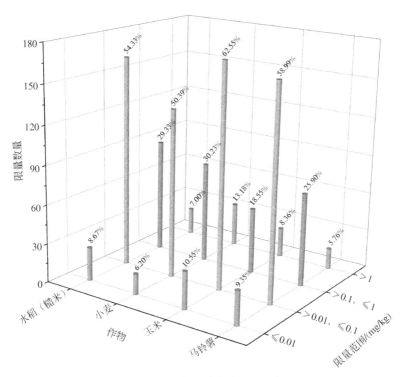

图 1-10 日本主粮农药最大残留限量标准分布

我国 GB 2763—2021《食品安全国家标准 食品中农药最大残留限量》关于主粮的农药数量与日本标准相比较的情况见表 1-27。

表 1-27 中国与日本主粮农药残留限量标准对比

作物名称	中国农药残留限量总数/项	日本农药残留限量总数/项	仅中国有规定的农药数量/种	中、日均有规定的农药数量/种	仅日本有规定的农药数量/种	中、日均有规定的农药数量/种		
						比日本严格的农药数量/种	与日本一致的农药数量/种	比日本宽松的农药数量/种
水稻（糙米）	282	300	144	138	162	49	31	58
小麦	241	258	119	122	136	53	49	20
玉米	207	275	94	113	162	47	44	22
马铃薯	200	278	86	114	164	48	45	21

四种作物上农药残留限量标准的数量我国与日本是差不多的，中、日均有的农药种类也超过了 50%，限量值一致的农药也是比较多的，这与中、日相似的饮食习惯有一定关系。

同时日本也建立了"豁免物质"制度，在肯定列表制度中"豁免物质"是指在一定残留水平下不会对人体健康产生不利影响的农业化学品，这其中包括源于母体化合物但发生了化学变化所产生的化合物。

在指定豁免物质时，健康、劳动与福利部主要考虑以下因素：日本的评估、FAO/WHO 食品添加剂联合专家委员会（JECFA）和 JMPR（FAO/WHO 杀虫剂联合专家委员会）评估、基于《农药取缔法》的评估，以及其他国家和地区（澳大利亚、美国）的评估（相当于 JECFA 采用的科学评估）。最终在"肯定列表"中确定了 75 种豁免物质共计 10 类，现将这些物质按照分类列于表 1-28。

表 1-28　日本"豁免物质"清单

序号	类型	药品名称	数量/种
1	氨基酸	丙氨酸、精氨酸、丝氨酸、甘氨酸、酪氨酸、缬氨酸、蛋氨酸、组氨酸、亮氨酸	9
2	维生素	β-胡萝卜素、维生素 D_2 和 25-羟基维生素 D_3、维生素 C、维生素 B_1、维生素 B_2、维生素 B_3、维生素 B_5、维生素 E、维生素 H、维生素 B_6、维生素 K_3、维生素 B_9、维生素 A	13
3	微量元素、矿物质	锌、铵、硫黄、氯、钾、钙、硅、硒、铁、铜、钡、镁、碘	13
4	食品和饲料添加剂	天冬酰胺、谷氨酰胺、β-apo-8'-胡萝卜素酸乙酯、万寿菊色素、辣椒红素、羟丙基淀粉、虾青素、肉桂醛、胆碱、柠檬酸、酒石酸、乳酸、山梨酸、卵磷脂、丙二醇、胆红素、牛磺酸、羟丙基磷酸交联淀粉、聚甘油脂肪酸酯	19
5	天然杀虫剂	印楝子素、印度楝油、矿物油	3
6	生物提取剂	香菇菌丝提取物、蒜素、小球藻提取物、啤酒酵母提取葡聚糖	4
7	生物活素	肌醇、左旋肉碱	2
8	无机化合物	碳酸氢钠	1
9	有机化合物	尿素、安息香酸、衣康酸、甘油柠檬酸脂肪酸酯、甘油乙酸脂肪酸酯	5
10	其他	油酸、癸酸甘油酯、机油、硅藻土、石蜡、蜡	6

日本在制定"肯定列表"和"豁免物质"的同时也规定了食品中不得检出物质，最新更新的有 19 种物质不得检出，具体见表 1-29。

表 1-29　日本不得检出物质清单

序号	中文名称	英文名称
1	2,4,5-涕	2,4,5-T
2	异丙硝唑	ipronidazole
3	喹乙醇	olaquindox
4	敌菌丹	captafol
5	卡巴多司（包括喹噁啉-2-羧酸）	carbadox including QCA
6	蝇毒磷	coumaphos
7	氯霉素	chloramphenicol

序号	中文名称	英文名称
8	氯丙嗪	chlorpromazine
9	己烯雌酚	diethylstilbestrol
10	二甲硝咪唑	dimetridazole
11	丁酰肼	daminozide
12	呋喃西林	nitrofurazone
13	呋喃妥英	nitrofurantoin
14	呋喃唑酮	furazolidone
15	呋喃它酮	furaltadone
16	苯胺灵	propham
17	孔雀石绿	malachite green
18	甲硝唑	metronidazole
19	罗硝唑	ronidazole

1.8 韩国主粮农药最大残留限量标准

韩国食品中的农药残留限量标准是由韩国食品药品监督管理局（KFDA）制定和发布并收录在韩国《食品法典》中，由农产品中农药最大残留限量、人参中农药最大残留限量以及畜产品中农药最大残留限量三大部分组成。主粮的农药最大残留限量属于农产品中农药最大残留限量这一部分，具体的农药最大残留限量标准见第5章5.6小节。同时表1-30和图1-11也展示了韩国主粮农药最大残留限量标准分布情况，便于了解韩国主粮中农药最大残留标准的宽严情况，从图中可以看到韩国四种作物限量值近70%分布在>0.01mg/kg、≤0.1mg/kg范围内，整体分布情况与我国是相似的。

表 1-30　韩国主粮农药最大残留限量标准分类

作物	限量范围/(mg/kg)	数量/项	比例/%
水稻（糙米）	≤0.01	18	7.32
	>0.01，≤0.1	171	69.51
	>0.1，≤1	50	20.33
	>1	7	2.85
小麦	≤0.01	17	10.30
	>0.01，≤0.1	104	63.03
	>0.1，≤1	27	16.36
	>1	17	10.30

续表

作物	限量范围/(mg/kg)	数量/项	比例/%
玉米	≤0.01	18	10.53
	>0.01，≤0.1	126	73.68
	>0.1，≤1	19	11.11
	>1	8	4.68
马铃薯	≤0.01	15	7.25
	>0.01，≤0.1	157	75.85
	>0.1，≤1	26	12.56
	>1	9	4.35

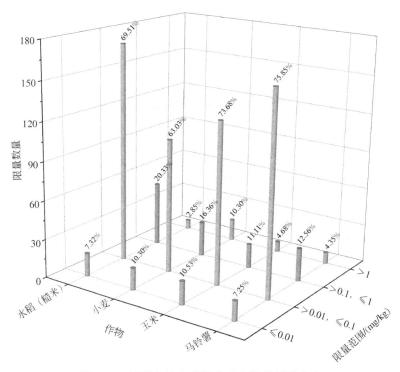

图 1-11　韩国主粮农药最大残留限量标准分布

我国 GB 2763—2021《食品安全国家标准　食品中农药最大残留限量》关于主粮的农药数量与韩国标准相比较的情况见表 1-31。

四种作物上农药限量标准的数据我国较韩国多，但是就相同农药上限量标准韩国较我国还是相对要严格一些，这种严格可能与韩国农业用地少、农产品大量进口、为了保护本国农业有一定关系。

表 1-31 中国与韩国主粮农药最大残留限量标准比对

作物名称	中国农药残留限量总数/项	韩国农药残留限量总数/项	仅中国有规定的农药数量/种	中、韩均有规定的农药数量/种	仅韩国有规定的农药数量/种	中、韩均有规定的农药数量/种		
						比韩国严格的农药数量/种	与韩国一致的农药数量/种	比韩国宽松的农药数量/种
水稻（糙米）	282	246	155	127	119	35	35	57
小麦	241	165	170	71	94	18	29	24
玉米	207	171	128	79	92	24	29	26
马铃薯	200	207	102	98	111	35	31	32

韩国规定依据《农药控制法》注册使用的农药或者是国外根据该国法律合法使用的农药活性成分符合如下条件的可以不知道最大残留限量，具体豁免物质见表 1-32。

豁免条件：

（1）毒性低，被证明不太可能对人体造成危害的成分；

（2）完全不会残留在食物中的成分；

（3）难以和食品自身所含成分区分的；

（4）保证安全的天然植物保护成分。

表 1-32 韩国"豁免物质"清单

序号	物质英文名	物质中文名
1	1-methylcyclopropene	1-甲基环丙烯
2	machine oil	机油
3	decylalcohol	正癸醇
4	*Monacrosporium thaumasium* KBC3017	奇妙单顶孢菌 KBC3017 株
5	*Bacillus subtilis* DBB1501	枯草芽孢杆菌 DBB1501 株
6	*Bacillus subtilis* CJ-9	枯草芽孢杆菌 CJ-9 株
7	*Bacillus subtilis* M 27	枯草芽孢杆菌 M 27 株
8	*Bacillus subtilis* MBI600	枯草芽孢杆菌 MBI600 株
9	*Bacillus subtilis* Y1336	枯草芽孢杆菌 Y1336 株
10	*Bacillus subtilis* EW42-1	枯草芽孢杆菌 EW42-1 株
11	*Bacillus subtilis* JKK238	枯草芽孢杆菌 JKK238 株
12	*Bacillus subtilis* GB0365	枯草芽孢杆菌 GB0365 株
13	*Bacillus subtilis* KB401	枯草芽孢杆菌 KB401 株
14	*Bacillus subtilis* KBC1010	枯草芽孢杆菌 KBC1010 株
15	*Bacillus subtilis* QST713	枯草芽孢杆菌 QST713 株
16	*Bacillus amyloliquefaciens* KBC1121	解淀粉芽孢杆菌 KBC1121 株
17	*Bacillus pumilus* QST2808	短小芽孢杆菌 QST2808 株

序号	物质英文名	物质中文名
18	bordeaux mixture	波尔多液
19	*Beauveria bassiana* GHA	球孢白僵菌 GHA 株
20	*Beauveria bassiana* TBI-1	球孢白僵菌 TBI-1 株
21	*Bacillus thuringiensis* subsp. *aizawai*	苏云芽孢杆菌 *aizawai* 亚种
22	*Bacillus thuringiensis* subsp. *aizawai* NT0423	苏云芽孢杆菌 *aizawai* NT0423 亚种
23	*Bacillus thuringiensis* subsp. *aizawai* GB413	苏云芽孢杆菌 *aizawai* GB413 亚种
24	*Bacillus thuringiensis* subsp. *kurstaki*	苏云芽孢杆菌 *kurstaki* 亚种
25	*Bacillus thuringiensis* var. *kurstaki*	苏云芽孢杆菌 *kurstaki* 变种
26	calcium polysulfide, lime sulfur	石硫合剂
27	*Streptomyces goshikiensis* WYE324	高氏链霉菌 WYE324 株
28	*Streptomyces colombiensis* WYE20	高氏链霉菌 WYE20 株
29	spreader sticker	黏展剂
30	polyethylene methyl siloxane	聚乙烯甲基硅氧烷
31	IBA, 4-indol-3-ylbutyric acid	吲哚丁酸
32	IAA, indol-3-ylacetic acid	吲哚乙酸
33	sodium salt of alkylsulfonated alkylate	烷基磺化烷基化物钠盐
34	alkyl aryl polyethoxylate	烷基芳基聚乙氧基酯
35	*Ampelomyces quisqualis* AQ94013	白粉寄生孢 AQ94013 株
36	oxyethylene methyl siloxane	氧乙烯甲基硅氧烷
37	gibberellin A_3, gibberellin A_{4+7}	赤霉素 A_3,赤霉素 A_{4+7}
38	calcium carbonate	碳酸钙
39	copper sulfate basic	碱式硫酸铜
40	copper sulfate tribasic	三碱式硫酸铜
41	copper oxychloride	王铜
42	copper hydroxide	氢氧化铜
43	*Trichoderma harzianum* YC 459	哈茨木霉菌 YC 459 株
44	*Paenibacillus polymyxa* AC-1	多黏类芽孢杆菌 AC-1 株
45	*Paecilomyces fumosoroseus* DBB-2032	玫烟色拟青霉 DBB-2032 株
46	polynaphthyl methane sulfonic acid dialkyl dimethyl ammonium(PMSADDA)	聚萘甲烷磺酸二烷基二甲基铵
47	polyether modified polysiloxane	聚醚改性聚硅氧烷
48	polyoxyethylene methyl polysiloxane	聚氧乙烯甲基聚硅氧烷
49	polyoxyethylene alkylarylether	聚氧乙烯烷基芳醚
50	polyoxyethylene fatty acid ester(PFAE)	聚氧乙烯脂肪酸酯
51	sulfur	硫黄
52	polynaphtyl methane sulfonic + polyoxyethylene fatty acid ester	聚萘甲烷磺酸+聚氧乙烯脂肪酸酯

序号	物质英文名	物质中文名
53	sodium ligno sulfonate	木质素磺酸钠
54	*Simplicillium lamellicola* BCP	菌褶轮枝菌 BCP 株
55	*Trichoderma atroviride* SKT-1	深绿木霉菌 SKT-1 株
56	paraffin, paraffinic oil	石蜡油
57	pelargonic acid	壬酸
58	ethyl formate	甲酸乙酯
59	tea tree oil (to be implemented)	澳洲茶树精油
60	copper sulfate, pentahydrate (to be implemented)	硫酸铜
61	polyoxin D (to be implemented)	多抗霉素锌

2

国内外主粮重金属及污染物和真菌毒素限量标准

2.1 中国主粮重金属及污染物和真菌毒素限量标准

2.1.1 内地主粮重金属及污染物和真菌毒素限量标准

主粮在其种植生长、采收储运、生产加工过程中难免会受到重金属污染的胁迫和真菌感染。重金属污染在作物中往往有一个吸收富集的过程，并且可随人类食物的摄入转移至人体，重金属被吸收后在人体内往往是难以代谢排出的。真菌毒素毒性往往具有微量性、蓄积性、隐蔽性等特点，也就是极微量的真菌毒素就能引起中毒且真菌毒素在人体内也会蓄积，并且很多真菌毒素往往具慢性毒性如致畸性和致癌性。所以在此梳理一下我国主粮中重金属和真菌毒素限量标准可以帮助从总体层面了解我国主粮在重金属污染和真菌毒素污染上的控制水平。我国农产品食品中重金属及污染物的限量标准主要在 GB 2762—2022《食品安全国家标准 食品中污染物限量》（2022 年 6 月 30 日发布，2023 年 6 月 30 日实施）中，真菌毒素限量标准主要在 GB 2761—2017《食品安全国家标准 食品中真菌毒素限量》，两个标准中关于主粮部分的限量见表 2-1 和表 2-2。

表 2-1 中国主粮中重金属及污染物限量标准

污染物名称	主粮类别	限量要求/(mg/kg)	检验方法	备注
铅	谷物	0.2	按 GB 5009.12—2017《食品安全国家标准 食品中铅的测定》规定的方法测定	以 Pb 计，稻谷以糙米计
	薯类	0.2		
镉	谷物	0.1	按 GB 5009.15—2014《食品安全国家标准 食品中镉的测定》规定的方法测定	以 Cd 计，稻谷以糙米计
	稻谷、糙米、大米（粉）	0.2		
	块根和块茎蔬菜	0.1		
总汞	稻谷、糙米、大米（粉）、玉米、玉米粉、玉米糁（渣）、小麦、小麦粉	0.02	按 GB 5009.17—2021《食品安全国家标准 食品中总汞及有机汞的测定》规定的方法测定	以 Hg 计，稻谷以糙米计
总砷	谷物	0.5	按 GB 5009.11—2014《食品安全国家标准 食品中总砷及无机砷的测定》规定的方法测定	以 As 计，稻谷以糙米计
	稻谷	<0.35		
	糙米	<0.35		
锡	食品（饮料类、婴幼儿配方食品、婴幼儿辅助食品除外）	≤250	按 GB 5009.16—2014《食品安全国家标准 食品中锡的测定》规定的方法测定	仅适用于采用镀锡薄板容器包装的食品。限量以 Sn 计

续表

污染物名称	主粮类别	限量要求/(mg/kg)	检验方法	备注
铬	谷物	1	按 GB 5009.123—2014《食品安全国家标准 食品中铬的测定》规定的方法测定	以 Cr 计，稻谷以糙米计
苯并[a]芘	稻谷、糙米、大米（粉）、玉米、玉米粉、玉米糁（渣）、小麦、小麦粉	2.0(μg/kg)	按 GB 5009.27—2016《食品安全国家标准 食品中苯并(a)芘的测定》规定的方法测定	稻谷以糙米计

表 2-2　中国主粮中真菌毒素限量标准

毒素名称	主粮类别	限量要求/(μg/kg)	检验方法	备注
黄曲霉毒素 B₁	玉米、玉米面（渣、片）及玉米制品	20	按 GB 5009.22—2016《食品安全国家标准 食品中黄曲霉素 B 族和 G 族的测定》规定的方法测定	稻谷以糙米计
	稻谷、糙米、大米	10		
	小麦、小麦粉	5		
脱氧雪腐镰刀菌烯醇	玉米、玉米面（渣、片）	1000	按 GB 5009.111—2016《食品安全国家标准 食品中脱氧雪腐镰刀菌烯醇及其乙酰化衍生物的测定》规定的方法测定	
	小麦、小麦粉	1000		
赭曲霉毒素 A	谷物	5.0	按 GB 5009.96—2016《食品安全国家标准 食品中赭曲霉毒素 A 的测定》规定方法测定	稻谷以糙米计
	谷物碾磨加工品	5.0		
玉米赤霉烯酮	小麦、小麦粉	60	按 GB 5009.209—2016《食品安全国家标准 食品中玉米赤霉烯酮的测定》规定的方法测定	
	玉米、玉米面（渣、片）	60		

2.1.2　香港特别行政区主粮重金属及污染物和真菌毒素限量标准

香港特别行政区关于食品中重金属及污染物限量标准来源于香港特别行政区政府发布的《2018 年食物掺杂（金属杂质含量）（修订）规例》，真菌毒素限量标准则是源自香港特别行政区政府发布的《2021 年食物内有害物质（修订）规例》。表 2-3 列出了与主粮相关的重金属及污染物限量标准，表 2-4 列出了与主粮相关的真菌毒素限量标准。

表 2-3　香港特别行政区主粮重金属及污染物限量标准

污染物名称	主粮类别	最大限量/(mg/kg)
锑	谷物	1
总砷	谷物（米除外）	0.5

续表

污染物名称	主粮类别	最大限量/(mg/kg)
无机砷	糙米	0.35
	精米	0.2
镉	谷物（荞麦、白藜、藜麦、小麦和米除外）	0.1
	小麦	0.2
	糙米	0.2
	精米	0.2
铬	谷物	1
铅	谷物（荞麦、白藜和藜麦除外）	0.2
总汞	米、糙米、精米、玉米、玉米粉、小麦、小麦粉	0.02

表 2-4　香港特别行政区主粮真菌毒素限量标准

污染物名称	主粮类别	最大限量/(μg/kg)
黄曲霉毒素 B_1+黄曲霉毒素 B_2+黄曲霉毒素 G_1+黄曲霉毒素 G_2	除杏仁、巴西坚果、榛子、花生、开心果和香料外的其他食物	10
脱氧雪腐镰刀菌烯醇	拟主要供不足 36 个月大的人食用的谷基类食物	200

2.2　CAC 主粮重金属及污染物和真菌毒素限量标准

国际食品法典中关于重金属和真菌毒素的限量规定来源于国际食品标准 CXS 193—1995《食品和饲料中污染物和毒素通用标准》（2018 年修正版）。表 2-5 中列出 2019 年更新后的 CXS 193—1995 的关于主粮中重金属及污染物限量标准，表 2-6 为主粮真菌毒素限量标准。

表 2-5　CAC 标准中主粮重金属及污染物限量标准

污染物名称	主粮类别	最大限量/(mg/kg)	备注
砷	糙米	0.35	限量适用于无机砷
	精米	0.2	各个国家或进口商在应用大米中无机砷最大限量时，可通过分析米中的总砷含量，决定采用其自身遴选标准。如果样本浓度低于或等于无机砷最大限量，则需进一步测试并将该样本确定为符合最大限量要求。如果总砷浓度高于无机，则应进行后续测试，以确定无机砷浓度是否高于其最大限量

续表

污染物名称	主粮类别	最大限量/(mg/kg)	备注
镉	谷物	0.1	不适用于荞麦、苍白茎藜、藜麦、小麦及大米
	精米	0.4	
	小麦	0.2	适用于普通小麦、硬质斯佩耳特小麦及二粒
铅	谷物	0.2	不适用于荞麦、苍白茎藜、藜麦
丙烯腈	食品	0.02	
氯乙烯	食品	0.01	食品包装材料指导值为1.0mg/kg

表 2-6　CAC 标准中主粮真菌毒素限量标准

真菌毒素名称	主粮类别	最大限量/(μg/kg)
脱氧雪腐镰刀菌烯醇	小麦、玉米或大麦制成的面粉、粗粉、粗粒面粉和面片	1000
	用于深加工的谷物（小麦、玉米和大麦）	2000
伏马毒素 B_1＋伏马毒素 B_2	玉米	4000
	玉米面粉和玉米粗粒面粉	2000
赭曲霉素 A	小麦	5

注：“用于深加工”是指在被用作食品成分、进行其他加工或供人类食用之前，将进行额外的已证实可减少 DON 含量的加工/处理。食典委成员可界定已经证实可降低含量的工序。

2.3　欧盟主粮重金属及污染物和真菌毒素限量标准

欧盟于 2006 年 12 月 19 日通过了（EC）No1881/2006 法规，该法规规定了食品中某些污染物的最高水平，表 2-7 列出了 2022 年更新后的 No1881/2006 中关于主粮重金属及污染物限量标准，表 2-8 为主粮中真菌毒素限量标准。

表 2-7　欧盟主粮重金属及污染物限量标准

污染物名称	主粮类别	最大限量/(mg/kg)
铅	块根和块茎类蔬菜	0.1
镉	去皮土豆	0.1
	谷物（不包括黑麦、大麦、大米、藜麦、麦麸、小麦面筋、硬粒小麦、小麦胚芽）	0.1
	大米	0.15
	硬粒小麦	0.18

污染物名称	主粮类别	最大限量/(mg/kg)
锡	罐装婴儿食品和婴幼儿加工谷类食品，不包括干燥和粉状产品	50
砷	精米	0.2
	糙米	0.25
苯并[a]芘	谷类加工食品和婴幼儿、婴儿食品	1.0（μg/kg）
高氯酸盐	谷物加工食品	0.01

表 2-8　欧盟主粮真菌毒素限量标准

真菌毒素名称	主粮类别	最大限量/(μg/kg)
黄曲霉毒素 B_1	谷物，包括谷物加工产品	2.0
	玉米、大米	5.0
黄曲霉毒素 B_1+黄曲霉毒素 B_2+黄曲霉毒素 G_1+黄曲霉毒素 G_2	谷物，包括谷物加工产品	4.0
	玉米、大米	10.0
赭曲霉素 A	未加工谷物	5.0
	谷物加工产品	3.0
脱氧雪腐镰刀菌烯醇	未加工谷物硬质小麦、燕麦和玉米除外	1250
	未加工的硬粒小麦和燕麦	1750
	玉米	1750
	谷物面、粉麸皮和胚芽	750
	粒度＞500μm 的玉米渣	750
	粒度≤500μm 的玉米渣	1250
玉米赤霉烯酮	玉米以外的未加工谷物	100
	玉米	350
	谷物面粉、麸皮和胚芽	75
	供人类直接食用的玉米、玉米类零食和玉米类早餐谷物	100
	粒度>500μm 的玉米渣	200
	粒度≤500μm 的玉米渣	300
伏马毒素	玉米	4000
	供人类直接食用的玉米	1000
	玉米类零食和玉米类早餐谷物	800
	粒度>500μm 的玉米渣	1400
	粒度≤500μm 的玉米渣	2000
麦角菌簇	未加工谷物（玉米、黑麦和大米除外）	0.2 g/kg
麦角生物碱	小麦（灰分＜900mg/100g）	100（2024 年 7 月 1 日起为 50）
	小麦（灰分＞等于 900mg/100g）	150

2.4 澳大利亚-新西兰主粮重金属及污染物和真菌毒素限量标准

澳大利亚和新西兰有关重金属及污染物和真菌毒素限量标准来源于《澳大利亚-新西兰食品标准法典》，主粮相关重金属及污染物和真菌毒素限量见表 2-9。

表 2-9 《澳大利亚-新西兰食品标准法典》主粮重金属及污染物和真菌毒素限量标准

污染物名称	主粮类别	最大限量/(mg/kg)
总砷	谷物	1
镉	大米	0.1
	小麦	0.1
铅	谷物	0.2
丙烯腈	所有食物	0.02
麦角碱	谷物	500

2.5 日本主粮重金属及污染物和真菌毒素限量标准

日本主粮中重金属及污染物和真菌毒素限量标准来源于日本厚生劳动省公告第 370 号（S34.12.28 厚生省通知第 370 号），主要是以临时限量的形式体现，最新规定应随时关注日本厚生劳动省的公告，现将与主粮相关的标准列在表 2-10 中。

表 2-10 日本主粮重金属及污染物和真菌毒素限量标准

污染物名称	主粮类别	限量规定
镉	大米（糙米和精米）	≤0.4mg/kg
脱氧雪腐镰刀菌烯醇	小麦	≤1.0mg/kg
黄曲霉毒素	全部食品	10μg/kg

3

国内外主粮生产和贸易情况

主粮的生产和贸易一直是国际农产品生产贸易的重要角色。正如编者开篇提到的我国是粮食生产大国同时也是粮食进口大国。表 3-1 展示了联合国粮农组织（Food and Agriculture Organization of the United Nations，FAO）统计的我国 2018～2020 年的主粮生产和贸易情况。我们可以发现主粮进出口贸易中我国还是以进口为主，出口为辅。根据 FAO 的数据统计，世界主粮生产大国除了中国外还有印度、美国、俄罗斯、巴西、印度尼西亚、阿根廷、巴基斯坦、尼日利亚和乌克兰等，下面统计了 2018～2020 年世界上主粮产量前十的国家，具体数据见表 3-2，同时图 3-1 也很好地展示了主粮收获面积前十国家的收获面积对比情况，从图中我们可以看到 2018～2020 年三年内，各国主粮收获面积基本保持稳定，稳定的收获面积对于世界粮食安全与粮价的稳定是有利的。

3.1 FAO 统计 2018～2020 年我国主粮进出口贸易情况

表 3-1   2018～2020 年我国主粮进出口贸易情况（FAO）

进出口贸易各项指标	单位	2018 年	2019 年	2020 年
进口数量	t	6415978	8018987	19473039
进口值	美元	1574110000	1971037000	4761572000
出口数量	t	487803	555259	467321
出口值	美元	339896000	474487000	376851000

3.2 FAO 统计 2018～2020 年世界主粮生产大国收获面积

表 3-2   世界主粮生产大国收获面积（FAO）   单位：hm^2

国家	2018 年	2019 年	2020 年
中国	101343760	98736300	98935534
印度	85329110	84298920	88380000
美国	50510480	49430990	49823050

国家	2018 年	2019 年	2020 年
俄罗斯	30161187	31494130	32970215
巴西	20198336	21446407	22483427
印度尼西亚	17126977	14897100	14678236
阿根廷	13234337	13542719	14645644
巴基斯坦	14355101	13311451	13742974
尼日利亚	13078759	13509803	13160670
乌克兰	12516300	13131500	13293000

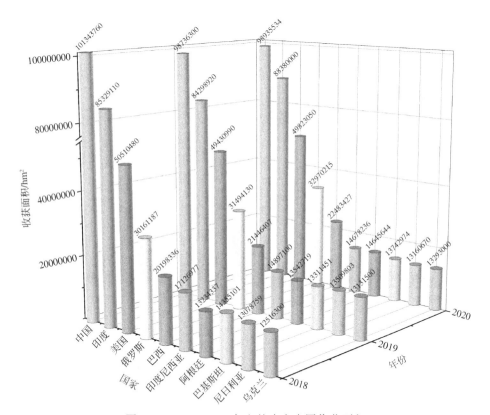

图 3-1 2018～2020 年主粮生产大国收获面积

根据 FAO 数据，这里统计了四种作物在出口额、出口数量、进口额、进口数量以及收获面积前十的国家，具体数据见表 3-3～表 3-7，分析表中数据我们可以看到：

2018～2020 年的三年间，美国、印度、俄罗斯和巴西是主粮的重要输出地，其中美国在玉米、小麦、水稻的出口额和出口数量上一直稳居前三的地位。作为水稻重要生产国同时也是人口大国的印度，在水稻出口额和出口数量上也是三年来稳居第三的位置，印度同时也是水稻消费大国。马铃薯的出口则是荷兰、法国和德国稳居出口额和出口数量的前三。

2018～2020 年的三年间，水稻进口额与进口数量的前三则稳稳地被委内瑞拉、墨西哥和尼泊尔三国占据。埃及则一直稳居小麦进口额的第一名，埃及大量进口小麦主要跟其政府主导的埃及大饼政府补贴计划有关，为了稳定埃及大饼的价格使得埃及政府需要大量进口小麦，近年来国际局势的不稳定导致的国际粮食产量减少和国际粮价上涨势必会导致埃及政府财政压力的增加。分析进口数据可以发现，主粮的进口大国往往是第三世界国家或者是不发达国家，这种农业发展的不平衡导致作为最基本民生保障物资的主粮主要依赖进口，当出现主粮世界性减产或运输不畅问题时，势必会导致这些国家粮食安全危机的出现，甚至是国家政治稳定性问题。马铃薯的进口大国则主要是以马铃薯作物作为主粮的欧洲国家为主。

综上分析，主粮的出口主要被发达国家主导，而粮食的进口则主要集中在不发达国家和第三世界国家。一个合理且稳定的农业生产结构，以及农业技术的发展对一个国家的粮食安全乃至国家安全都是至关重要的，只有牢牢地把饭碗端在自己手里才能使人安心，同时合理的进出口政策也是保障粮食安全的一种有效手段。

3.3 FAO 统计 2018～2020 年主粮出口量前十国家出口额

表 3-3 2018～2020 年出口额前十国家情况（FAO）

粮食名称	2018 年		2019 年		2020 年	
	国家	数值/美元	国家	数值/美元	国家	数值/美元
水稻	美国	419581000	美国	466034000	美国	466718000
	巴西	192684000	印度	89700000	巴西	139600000
	印度	90732000	巴西	74169000	印度	136318000
	中国	69673000	中国	63104000	中国	82845000
	巴拉圭	30389000	乌拉圭	42834000	柬埔寨	77547000
	缅甸	20664000	俄罗斯	21595000	巴拉圭	60712000
	巴基斯坦	15831000	阿根廷	15790000	乌拉圭	50733000

续表

粮食名称	2018 年		2019 年		2020 年	
	国家	数值/美元	国家	数值/美元	国家	数值/美元
水稻	乌拉圭	15610000	希腊	14510000	圭亚那	27875000
	希腊	13336000	巴拉圭	13940000	希腊	25983000
	俄罗斯	12009000	苏里南	10777000	俄罗斯	22428000
小麦	俄罗斯	8432493000	俄罗斯	6403011000	俄罗斯	7918294000
	加拿大	5711500000	美国	6265916000	美国	6318111000
	美国	5458267000	加拿大	5379229000	加拿大	6317889000
	法国	4111875000	法国	4298894000	法国	4528591000
	澳大利亚	3036049000	乌克兰	3224194000	乌克兰	3594217000
	乌克兰	3004359000	澳大利亚	2482945000	澳大利亚	2698498000
	阿根廷	2419213000	阿根廷	2295535000	德国	2105865000
	罗马尼亚	1232666000	罗马尼亚	1256758000	阿根廷	2029494000
	德国	1159547000	德国	1235849000	哈萨克斯坦	1137140000
	哈萨克斯坦	971803000	哈萨克斯坦	1003207000	波兰	1047399000
玉米	美国	12920884000	美国	8013010000	美国	9575254000
	阿根廷	4233791000	巴西	7289548000	阿根廷	6046745000
	巴西	4109859000	阿根廷	5948632000	巴西	5853003000
	乌克兰	3506065000	乌克兰	4767062000	乌克兰	4885125000
	法国	1660868000	罗马尼亚	1377507000	法国	1711436000
	罗马尼亚	1035057000	法国	1350725000	罗马尼亚	1234562000
	俄罗斯	853076000	匈牙利	820156000	匈牙利	997546000
	匈牙利	727379000	俄罗斯联邦	617625000	塞尔维亚	665307000
	南非	452413000	塞尔维亚	550951000	南非	566234000
	加拿大	408046000	保加利亚	460578000	保加利亚	497072000
马铃薯	荷兰	799129000	荷兰	994678000	荷兰	830197000
	法国	643713000	法国	805469000	法国	681452000
	德国	388404000	德国	437189000	德国	376909000
	中国	261240000	中国	398089000	加拿大	296663000
	加拿大	251599000	埃及	266152000	中国	289732000
	美国	235790000	美国	255469000	美国	244468000
	埃及	206858000	加拿大	228817000	比利时	223452000
	伊朗	202954000	比利时	228442000	埃及	221948000
	比利时	199172000	英国	171720000	英国	138732000
	西班牙	155648000	西班牙	171311000	西班牙	117547000

3.4 FAO 统计 2018～2020 年主粮出口量前十国家出口数量

表 3-4　2018～2020 年出口数量前十国家情况（FAO）

粮食名称	2018 年		2019 年		2020 年	
	国家	数值/t	国家	数值/t	国家	数值/t
水稻	美国	1353367000	美国	1580960000	美国	1373402000
	巴西	717273000	巴西	269165000	巴西	518496000
	印度	242698000	印度	247392000	印度	414412000
	巴拉圭	132262000	乌拉圭	155764000	巴拉圭	249255000
	乌拉圭	47587000	巴拉圭	70517000	乌拉圭	162847000
	巴基斯坦	37352000	俄罗斯	64373000	圭亚那	93870000
	俄罗斯	37230000	阿根廷	59680000	柬埔寨	75307000
	阿根廷	31165000	希腊	35706000	希腊	63662000
	希腊	29136000	保加利亚	28016000	俄罗斯	61903000
	保加利亚	27446000	苏里南	24143000	保加利亚	38741000
小麦	俄罗斯	43965626000	俄罗斯	31873170000	俄罗斯	37267014000
	加拿大	22874183000	美国	27068607000	美国	26131626000
	美国	22499006000	加拿大	22805301000	加拿大	26110509000
	法国	18940343000	法国	19956974000	法国	19792597000
	乌克兰	16373389000	乌克兰	13901207000	乌克兰	18055673000
	澳大利亚	12352837000	阿根廷	10542598000	澳大利亚	10400418000
	阿根廷	11724765000	澳大利亚	9591796000	阿根廷	10196931000
	哈萨克斯坦	6198354000	罗马尼亚	6103184000	德国	9259493000
	罗马尼亚	5880584000	德国	5550565000	哈萨克斯坦	5198943000
	德国	5228857000	哈萨克斯坦	5375940000	波兰	4689130000
玉米	美国	70066295000	巴西	42752102000	美国	51838933000
	巴西	23566198000	美国	41562313000	阿根廷	36881996000
	阿根廷	23178876000	阿根廷	36075720000	巴西	34431936000
	乌克兰	21440629000	乌克兰	25362998000	乌克兰	27952483000
	法国	4968741000	罗马尼亚	6676234000	罗马尼亚	5651064000
	俄罗斯	4784344000	法国	3672345000	法国	4558720000
	罗马尼亚	4611443000	塞尔维亚	3132823000	匈牙利	4040502000
	匈牙利	2393681000	俄罗斯	3119665000	塞尔维亚	3608208000
	南非	2201307000	匈牙利	3025787000	南非	2584946000
	加拿大	2150250000	巴拉圭	2993286000	保加利亚	2559570000

粮食名称	2018 年		2019 年		2020 年	
	国家	数值/t	国家	数值/t	国家	数值/t
马铃薯	法国	2324442000	法国	2323364000	法国	2336371000
	德国	1923618000	荷兰	2282985000	荷兰	2064784000
	荷兰	1801349000	德国	1875696000	德国	1976561000
	比利时	965604000	比利时	998672000	比利时	1083120000
	巴基斯坦	688763000	埃及	684735000	埃及	636437000
	伊朗	529889000	巴基斯坦	624525000	加拿大	529510000
	加拿大	526343000	伊朗	563283000	美国	506172000
	埃及	497608000	美国	549620000	中国	441849000
	美国	481625000	中国	503509000	俄罗斯	424001000
	中国	448069000	加拿大	442660000	哈萨克斯坦	359622000

3.5　FAO 统计 2018~2020 年主粮进口量前十国家进口额

表 3-5　2018~2020 年进口额前十国家情况（FAO）

粮食名称	2018 年		2019 年		2020 年	
	国家	数值/美元	国家	数值/美元	国家	数值/美元
水稻	委内瑞拉	352479000	墨西哥	213857000	墨西哥	274758000
	墨西哥	253789000	委内瑞拉	167828000	尼泊尔	110146000
	尼泊尔	61215000	尼泊尔	69726000	委内瑞拉	104223000
	洪都拉斯	58262000	哥伦比亚	51020000	越南	102633000
	尼加拉瓜	45749000	哥斯达黎加	47126000	哥伦比亚	88815000
	哥斯达黎加	45462000	尼加拉瓜	45616000	巴西	82070000
	哥伦比亚	42557000	洪都拉斯	44720000	土耳其	78893000
	危地马拉	38106000	菲律宾	39393000	菲律宾	75260000
	巴拿马	35706000	土耳其	36692000	哥斯达黎加	63113000
	菲律宾	34823000	危地马拉	34303000	危地马拉	52042000
小麦	埃及	2636468000	埃及	3024161000	埃及	2693851000
	印度尼西亚	2570952000	印度尼西亚	2799261000	印度尼西亚	2616037000
	阿尔及利亚	2071961000	土耳其	2302225000	土耳其	2334510000
	意大利	1822808000	菲律宾	1847093000	中国	2260233000
	菲律宾	1682640000	意大利	1827408000	意大利	2039111000
	日本	1638685000	阿尔及利亚	1636591000	阿尔及利亚	1828931000

续表

粮食名称	2018 年		2019 年		2020 年	
	国家	数值/美元	国家	数值/美元	国家	数值/美元
小麦	巴西	1502383000	巴西	1491220000	菲律宾	1573208000
	西班牙	1340117000	日本	1473352000	日本	1524539000
	土耳其	1289386000	尼日利亚	1151759000	尼日利亚	1483996000
	尼日利亚	1198237000	荷兰	1132612000	巴西	1459354000
玉米	日本	3370747000	日本	3524630000	日本	3293212000
	墨西哥	3289454000	墨西哥	3190075000	墨西哥	3086058000
	韩国	2132566000	韩国	2352948000	中国	2490317000
	伊朗	2115338000	越南	2312953000	越南	2402234000
	越南	2108103000	埃及	1929765000	韩国	2370922000
	西班牙	1967561000	西班牙	1928324000	埃及	1880862000
	埃及	1848675000	伊朗	1592255000	西班牙	1637552000
	荷兰	1344825000	荷兰	1361583000	荷兰	1332204000
	意大利	1203936000	意大利	1244456000	伊朗	1223417000
	哥伦比亚	1049966000	哥伦比亚	1190541000	哥伦比亚	1221505000
马铃薯	比利时	540679000	比利时	748124000	比利时	610148000
	荷兰	382365000	荷兰	446432000	荷兰	344404000
	西班牙	254798000	德国	347707000	西班牙	316563000
	美国	243601000	西班牙	329362000	美国	285759000
	德国	242559000	意大利	237563000	德国	254494000
	俄罗斯	217882000	美国	220318000	意大利	200936000
	意大利	187774000	法国	156090000	英国	138163000
	伊拉克	158003000	俄罗斯	132687000	伊拉克	134000000
	葡萄牙	114561000	伊拉克	130000000	俄罗斯	125654000
	法国	110426000	葡萄牙	122457000	法国	101113000

3.6 FAO 统计 2018～2020 年主粮进口量前十国家进口数量

表 3-6　2018～2020 年进口数量前十国家情况（FAO）

粮食名称	2018 年		2019 年		2020 年	
	国家	数值/t	国家	数值/t	国家	数值/t
水稻	墨西哥	784720000	墨西哥	720321000	墨西哥	788623000
	委内瑞拉	726947000	委内瑞拉	435533000	尼泊尔	395234000

续表

粮食名称	2018 年		2019 年		2020 年	
	国家	数值/t	国家	数值/t	国家	数值/t
水稻	尼泊尔	237506000	尼泊尔	265486000	委内瑞拉	312381000
	洪都拉斯	179653000	哥斯达黎加	148245000	巴西	244804000
	哥斯达黎加	128049000	洪都拉斯	145436000	哥斯达黎加	184509000
	尼加拉瓜	127131000	哥伦比亚	128753000	土耳其	179494000
	危地马拉	111585000	尼加拉瓜	119741000	哥伦比亚	177863000
	哥伦比亚	106924000	危地马拉	108991000	危地马拉	147293000
	巴拿马	98951000	土耳其	101205000	洪都拉斯	141332000
	利比亚	85329000	巴西	91431000	巴拿马	131721000
小麦	埃及	12504567000	印度尼西亚	10716402000	印度尼西亚	10299702000
	印度尼西亚	10096299000	埃及	10424423000	土耳其	9659186000
	阿尔及利亚	8422057000	土耳其	10004830000	埃及	9042583000
	意大利	7453326000	意大利	7474381000	中国	8151572000
	巴西	6817138000	菲律宾	7153747000	意大利	7994396000
	菲律宾	6690772000	阿尔及利亚	6775912000	阿尔及利亚	7053568000
	西班牙	6028088000	巴西	6576302000	巴西	6159926000
	土耳其	5781712000	日本	5331435000	菲律宾	6150375000
	日本	5652193000	西班牙	5292711000	孟加拉国	6014980000
	荷兰	5566985000	荷兰	5266197000	尼日利亚	5902528000
玉米	墨西哥	17095167000	墨西哥	16524045000	墨西哥	15953293000
	日本	15811520000	日本	15986093000	日本	15770056000
	韩国	10166338000	越南	11447667000	越南	12144713000
	越南	9701557000	韩国	11366877000	韩国	11663975000
	西班牙	9507674000	西班牙	10012619000	中国	11294156000
	埃及	9296176000	埃及	8078446000	西班牙	8067137000
	伊朗	8983174000	伊朗	7388742000	埃及	7880031000
	荷兰	6033772000	意大利	6394217000	伊朗	6205079000
	意大利	5755385000	荷兰	6383336000	哥伦比亚	6162363000
	哥伦比亚	5409552000	哥伦比亚	5992611000	意大利	5994601000
马铃薯	比利时	2561882000	比利时	3141332000	比利时	3024137000
	荷兰	1832039000	荷兰	1907297000	荷兰	1651026000
	西班牙	824538000	西班牙	838183000	西班牙	922149000
	意大利	638589000	德国	749772000	德国	681348000
	德国	609282000	意大利	640284000	意大利	617657000
	俄罗斯	572966000	法国	413591000	美国	501489000

续表

粮食名称	2018 年		2019 年		2020 年	
	国家	数值/t	国家	数值/t	国家	数值/t
马铃薯	美国	486482000	美国	412407000	乌兹别克斯坦	450994000
	伊拉克	469147000	葡萄牙	404359000	伊拉克	415000000
	葡萄牙	408579000	乌克兰	394989000	葡萄牙	387990000
	法国	381137000	伊拉克	387000000	法国	327690000

3.7 FAO 统计 2018～2020 年主粮收获面积前十国家收获面积

表 3-7 2018～2020 年收获面积前十国家情况（FAO）

粮食名称	2018 年		2019 年		2020 年	
	国家	收获面积/hm²	国家	收获面积/hm²	国家	收获面积/hm²
水稻	印度	44156450	印度	43780000	印度	45000000
	中国	30189450	中国	29690000	中国	30080000
	孟加拉国	11515000	孟加拉国	11515545	孟加拉国	11417745
	印度尼西亚	11377934	印度尼西亚	10677887	印度尼西亚	10657275
	泰国	10647941	泰国	9812614	泰国	10401653
	越南	7570741	越南	7451544	越南	7222618
	缅甸	7149311	缅甸	6920875	缅甸	6655811
	尼日利亚	5913418	尼日利亚	5312320	尼日利亚	5257153
	菲律宾	4800406	菲律宾	4651490	菲律宾	4718896
	柬埔寨	3036117	巴基斯坦	3033909	巴基斯坦	3335105
小麦	印度	29650590	印度	29318790	印度	31357000
	俄罗斯	26472051	俄罗斯	27558617	俄罗斯	28864312
	中国	24266190	中国	23730000	中国	23380000
	美国	16030580	美国	15132980	美国	14870740
	哈萨克斯坦	11354380	哈萨克斯坦	11296643	哈萨克斯坦	12057071
	澳大利亚	10919180	澳大利亚	10402271	加拿大	10017800
	加拿大	9880900	加拿大	9655600	澳大利亚	9863184
	巴基斯坦	8797227	巴基斯坦	8677730	巴基斯坦	8804677
	土耳其	7288622	伊朗	8097016	伊朗	7584358
	伊朗	6684622	土耳其	6831854	土耳其	6914632

粮食名称	2018 年		2019 年		2020 年	
	国家	收获面积/hm²	国家	收获面积/hm²	国家	收获面积/hm²
玉米	中国	42130050	中国	41280000	中国	41260000
	美国	32891580	美国	32916270	美国	33373570
	巴西	16126368	巴西	17515920	巴西	18253766
	印度	9380070	印度	9027130	印度	9865000
	阿根廷	7138620	尼日利亚	7822149	阿根廷	7730506
	墨西哥	7122562	阿根廷	7232761	尼日利亚	7534493
	尼日利亚	6789577	墨西哥	6690449	墨西哥	7156391
	印度尼西亚	5680360	乌克兰	4986900	乌克兰	5392100
	乌克兰	4564200	印度尼西亚	4150990	坦桑尼亚	4200000
	坦桑尼亚	3546448	坦桑尼亚	3428630	印度尼西亚	3955340
马铃薯	中国大陆	4758070	中国大陆	4036300	中国大陆	4215534
	印度	2142000	印度	2173000	印度	2158000
	乌克兰	1319900	乌克兰	1308800	乌克兰	1325200
	俄罗斯	1313495	俄罗斯	1238575	俄罗斯	1178098
	孟加拉国	477419	孟加拉国	468395	孟加拉国	461351
	美国	410670	美国	379320	美国	369930
	秘鲁	322864	秘鲁	331177	秘鲁	331895
	尼日利亚	319164	尼日利亚	319352	尼日利亚	319024
	波兰	290970	波兰	302480	德国	273500
	白俄罗斯	271772	德国	271600	白俄罗斯	253442

4

国内主粮生产技术规程标准

4.1 国内水稻生产技术规程标准

我国和水稻相关的生产技术过程标准统计情况见表 4-1，这里统计了相关标准共计 81 项，这些标准中国家标准 20 项，行业标准 36 项，地方标准 25 项。这些标准涵盖品种品质、病虫害防治、生产技术规程等方面。

表 4-1　我国现行水稻相关生产技术规程标准

标准级别	标准名称
国家标准	GB/T 17980.1—2000《农药田间药效试验准则（一）杀虫剂防治水稻鳞翅目钻蛀性害虫》
	GB/T 17980.3—2000《农药田间药效试验准则（一）杀虫剂防治水稻叶蝉》
	GB/T 17980.4—2000《农药田间药效试验准则（一）杀虫剂防治水稻飞虱》
	GB/T 17980.19—2000《农药田间药效试验准则（一）杀菌剂防治水稻叶部病害》
	GB/T 17980.20—2000《农药田间药效试验准则（一）杀菌剂防治水稻纹枯病》
	GB/T 17980.40—2000《农药田间药效试验准则（一）除草剂防治水稻田杂草》
	GB/T 17980.76—2004《农药田间药效试验准则（二）第 76 部分：杀虫剂防治水稻稻瘿蚊》
	GB/T 17980.77—2004《农药田间药效试验准则（二）第 77 部分：杀虫剂防治水稻蓟马》
	GB/T 17980.81—2004《农药田间药效试验准则（二）第 81 部分：杀螺剂防治水稻福寿螺》
	GB/T 17980.104—2004《农药田间药效试验准则（二）第 104 部分：杀菌剂防治水稻恶苗病》
	GB/T 17980.105—2004《农药田间药效试验准则（二）第 105 部分：杀菌剂防治水稻细菌性条斑病》
	GB/T 17980.140—2004《农药田间药效试验准则（二）第 140 部分：水稻生长调节剂试验》
	GB/T 19557.7—2004《植物新品种特异性、一致性和稳定性测试指南　水稻》（GB/T 19557.7—2022 于 2023 年 7 月 1 日起实施）
	GB/T 21985—2008《主要农作物高温危害温度指标》
	GB/T 27959—2011《南方水稻、油菜和柑桔低温灾害》
	GB/T 28078—2011《水稻白叶枯病菌、水稻细菌性条斑病菌检疫鉴定方法》
	GB/T 28079—2011《水稻稻粒黑粉病菌检疫鉴定方法》
	GB/T 28099—2011《水稻细菌性条斑病菌的检疫鉴定方法》
	GB/T 29396—2012《水稻细菌性谷枯病菌检疫鉴定方法》
	GB/T 36869—2018《水稻生产的土壤镉、铅、铬、汞、砷安全阈值》

标准级别	标准名称
行业标准	NY 526—2002《水稻苗床调理剂》
	NY/T 1433—2014《水稻品种鉴定技术规程 SSR 标记法》
	NY/T 1464.14—2007《农药田间药效试验准则第 14 部分：杀菌剂防治水稻立枯病》
	NY/T 1464.2—2007《农药田间药效试验准则第 2 部分：杀虫剂防治水稻稻水象甲》
	NY/T 1464.54—2014《农药田间药效试验准则第 54 部分：杀菌剂防治水稻稻曲病》
	NY/T 1609—2018《水稻条纹叶枯病测报技术规范》
	NY/T 1635—2008《水稻工厂化(标准化)育秧设备 试验方法》
	NY/T 2055—2011《水稻品种抗条纹叶枯病鉴定技术规范》
	NY/T 2059—2011《灰飞虱携带水稻条纹病毒检测技术 免疫斑点法》
	NY/T 2156—2012《水稻主要病害防治技术规程》
	NY/T 2287—2012《水稻细菌性条斑病菌检疫检测与鉴定方法》
	NY/T 2359—2013《三化螟测报技术规范》
	NY/T 2385—2013《水稻条纹叶枯病防治技术规程》
	NY/T 2386—2013《水稻黑条矮缩病防治技术规程》
	NY/T 2631—2014《南方水稻黑条矮缩病测报技术规范》
	NY/T 2646—2014《水稻品种试验稻瘟病抗性鉴定与评价技术规程》
	NY/T 2730—2015《水稻黑条矮缩病测报技术规范》
	NY/T 2737.1—2015《稻纵卷叶螟和稻飞虱防治技术规程 第 1 部分：稻纵卷叶螟》
	NY/T 2737.2—2015《稻纵卷叶螟和稻飞虱防治技术规程 第 2 部分：稻飞虱》
	NY/T 2745—2021《水稻品种真实性鉴定 SNP 标记法》
	NY/T 2918—2016《南方水稻黑条矮缩病防治技术规程》
	NY/T 2955—2016《水稻品种试验水稻黑条矮缩病抗性鉴定与评价技术规程》
	NY/T 3157—2017《水稻细菌性条斑病监测规范》
	NY/T 3159—2017《水稻白背飞虱抗药性监测技术规程》
	NY/T 3257—2018《水稻稻瘟病抗性室内离体叶片鉴定技术规程》
	NY/T 3748—2020《水稻品种纯度鉴定 SSR 分子标记法》
	NY/T 3933—2021《水稻品种籼粳鉴定技术规程 SNP 分子标记法》
	NY/T 59—1987《水稻二化螟防治标准》
	NY/T 847—2004《水稻产地环境技术条件》
	SN/T 1136—2002《水稻茎线虫检疫鉴定方法》
	SN/T 1666—2005《水稻条纹病毒、水稻矮缩病毒、水稻黑条矮缩病毒的检测方法 普通 RT-PCR 方法和实时荧光 RT-PCR 方法》
	SN/T 2505—2010《水稻干尖线虫检疫鉴定方法》
	SN/T 2512—2010《出口杂交水稻种子检疫管理规范》
	SN/T 2635—2010《水稻瘤矮病毒的检疫鉴定方法》
	SN/T 2669—2010《三系杂交水稻种子真伪分子鉴定方法》
	SN/T 3402—2012《两系水稻品种真实性与纯度鉴定 DNA 分析法》

标准级别	标准名称
地方标准	DB 21/T 1070—1999《水稻品种：辽粳 207》
	DB 22/T 2826—2017《水稻种子活力测定 低温法》
	DB 22/T 3301—2021《水稻品种 吉粳 816》
	DB 22/T 3324—2021《水稻品种 吉粳 515》
	DB 34/T 1344—2011《沿淮单季稻优质高产病虫草害防治技术规程》
	DB 34/T 163.1—1998《水稻作物害虫测报调查规范水稻二化螟》
	DB 34/T 197—1999《杂交水稻及其亲本种子检验规程真实性和品种纯度的基因指纹鉴定法》
	DB 34/T 3308—2018《两系杂交水稻种子纯度检测 分子标记法》
	DB 42/T 996—2022《水稻主要病虫害生物防治技术规程》
	DB 43/T 1374—2017《水稻品种抗细菌性条斑病鉴定及评价方法》
	DB 43/T 1958—2020《湖南双季稻区水稻化肥农药减施增效技术规程》
	DB 43/T 1963—2020《水稻根结线虫病综合防控技术规程》
	DB 43/T 2033—2021《水稻病虫害防治 农用无人机施药技术规程》
	DB 43/T 2040—2021《水稻孢囊线虫病综合防控技术规程》
	DB 43/T 319—2006《水稻抗稻瘟病鉴定及评价方法》
	DB 50/T 1246—2022《机插水稻稀泥育秧技术规程》
	DB 51/T 2519—2018《水稻主要病虫害绿色防控技术规程》
	DB 51/T 2884—2022《四川水稻机械化育秧技术规程》
	DB 51/T 2886—2022《水稻品种适配机械化生产的筛选技术规程》
	DB 52/T 1501.1—2020《农作物抗病性鉴定技术规范 第 1 部分：水稻抗稻瘟病》
	DB 52/T 1501.2—2020《农作物抗病性鉴定技术规范 第 2 部分：水稻抗稻曲病》
	DB 52/T 1501.3—2020《农作物抗病性鉴定技术规范 第 3 部分：水稻抗纹枯病》
	DB 64/T 1800—2021《稻水象甲检疫及综合防控技术规程》
	DB 65/T 3713—2015《有机产品 水稻标准体系总则》
	DB 65/T 4379—2021《水稻主要病虫害绿色防控技术规程》

4.2　国内小麦生产技术规程标准

我国和小麦相关的生产技术过程标准统计情况见表 4-2，编者统计了相关标准共计 166 项，这些标准中国家标准 21 项，行业标准 49 项，地方标准 96 项。这些标准涵盖品种品质、病虫害防治、生产技术规程等方面。

表 4-2 我国现行小麦相关生产技术规程标准

标准级别	标准名称
国家标准	GB 1351—2008《小麦》
	GB/T 15795—2011《小麦条锈病测报技术规范》
	GB/T 15796—2011《小麦赤霉病测报技术规范》
	GB/T 15797—2011《小麦丛矮病测报技术规范》
	GB/T 17317—2011《小麦原种生产技术操作规程》
	GB/T 17320—2013《小麦品种品质分类》
	GB/T 17892—1999《优质小麦 强筋小麦》
	GB/T 17893—1999《优质小麦 弱筋小麦》
	GB/T 17980.108—2004《农药田间药效试验准则（二）第 108 部分：杀菌剂防治小麦纹枯病》
	GB/T 17980.109—2004《农药田间药效试验准则（二）第 109 部分：杀菌剂防治小麦全蚀病》
	GB/T 17980.131—2004《农药田间药效试验准则（二）第 131 部分：化学杀雄剂诱导小麦雄性不育试验》
	GB/T 17980.132—2004《农药田间药效试验准则（二）第 132 部分：小麦生长调节剂试验》
	GB/T 17980.21—2000《农药 田间药效试验准则（一）杀菌剂防治禾谷类种传病害》
	GB/T 17980.41—2000《农药 田间药效试验准则（一）除草剂防治麦类作物地杂草》
	GB/T 17980.78—2004《农药田间药效试验准则（二）第 78 部分：杀虫剂防治小麦吸浆虫》
	GB/T 17980.79—2004《农药田间药效试验准则（二）第 79 部分：杀虫剂防治小麦蚜虫》
	GB/T 21016—2007《小麦干燥技术规范》
	GB/T 21127—2007《小麦抗旱性鉴定评价技术规范》
	GB/T 28080—2011《小麦印度腥黑穗病菌检疫鉴定方法》
	GB/T 28103—2011《小麦线条花叶病毒检疫鉴定方法》
	GB/T 35238—2017《小麦条锈病防治技术规范》
行业标准	NY/T 1156.4—2006《农药室内生物测定试验准则第 4 部分：防治小麦白粉病试验 盆栽法》
	NY/T 1218—2006《黄淮海地区强筋白硬冬小麦》
	NY/T 1301—2007《农作物品种区域试验技术规程 小麦》
	NY/T 1411—2007《小麦免耕播种机作业质量》
	NY/T 1443.1—2007《小麦抗病虫性评价技术规范 第 1 部分：小麦抗条锈病评价技术规范》
	NY/T 1443.2—2007《小麦抗病虫性评价技术规范 第 2 部分：小麦抗叶锈病评价技术规范》
	NY/T 1443.3—2007《小麦抗病虫性评价技术规范 第 3 部分：小麦抗秆锈病评价技术规范》
	NY/T 1443.4—2007《小麦抗病虫性评价技术规范 第 4 部分：小麦抗赤霉病评价技术规范》

标准级别	标准名称
行业标准	NY/T 1443.5—2007《小麦抗病虫性评价技术规范 第5部分：小麦抗纹枯病评价技术规范》
	NY/T 1443.6—2007《小麦抗病虫性评价技术规范 第6部分：小麦抗黄矮病评价技术规范》
	NY/T 1443.7—2007《小麦抗病虫性评价技术规范 第7部分：小麦抗蚜虫评价技术规范》
	NY/T 1443.8—2007《小麦抗病虫性评价技术规范 第8部分：小麦抗吸浆虫评价技术规范》
	NY/T 1464.15—2007《农药田间药效试验准则第15部分：杀菌剂防治小麦赤霉病》
	NY/T 1464.16—2007《农药田间药效试验准则第16部分：杀菌剂防治小麦根腐病》
	NY/T 1464.40—2011《农药田间药效试验准则第40部分：除草剂防治免耕小麦田杂草》
	NY/T 1608—2008《小麦赤霉病防治技术规范》
	NY/T 1859.12—2017《农药抗性风险评估第12部分：小麦田杂草对除草剂的抗性风险评估》
	NY/T 2040—2011《小麦黄花叶病测报技术规范》
	NY/T 2085—2011《小麦机械化保护性耕作技术规范》
	NY/T 2121—2012《东北地区硬红春小麦》
	NY/T 2470—2013《小麦品种鉴定技术规程 SSR 分子标记法》
	NY/T 2644—2014《普通小麦冬春性鉴定技术规程》
	NY/T 2726—2015《小麦蚜虫抗药性监测技术规程》
	NY/T 2914—2016《黄淮冬麦区小麦栽培技术规程》
	NY/T 2953—2016《小麦区域试验品种抗条锈病鉴定技术规程》
	NY/T 2954—2016《小麦区域试验品种抗赤霉病鉴定技术规程》
	NY/T 3031—2016《棉花小麦套种技术规程》
	NY/T 3108—2017《小麦中玉米赤霉烯酮类毒素预防和减控技术规程》
	NY/T 3246—2018《北部冬麦区小麦栽培技术规程》
	NY/T 3247—2018《长江中下游冬麦区小麦栽培技术规程》
	NY/T 3248—2018《西南冬麦区小麦栽培技术规程》
	NY/T 3249—2018《东北春麦区小麦栽培技术规程》
	NY/T 3255—2018《小麦全蚀病监测与防控技术规范》
	NY/T 3302—2018《小麦主要病虫害全生育期综合防治技术规程》
	NY/T 3559—2020《小麦孢囊线虫综合防控技术规范》
	NY/T 3568—2020《小麦品种抗禾谷孢囊线虫鉴定技术规程》
	NY/T 3749—2020《普通小麦品种纯度鉴定 SSR 分子标记法》
	NY/T 3855—2021《小麦孢囊线虫检测技术规程》
	NY/T 3856—2021《小麦中镰刀菌毒素管控技术规程》
	NY/T 3891—2021《小麦全程机械化生产技术规范》
	NY/T 4021—2021《小麦品种真实性鉴定 SNP 标记法》

标准级别	标准名称
行业标准	NY/T 4071—2022《小麦土传病毒病防控技术规程》
	NY/T 421—2021《绿色食品 小麦及小麦粉》
	NY/T 612—2002《小麦蚜虫测报调查规范》
	NY/T 616—2002《小麦吸浆虫测报调查规范》
	NY/T 851—2004《小麦产地环境技术条件》
	NY/T 967—2006《农作物品种审定规范 小麦》
	SN/T 4733—2016《小麦叶疫病菌检疫鉴定方法》
	LS/T 3109—2017《中国好粮油 小麦》
地方标准	DB 11/T 083—2009《冬小麦生产技术规程》
	DB 11/T 282—2005《小麦散黑穗病测报调查规范》
	DB 11/T 283—2005《小麦叶锈病测报调查规范》
	DB 11/T 284—2017《小麦红吸浆虫测报调查规范》
	DB 13/T 1217—2010《强筋冬小麦调优栽培技术规程》
	DB 13/T 2401—2016《小麦叶锈病防控技术规程》
	DB 13/T 5488—2022《冬小麦-夏甘薯栽培技术规程》
	DB 13/T 5517—2022《大田作物病虫草害防控关键期植保无人飞机作业技术规程》
	DB 14/T 1500—2017《富硒小麦栽培技术规程》
	DB 14/T 1630—2018《冬小麦黄矮病防控技术规程》
	DB 14/T 2187—2020《旱地糯小麦生产技术规程》
	DB 14/T 2188—2020《小麦蚜虫综合防治技术规程》
	DB 14/T 2192—2020《黑小麦病虫草害综合防治技术规程》
	DB 14/T 2417—2022《小麦叶面肥(类)施用技术规程》
	DB 15/T 1755—2019《"河套小麦"产地环境要求》
	DB 15/T 1758—2019《"河套小麦"原粮及小麦粉》
	DB 15/T 1759—2019《"河套小麦"栽培技术规程》
	DB 15/T 1802—2020《河套灌区小麦减肥增效技术规程》
	DB 23/T 2719—2020《强筋春小麦优质高效栽培技术规程》
	DB 32/T 1019—2007《小麦品种审定规范》
	DB 32/T 3343—2017《淮麦 33 栽培技术规程》
	DB 32/T 4104—2021《镇麦系列强筋红皮小麦生产技术规程》
	DB 32/T 4139—2021《小麦赤霉病菌抗药性监测技术规程》
	DB 34/T 1097—2013《淮北地区旱茬小麦超高产栽培技术规程》
	DB 34/T 164—1998《小麦吸浆虫测报调查规范》
	DB 34/T 1945—2019《小麦孢囊线虫病防控技术规程》
	DB 34/T 2957—2017《小麦赤霉病测报调查规范》
	DB 34/T 2970—2017《小麦病虫害绿色防控技术规程》

标准级别	标准名称
地方标准	DB 34/T 3212—2018《小麦田杂草化学防除技术规程》
	DB 34/T 3480—2019《小麦全蚀病的病原检测与病害诊断技术规程》
	DB 34/T 3870—2021《饲用小麦生产技术规程》
	DB 34/T 4042—2021《小麦土传病害及地下害虫绿色防控技术规程》
	DB 37/T 2049—2021《主要粮食作物有机肥施用技术规程》
	DB 37/T 3271—2018《小麦孢囊线虫病综合治理技术规程》
	DB 37/T 3369—2018《水浇地小麦栽培技术规程》
	DB 37/T 3375—2018《小麦黄花叶病毒、中国小麦花叶病毒检测技术规程》
	DB 37/T 3395—2018《小麦根腐病综合防治技术规程》
	DB 37/T 3403—2018《小麦品种(系)抗腐霉根腐病田间鉴定技术规范》
	DB 37/T 3404—2018《小麦品种(系)抗茎基腐病田间鉴定技术规范》
	DB 37/T 3998—2020《小麦田除草剂减量使用技术规程》
	DB 37/T 4479—2021《冬小麦抗逆减灾稳产栽培技术规程》
	DB 37/T 4484—2021《小麦种子活力测定 加速老化法、干旱胁迫法、盐胁迫法》
	DB 37/T 660—2020《优质强筋小麦栽培技术规程》
	DB 41/T 1082—2015《强筋小麦生产技术规程》
	DB 41/T 1084—2015《弱筋小麦生产技术规程》
	DB 41/T 1360—2016《豫南稻茬小麦高产高效栽培技术规程》
	DB 41/T 1361—2016《豫南弱筋小麦优质高效栽培技术规程》
	DB 41/T 1399—2017《豫东地区小麦抗逆应变栽培技术规程》
	DB 41/T 1403—2017《冬小麦晚霜冻害防御技术规程》
	DB 41/T 1500—2017《小麦有害生物综合防治技术规范》
	DB 41/T 1570—2018《小麦干旱防控技术规程》
	DB 41/T 1603—2018《彩色小麦生产技术规程》
	DB 41/T 1688—2018《豫北地区冬小麦测墒灌溉技术规程》
	DB 41/T 1804—2019《小麦主要病害绿色防控技术规程》
	DB 41/T 1806—2019《麦田高效低风险农药使用技术规程》
	DB 41/T 2038—2020《小麦赤霉病防控技术规范》
	DB 41/T 2127—2021《冬小麦夏玉米两熟制农田有机肥替减化肥技术规程》
	DB 41/T 2128—2021《小麦茎基腐病综合防治技术规程》
	DB 41/T 2129—2021《小麦黄花叶病绿色防控技术规程》
	DB 42/T 1388—2018《小麦、玉米连作全程机械化生产技术规程》
	DB 42/T 1413—2018《稻茬小麦耕作播种技术规程》
	DB 42/T 1414—2018《旱茬小麦耕作播种技术规程》
	DB 42/T 1626—2021《湖北省小麦全程机械化生产技术规程》
	DB 42/T 1700.1—2021《化肥农药减施增效技术规程 第1部分：小麦》

标准级别	标准名称
地方标准	DB 42/T 1751—2021《稻茬弱筋小麦生产技术规程》
	DB 42/T 1821—2022《粳稻-小麦全程机械化生产技术规程》
	DB 43/T 817—2013《富硒小麦生产技术规程》
	DB 50/T 909—2019《小麦轻简化生产技术规程》
	DB 50/T 918—2019《旱地套作小麦生产技术规程》
	DB 51/T 2676—2020《小麦全程机械化生产技术规程》
	DB 51/T 2889—2022《优质弱筋小麦生产技术规程》
	DB 61/T 1013—2016《小麦白粉病防控技术规程》
	DB 61/T 1014—2016《小麦品种抗白粉病鉴定技术规范》
	DB 61/T 1043—2016《黏虫监测调查与综合防治技术规范》
	DB 61/T 1108—2017《渭北旱地小麦栽培技术规程》
	DB 61/T 1252—2019《小麦赤霉病防控技术规程》
	DB 61/T 1414—2021《小麦氮磷钾化肥施用限量规范》
	DB 62/T 4054—2019《绿色食品 冷凉区冬小麦生产技术规程》
	DB 63/T 1580—2017《小麦黄矮病防治技术规范》
	DB 63/T 1630—2018《春小麦青麦 1 号丰产栽培技术规范》
	DB 63/T 1644—2018《春小麦高原 412 丰产栽培技术规范》
	DB 63/T 1962—2021《水地春小麦氮肥有机替代技术规范》
	DB 64/T 1799—2021《小麦测土配方施肥技术规程》
	DB 65/T 3966—2016《核桃园与冬小麦间作技术规程》
	DB 65/T 4137—2018《滴灌冬小麦水肥一体化栽培技术规程》
	DB 65/T 4151—2018《春小麦散黑穗病防治技术规程》
	DB 65/T 4351—2021《小麦根腐病综合防治技术规程》
	DB 65/T 4354—2021《南疆核麦间作模式下冬小麦宽幅栽培技术规程》
	DB 65/T 4355—2021《南疆冬小麦机械化匀播高产栽培技术规程》
	DB 65/T 4375—2021《果树-小麦间作模式下麦田农药减施增效技术规程》
	DB 65/T 4378—2021《滴灌冬小麦化肥农药减施增效技术规程》
	DB 65/T 4392—2021《果树-小麦间作模式下麦田除草剂减施增效技术规程》
	DB 65/T 4425—2021《有机食品原料 小麦栽培技术规程》
	DB 65/T 4427—2021《富硒冬小麦种植技术规程》
	DB 65/T 4429—2021《滴灌春小麦水肥药一体化栽培技术规程》
	DB 65/T 4434—2021《强筋春小麦优质高效栽培技术规程》

4.3 国内玉米生产技术规程标准

我国和玉米相关的生产技术过程标准统计情况见表 4-3，编者统计了相关标准共计 307 项，这些标准中国家标准 18 项，行业标准 55 项，地方标准 234 项。这些标准涵盖品种品质、病虫害防治、生产技术规程等方面。

表 4-3 我国现行玉米相关生产技术规程标准

标准级别	标准名称
国家标准	GB 1353—2018《玉米》
	GB 31653—2021《食品安全国家标准 食品中黄曲霉毒素污染控制规范》
	GB 4404.1—2008《粮食作物种子 第 1 部分：禾谷类》
	GB/T 17315—2011《玉米种子生产技术操作规程》
	GB/T 17890—2008《饲料用玉米》
	GB/T 17980.106—2004《农药田间药效试验准则（二）第 106 部分：杀菌剂防治玉米丝黑穗病》
	GB/T 17980.107—2004《农药田间药效试验准则（二）第 107 部分：杀菌剂防治玉米大小斑病》
	GB/T 17980.139—2004《农药田间药效试验准则（二）第 139 部分：玉米生长调节剂试验》
	GB/T 17980.42—2000《农药田间药效试验准则（一）除草剂防治玉米地杂草》
	GB/T 17980.6—2000《农药田间药效试验准则（一）杀虫剂防治玉米螟》
	GB/T 19557.24—2018《植物品种特异性、一致性和稳定性测试指南 玉米》
	GB/T 21017—2021《玉米干燥技术规范》
	GB/T 22326—2008《糯玉米》
	GB/T 22503—2008《高油玉米》
	GB/T 23391.1—2009《玉米大、小斑病和玉米螟防治技术规范 第 1 部分：玉米大斑病》
	GB/T 23391.3—2009《玉米大、小斑病和玉米螟防治技术规范 第 3 部分：玉米螟》
	GB/T 37088—2018《玉米一次性施肥技术指南》
	GB/T 39914—2021《主要农作物品种真实性和纯度 SSR 分子标记检测 玉米》
行业标准	NY/T 1155.2—2006《农药室内生物测定试验准则第 2 部分：活性测定试验 玉米根长法》
	NY/T 1156.17—2009《农药室内生物测定试验准则第 17 部分：抑制玉米丝黑穗病菌试验 浑浊度-酶联板法》
	NY/T 1197—2006《农作物品种审定规范 玉米》
	NY/T 1211—2006《专用玉米杂交种繁育制种技术操作规程》
	NY/T 1248.1—2006《玉米抗病虫性鉴定技术规范 第 1 部分：玉米抗大斑病鉴定技术规范》
	NY/T 1248.2—2006《玉米抗病虫性鉴定技术规范 第 2 部分：玉米抗小斑病鉴定技术规范》
	NY/T 1248.3—2006《玉米抗病虫性鉴定技术规范 第 3 部分：玉米抗丝黑穗病鉴定技术规范》
	NY/T 1248.4—2006《玉米抗病虫性鉴定技术规范 第 4 部分：玉米抗矮花叶病鉴定技术规范》
	NY/T 1248.5—2006《玉米抗病虫性鉴定技术规范 第 5 部分：玉米抗玉米螟鉴定技术规范》
	NY/T 1248.6—2016《玉米抗病虫性鉴定技术规范 第 6 部分：腐霉茎腐病》
	NY/T 1248.7—2016《玉米抗病虫性鉴定技术规范 第 7 部分：镰孢茎腐病》
	NY/T 1248.8—2016《玉米抗病虫性鉴定技术规范 第 8 部分：镰孢穗腐病》
	NY/T 1248.9—2016《玉米抗病虫性鉴定技术规范 第 9 部分：纹枯病》

标准级别	标准名称
行业标准	NY/T 1248.10—2016《玉米抗病虫性鉴定技术规范 第 10 部分：弯孢叶斑病》
	NY/T 1248.11—2016《玉米抗病虫性鉴定技术规范 第 11 部分：灰斑病》
	NY/T 1248.12—2016《玉米抗病虫性鉴定技术规范 第 12 部分：瘤黑粉病》
	NY/T 1248.13—2016《玉米抗病虫性鉴定技术规范 第 13 部分：粗缩病》
	NY/T 1248.14—2021《玉米抗病虫性鉴定技术规范 第 14 部分：南方锈病》
	NY/T 1425—2007《东北地区高淀粉玉米生产技术规程》
	NY/T 1432—2014《玉米品种鉴定技术规程　SSR 标记法》
	NY/T 146—1990《东北地区玉米生产技术规程》
	NY/T 1611—2017《玉米螟测报技术规范》
	NY/T 2050—2011《玉米霜霉病菌检疫检测与鉴定方法》
	NY/T 2062.1—2011《天敌防治靶标生物田间药效试验准则第 1 部分：赤眼蜂防治玉米田玉米螟》
	NY/T 2232—2012《植物新品种特异性、一致性和稳定性测试指南 玉米》
	NY/T 2284—2012《玉米灾害田间调查及分级技术规范》
	NY/T 2291—2012《玉米细菌性枯萎病监测技术规范》
	NY/T 2413—2013《玉米根萤叶甲监测技术规范》
	NY/T 2621—2014《玉米粗缩病测报技术规范》
	NY/T 2632—2021《玉米-大豆带状复合种植技术规程》
	NY/T 2683—2015《农田主要地下害虫防治技术规程》
	NY/T 2777—2015《玉米良种繁育基地建设标准》
	NY/T 2917—2016《小地老虎防治技术规程》
	NY/T 3107—2017《玉米中黄曲霉毒素预防和减控技术规程》
	NY/T 3156—2017《玉米茎腐病防治技术规程》
	NY/T 3158—2017《二点委夜蛾测报技术规范》
	NY/T 3260—2018《黄淮海夏玉米病虫草害综合防控技术规程》
	NY/T 3261—2018《二点委夜蛾综合防控技术规程》
	NY/T 3546—2020《玉米大斑病测报技术规程》
	NY/T 3547—2020《玉米田棉铃虫测报技术规程》
	NY/T 3554—2020《春玉米滴灌水肥一体化技术规程》
	NY/T 3634—2020《春播玉米机收籽粒生产技术规程》
	NY/T 3699—2020《玉米蚜虫测报技术规范》
	NY/T 3750—2020《玉米品种纯度鉴定 SSR 分子标记法》
	NY/T 3766—2020《玉米种子活力测定 冷浸发芽法》
	NY/T 3841—2021《玉米互补增抗生产技术规范》
	NY/T 3865—2021《草地贪夜蛾防控技术规范》
	NY/T 4018—2021《农作物品种纯度田间小区种植鉴定技术规程 玉米》

标准级别	标准名称
行业标准	NY/T 4022—2021《玉米品种真实性鉴定 SNP 标记法》
	NY/T 449—2001《玉米种子纯度盐溶蛋白电泳鉴定方法》
	NY/T 519—2002《食用玉米》
	NY/T 849—2004《玉米产地环境技术条件》
	SN/T 1375—2004《玉米细菌性枯萎病菌检疫鉴定方法》
	SN/T 1900—2007《玉米晚枯病菌检疫鉴定方法》
	SN/T 3297—2012《植物种质资源鉴定方法 玉米的鉴定》
地方标准	DB 11/T 085—2019《春玉米生产技术规程》
	DB 11/T 257—2021《籽粒玉米生产技术规程》
	DB 12/T 931—2020《夏玉米小双行增密增产技术规程》
	DB 12/T 932—2020《玉米机械粒收生产技术规程》
	DB 13/T 1282—2010《玉米抗旱性鉴定技术规范》
	DB 13/T 1377—2011《玉米品种丰玉 4 号密植简化栽培技术规程》
	DB 13/T 1396—2011《河北省夏玉米亩产 750 公斤栽培技术规程》
	DB 13/T 1397—2011《保北夏玉米亩产 650 公斤栽培技术规程》
	DB 13/T 2439—2017《春玉米全膜覆盖双垄沟播栽培技术规程》
	DB 13/T 2532—2017《冬小麦-夏玉米两熟机械化播种行距配置技术规范》
	DB 13/T 2750—2018《冬小麦-夏玉米限水节氮稳产高效生产技术规程》
	DB 13/T 2799—2018《微喷灌适配玉米品种筛选技术规范》
	DB 13/T 2839—2018《苜蓿-玉米-小黑麦草粮兼顾型种植技术规程》
	DB 13/T 2920—2018《冬小麦-夏玉米-春玉米两年三作技术规程》
	DB 13/T 2997—2019《夏播玉米机械收粒技术规程》
	DB 13/T 5111—2019《春玉米二月兰栽培技术规程》
	DB 13/T 5228—2020《滨海平原区冬小麦-夏玉米土下覆膜雨养栽培技术规程》
	DB 13/T 5234—2020《季节性休耕条件下玉米高产高效种植技术规程》
	DB 13/T 5371.4—2021《粮食作物种传病害控制技术规程 第 4 部分：玉米丝黑穗病》
	DB 14/T 123—2019《玉米品种纯度田间小区种植鉴定技术规程》
	DB 14/T 1497—2017《农业转基因玉米田间试验管理规范》
	DB 14/T 1509—2017《玉米镰孢茎腐病抗性鉴定圃种植及接种技术规程》
	DB 14/T 1510—2017《玉米镰孢穗腐病抗性鉴定牙签接种技术规程》
	DB 14/T 1595—2018《柴胡套种玉米生产技术规程》
	DB 14/T 1596—2018《玉米间作花生机械化栽培技术规程》
	DB 14/T 1780—2019《玉米田杂草防除技术规程》
	DB 14/T 2036—2020《玉米单粒播种技术规程》
	DB 14/T 2076—2020《糯玉米施肥技术规程》
	DB 14/T 2184—2020《玉米机械探墒播种技术规程》

标准级别	标准名称
地方标准	DB 14/T 2189—2020《玉米人工授粉育种技术规程》
	DB 14/T 2193—2020《浅旋覆盖玉米播种技术规程》
	DB 14/T 2194—2020《花青素黑玉米栽培技术规程》
	DB 14/T 2358—2021《旱地春播玉米氮素淋失控制技术规程》
	DB 14/T 2359—2021《旱地覆膜玉米化肥农药减施技术规程》
	DB 14/T 2420—2022《旱作区春玉米密植晚收生产技术规程》
	DB 14/T 2421—2022《抗旱性玉米杂交种选择规范》
	DB 14/T 2429—2022《春播玉米无覆膜旱作技术规程》
	DB 14/T 2432—2022《硬茬地玉米施肥沟播作业技术规程》
	DB 15/T 1088—2016《内蒙古平原灌区饲用玉米施肥技术规程》
	DB 15/T 1093—2017《西辽河流域玉米地埋式滴灌工程技术规程》
	DB 15/T 1181—2017《内蒙古东部玉米保护性耕作节水丰产栽培技术规程》
	DB 15/T 1335—2018《玉米无膜浅埋滴灌水肥一体化技术规范》
	DB 15/T 1376—2018《河套灌区玉米一穴双株增密高产栽培技术规程》
	DB 15/T 1382—2018《露地玉米浅埋滴灌技术规程》
	DB 15/T 1383—2018《西辽河平原玉米指针式喷灌技术规程》
	DB 15/T 1467—2018《玉米丰产高效栽培技术规程》
	DB 15/T 1468—2018《玉米密植高产机械收粒生产技术规程》
	DB 15/T 1512—2018《河套灌区小麦套种玉米节水高产栽培技术规程》
	DB 15/T 1534—2018《玉米-大豆轮作均衡增产栽培技术规程》
	DB 15/T 1542—2018《东部玉米大小垄交替免耕微灌技术规程》
	DB 15/T 1564—2018《东部玉米留高茬沟垄交替免耕技术规程》
	DB 15/T 1697—2019《甜玉米生产技术规程》
	DB 15/T 1698—2019《甜玉米主要病虫害防治技术规程》
	DB 15/T 1699—2019《温凉旱作区春玉米全程机械化技术规程》
	DB 15/T 1751—2019《通辽黄玉米产地环境要求》
	DB 15/T 1793—2020《玉米深松技术规程》
	DB 15/T 1799—2020《大兴安岭南麓区玉米减肥增效技术规程》
	DB 15/T 1803—2020《燕山丘陵区玉米减肥增效技术规程》
	DB 15/T 1805—2020《西辽河灌区玉米减肥增效技术规程》
	DB 15/T 1858—2020《燕山北部灌区耐密宜机械粒收玉米滴灌栽培技术规程》
	DB 15/T 1867—2020《西辽河平原灌区耐密宜机械粒收玉米栽培技术规程》
	DB 15/T 1912—2020《旱作玉米保护性耕作全层施肥技术规程》
	DB 15/T 1913—2020《旱作玉米垄膜沟植破膜追肥技术规程》
	DB 15/T 1930—2020《大兴安岭南麓玉米-大豆轮作区大豆高效栽培技术规程》
	DB 15/T 1972—2020《春玉米化控抗寒促熟技术规程》

标准级别	标准名称
地方标准	DB 15/T 1979—2020《玉米浅埋滴灌双减增效栽培技术规程》
	DB 15/T 1982—2020《岭南温暖旱作区玉米抗旱播种增密丰产栽培技术规程》
	DB 15/T 2163—2021《春玉米抗旱坐水一体化播种技术规程》
	DB 15/T 2164—2021《平原灌区春玉米耐旱品种筛选技术规程》
	DB 15/T 2190—2021《岭南温暖区玉米机械化籽粒直收生产技术规程》
	DB 15/T 2191—2021《土默川平原灌区玉米机械化籽粒直收生产技术规程》
	DB 15/T 2251—2021《河套灌区玉米一次性施肥栽培技术规程》
	DB 15/T 2252—2021《河套灌区玉米水肥减量增效全程机械化栽培技术规程》
	DB 15/T 2398—2021《黑土区玉米隔行深松垄上免耕栽培技术规程》
	DB 21/T 1418—2021《玉米主要病虫草害绿色防控技术规程》
	DB 21/T 3205—2019《花生玉米间作技术规程》
	DB 21/T 3210—2019《玉米南繁技术操作规程》
	DB 21/T 3347—2020《玉米减氮增效绿色生产技术规程》
	DB 21/T 3589—2022《玉米高效施肥技术规程》
	DB 22/T 1236—2019《玉米优质安全丰产高效生产技术规程》
	DB 22/T 2017—2014《玉米抗旱性鉴定技术规程》
	DB 22/T 2291—2015《甜玉米生产技术规程》
	DB 22/T 2528—2016《球孢白僵菌桶混剂机械化防治玉米螟技术规程》
	DB 22/T 2531—2016《玉米一次性施肥技术规程》
	DB 22/T 2557—2016《花生间作玉米机械化栽培技术规程》
	DB 22/T 2617—2017《玉米种子活力低温检测技术规程》
	DB 22/T 2621—2017《玉米耐盐碱性鉴定技术规程》
	DB 22/T 2634—2017《玉米高产高效机械化生产技术规程》
	DB 22/T 2800—2017《玉米大斑病菌对杀菌剂抗药性评价技术规范》
	DB 22/T 2865—2018《赤眼蜂防治二代玉米螟技术规范》
	DB 22/T 2924—2018《半干旱地区玉米轻简化滴灌栽培技术规程》
	DB 22/T 3080—2019《玉米限量施肥技术规程》
	DB 22/T 3191—2020《载白僵菌赤眼蜂防治玉米螟技术规程》
	DB 22/T 3197—2020《快速测定玉米种子发芽率技术规程》
	DB 22/T 3277—2021《冷凉区春玉米地膜覆盖高产优质机械化生产技术规程》
	DB 22/T 735—2016《玉米优质高产综合生产技术规程》
	DB 22/T 950—2014《绿色食品 玉米生产技术规程》
	DB 22/T 994—2002《无公害玉米生产技术规程》
	DB 23/T 1039—2006《无公害食品 玉米生产技术规程》
	DB 23/T 2479—2019《玉米秸秆覆盖还田免耕播种机械化种植技术规程》
	DB 23/T 2493—2019《大豆→玉米→分蘖洋葱(复种油菜)轮作技术规程》

标准级别	标准名称
地方标准	DB 23/T 2522—2019《玉米茎基腐病和丝黑穗病防治技术规程》
	DB 23/T 2523—2019《玉米抗冷害、涝渍灾害生产技术规程》
	DB 23/T 2533—2019《温凉半湿润区玉米机械粒收栽培技术规程》
	DB 23/T 2547—2019《三江平原玉米耐低温机械化栽培技术规程》
	DB 23/T 2605—2020《化学诱导玉米单倍体技术规程》
	DB 23/T 2651—2020《玉米大豆轮作下施肥技术规范》
	DB 23/T 2691—2020《玉米萌发期抗旱性鉴定技术规程》
	DB 23/T 2693—2020《玉米与苜蓿间作技术规程》
	DB 23/T 2797—2021《半湿润区玉米密植高产栽培技术规程》
	DB 23/T 2803—2021《玉米茎基腐病抗性鉴定及评价技术规程》
	DB 23/T 2858—2021《三江平原白浆土玉米田耕作技术规程》
	DB 23/T 2947—2021《玉米及玉米须高产增效栽培技术规程》
	DB 23/T 2989—2021《玉米线虫矮化病病原长岭发垫刃线虫鉴定技术规程》
	DB 23/T 3030—2021《玉米病虫害田间监测调查技术规程》
	DB 23/T 3031—2021《玉米种质田间抗旱性鉴定技术规程》
	DB 31/T 1136—2019《糯玉米生产技术规范》
	DB 32/T 3427—2018《草莓和玉米套作技术规程》
	DB 32/T 3489—2018《玉米粗缩病人工接种鉴定技术与抗性评价规程》
	DB 32/T 3543—2019《玉米田化学除草技术规范》
	DB 32/T 3680—2019《玉米粗缩病原免疫斑点检测方法》
	DB 32/T 3860—2020《玉米品种及纯度鉴定技术规程 SNP 标记法》
	DB 3302/T 100—2010《墨西哥饲用玉米规模生产技术规程》
	DB 34/T 1080—2019《沿淮夏玉米高产栽培技术规程》
	DB 34/T 1417—2011《饲料玉米高产栽培技术规程》
	DB 34/T 1454—2011《淮北地区大豆玉米间作高产栽培技术规程》
	DB 34/T 1578—2011《沿淮低洼地麦茬玉米栽培技术规程》
	DB 34/T 1601—2012《沿淮淮北玉米病虫害防治技术规程》
	DB 34/T 2814—2017《玉蜀黍赤霉检疫鉴定方法》
	DB 34/T 2882—2017《麦玉轮作区化肥减量化栽培技术规程》
	DB 34/T 3004—2017《麦茬免耕机直播玉米栽培技术规程》
	DB 34/T 3277—2018《淮北地区玉米-大豆带状复合种植机械化技术规程》
	DB 34/T 3286—2018《夏花生-夏玉米间作高产栽培技术规程》
	DB 34/T 3745—2020《小麦、玉米连作农药减量化防控技术规程》
	DB 34/T 3853—2021《夏玉米花期高温热害综合防控技术规程》
	DB 34/T 3857—2021《玉米品种耐热性评价技术规程》
	DB 34/T 527—2005《黑糯玉米种子繁育技术规程》

标准级别	标准名称
地方标准	DB 35/T 1683—2017《玉米叶斑类病害综合防治技术规范》
	DB 36/T 1285—2020《甜玉米栽培技术规程》
	DB 37/T 1054—2008《良好农业规范 出口糯玉米操作指南》
	DB 37/T 3103—2018《保持玉米亲本特征特性种子生产技术规程》
	DB 37/T 3107—2018《玉米高质量杂交种生产技术规程》
	DB 37/T 3360—2018《黄淮海小麦玉米全程机械化栽培技术规程》
	DB 37/T 3373—2018《玉米苗期蓟马防治技术规程》
	DB 37/T 3374—2018《玉米粗缩病原检测技术规程》
	DB 37/T 3496—2019《冬小麦-夏玉米高产高效技术规程》
	DB 37/T 3502—2019《特用玉米优质高产高效技术规程》
	DB 37/T 3506—2019《夏玉米逆境栽培技术规程》
	DB 37/T 3507—2019《夏玉米种肥精准同播生产技术规程》
	DB 37/T 3582—2019《玉米缓/控释肥施用技术规程》
	DB 37/T 3620—2019《良好农业规范 出口玉米操作指南》
	DB 37/T 3684—2019《轻度盐碱地夏玉米-冬小麦与二月兰间作复种技术规程》
	DB 37/T 3685—2019《轻度盐碱地夏玉米与花生-田菁轮作技术规程》
	DB 37/T 3688—2019《玉米茎腐病抗性鉴定技术规范》
	DB 37/T 3803—2019《小麦玉米两熟中高产田缓/控释掺混肥施用技术规程》
	DB 37/T 3854—2019《玉米黄曲霉毒素防控技术规程》
	DB 37/T 4002—2020《玉米田除草剂减量使用技术规程》
	DB 37/T 4485—2021《玉米种子活力测定 加速老化法、抗冷法、冷浸法、破裂法》
	DB 41/T 1368—2017《玉米杂交种抗旱性鉴定评价技术规程》
	DB 41/T 1397—2017《玉米全程机械化栽培技术规程》
	DB 41/T 1398—2017《不同玉米品种间(混)作种植技术规范》
	DB 41/T 1602—2018《冬甜豌豆-春甜玉米-夏甜玉米年三收栽培技术规程》
	DB 41/T 1629—2018《夏玉米高温热害防御栽培技术规程》
	DB 41/T 1631—2018《玉米螟绿色防控技术规程》
	DB 41/T 1791—2019《夏玉米种肥同播技术规程》
	DB 41/T 1803—2019《夏玉米主要病虫害绿色防控技术规程》
	DB 41/T 1808—2019《小麦-玉米垄作栽培技术规程》
	DB 41/T 1876—2019《夏玉米节水减肥栽培技术规程》
	DB 41/T 1983—2020《玉米机械粒收高效生产技术规程》
	DB 41/T 2096—2021《玉米田桃蛀螟绿色防控技术规程》
	DB 41/T 2127—2021《冬小麦夏玉米两熟制农田有机肥替减化肥技术规程》
	DB 41/T 793—2018《糯玉米生产技术规程》
	DB 41/T 897—2014《夏玉米抗旱节水栽培技术规程》

标准级别	标准名称
地方标准	DB 41/T 997.2—2014《农作物四级种子质量标准 第 2 部分：玉米杂交种》
	DB 41/T 998—2014《夏玉米水肥一体化生产技术规程》
	DB 42/T 1187—2016《鄂东南玉米-油菜连作生产技术规程》
	DB 42/T 1388—2018《小麦、玉米连作全程机械化生产技术规程》
	DB 42/T 1389—2018《马铃薯、玉米、甘薯三熟套种栽培技术规程》
	DB 42/T 1692—2021《春玉米全程机械化生产技术规程》
	DB 42/T 1814—2022《夏播玉米栽培技术规程》
	DB 42/T 1820.1—2022《玉米害虫防治技术规程 第 1 部分：草地贪夜蛾》
	DB 43/T 820—2013《富硒玉米生产技术规程》
	DB 44/T 208—2004《甜玉米种子生产技术规程》
	DB 44/T 2125—2018《甜玉米主要病虫害绿色防控技术规程》
	DB 44/T 544—2008《甜玉米生产技术规程》
	DB 44/T 545—2008《糯玉米生产技术规程》
	DB 441900/T 04—2006《甜玉米生产技术规程》
	DB 45/T 2302—2021《全株玉米微贮技术规程》
	DB 45/T 2305—2021《玉米全程机械化生产技术规程》
	DB 50/T 1068—2020《绿色食品 山地糯玉米种植技术规程》
	DB 50/T 16—2020《玉米绿色生产技术规范》
	DB 51/T 1041—2010《玉米抗大斑病性田间鉴定技术规程》
	DB 51/T 1188—2021《玉米育苗移栽技术规程》
	DB 51/T 1859—2020《玉米施肥技术规程》
	DB 51/T 2474—2018《丘陵地区玉米规模化生产技术规程》
	DB 51/T 2475—2018《玉米-大豆带状复合种植全程机械化技术规程》
	DB 51/T 2819—2021《四川丘陵区玉米全程机械化生产技术规程》
	DB 51/T 872—2009《玉米地膜覆盖栽培技术规程》
	DB 52/T 1082—2016《玉米、大豆间作高产栽培技术规程》
	DB 52/T 1432—2019《玉米漂浮育苗技术规程》
	DB 52/T 1501.8—2020《农作物抗病性鉴定技术规范 第 8 部分：玉米抗丝黑穗病》
	DB 52/T 1501.9—2020《农作物抗病性鉴定技术规范 第 9 部分：玉米抗大斑病》
	DB 52/T 1501.10—2020《农作物抗病性鉴定技术规范 第 10 部分：玉米抗小斑病》
	DB 52/T 1501.11—2020《农作物抗病性鉴定技术规范 第 11 部分：玉米抗灰斑病》
	DB 52/T 1501.12—2020《农作物抗病性鉴定技术规范 第 12 部分：玉米抗南方锈病》
	DB 52/T 1582—2021《马铃薯玉米间作栽培技术规程》
	DB 53/T 922—2019《地膜春花生间作玉米生产技术规程》
	DB 61/T 1062—2017《秦岭北麓适生区马铃薯-玉米-大白菜高效栽培技术规程》
	DB 61/T 1168—2018《渭北旱地玉米保护性轮耕技术规程》

标准级别	标准名称
地方标准	DB 61/T 1421—2021《渭北春玉米产区玉米螟监测与综合防治技术规程》
	DB 62/T 2604—2021《旱地全膜双垄沟播玉米栽培技术规程》
	DB 62/T 2985—2019《玉米抗红叶病鉴定技术规范》
	DB 62/T 4022—2019《旱作区玉米合理密植机械粒收栽培技术规程》
	DB 62/T 4027—2019《中东部旱作区地膜玉米套种冬油菜栽培技术规程》
	DB 62/T 4163—2020《制种玉米免冬灌水肥一体化栽培技术规程》
	DB 62/T 4180—2020《玉米主要病虫害综合防治技术规程》
	DB 62/T 4432—2021《旱地玉米减穴增株高产栽培技术规程》
	DB 62/T 4433—2021《旱地玉米-拉巴豆间作栽培技术规程》
	DB 62/T 4435—2021《沿黄灌溉区胡麻套种玉米栽培技术规程》
	DB 63/T 1897—2021《玉米地杂草防除技术规程》
	DB 64/T 1737—2020《宁夏盐碱地玉米高效栽培技术规程》
	DB 64/T 1797—2021《玉米叶螨测报技术规范》
	DB 65/T 4077—2017《冷凉区玉米密植高产(13500kg/hm^2～15000kg/hm^2)栽培技术规程》
	DB 65/T 4078—2017《玉米 18000 kg/hm^2 栽培技术规程》
	DB 65/T 4144—2018《早熟玉米新玉 29 号杂交制种技术规程》
	DB 65/T 4145—2018《早熟玉米杂交种新玉 35 号复播高产栽培技术规程》
	DB 65/T 4146—2018《中熟玉米新玉 41 号杂交制种技术规程》
	DB 65/T 4338—2021《玉米产区玉米螟绿色防控技术规程》
	DB 65/T 4383—2021《春播玉米减肥减药技术规程》
	DB 65/T 4400—2021《中熟玉米新玉 47 号无膜高产栽培技术规程》
	DB 65/T 4401—2021《早熟玉米新玉 54 号高效栽培技术规程》
	DB 65/T 4435—2021《中熟玉米新玉 47 号杂交制种技术规程》
	DB 65/T 4436—2021《北疆制种区玉米高活力杂交种子生产技术规程》
	DB 65/T 4437—2021《早熟玉米新玉 54 号杂交制种技术规程》

4.4　国内马铃薯生产技术规程标准

我国和马铃薯相关的生产技术过程标准统计情况见表 4-4，编者统计了相关标准共计 265 项，这些标准中国家标准 29 项，行业标准 53 项，地方标准 183 项。这些标准涵盖品种品质、病虫害防治、生产技术规程等方面。

表 4-4 我国现行马铃薯相关生产技术规程标准

标准级别	标准名称
国家标准	GB/T 36857—2018《引进马铃薯种质资源检验检疫操作规程》
	GB/T 36846—2018《马铃薯 M 病毒检疫鉴定方法》
	GB/T 36842—2018《马铃薯线角木虱检疫鉴定方法》
	GB/T 36833—2018《马铃薯 X 病毒检疫鉴定方法》
	GB/T 36816—2018《马铃薯 Y 病毒检疫鉴定方法》
	GB/T 36812—2018《马铃薯黄矮病毒分子生物学检测方法》
	GB/T 31806—2015《马铃薯 V 病毒检疫鉴定方法》
	GB/T 31790—2015《马铃薯纺锤块茎类病毒检疫鉴定方法》
	GB/T 31784—2015《马铃薯商品薯分级与检验规程》
	GB/T 31753—2015《马铃薯商品薯生产技术规程》
	GB/T 31575—2015《马铃薯商品薯质量追溯体系的建立与实施规程》
	GB/T 29379—2021《马铃薯脱毒种薯贮藏、运输技术规程》
	GB/T 29378—2012《马铃薯脱毒种薯生产技术规程》
	GB/T 29377—2012《马铃薯脱毒种薯级别与检验规程》
	GB/T 29376—2012《马铃薯脱毒原原种繁育技术规程》
	GB/T 29375—2012《马铃薯脱毒试管苗繁育技术规程》
	GB/T 28978—2012《马铃薯环腐病菌检疫鉴定方法》
	GB/T 28660—2012《马铃薯种薯真实性和纯度鉴定 SSR 分子标记》
	GB/T 28093—2011《马铃薯银屑病菌检疫鉴定方法》
	GB/T 25417—2010《马铃薯种植机 技术条件》
	GB/T 23620—2009《马铃薯甲虫疫情监测规程》
	GB/T 19557.28—2018《植物品种特异性、一致性和稳定性测试指南 马铃薯》
	GB/T 17980.52—2000《农药田间药效试验准则（一）除草剂防治马铃薯地杂草》
	GB/T 17980.34—2000《农药田间药效试验准则（一）杀菌剂防治马铃薯晚疫病》
	GB/T 17980.15—2000《农药田间药效试验准则（一）杀虫剂防治马铃薯等作物蚜虫》
	GB/T 17980.133—2004《农药田间药效试验准则（二）第 133 部分：马铃薯脱叶干燥剂试验》
	GB/T 17980.137—2004《农药田间药效试验准则（二）第 137 部分：马铃薯抑芽剂试验》
	GB 7331—2003《马铃薯种薯产地检疫规程》
	GB 18133—2012《马铃薯种薯》
行业标准	SN/T 5139—2019《马铃薯斑纹片病菌检疫鉴定方法》
	SN/T 4984—2017《马铃薯甲虫检疫监测技术指南》
	SN/T 4877.13—2019《基因条形码筛查方法 第 13 部分：检疫性马铃薯 Y 病毒属病毒》
	SN/T 4338—2015《热处理脱除马铃薯卷叶病毒技术规程》
	SN/T 2729—2010《马铃薯炭疽病菌检疫鉴定方法》
	SN/T 2627—2010《马铃薯卷叶病毒检疫鉴定方法》
	SN/T 2482—2010《马铃薯丛枝植原体检疫鉴定方法》

标准级别	标准名称
行业标准	SN/T 1723.1—2022《马铃薯金线虫和马铃薯白线虫检疫鉴定方法》
	SN/T 1178—2003《植物检疫 马铃薯甲虫检疫鉴定方法》
	SN/T 1135.1—2002《马铃薯癌肿病检疫鉴定方法》
	SN/T 1135.2—2016《马铃薯黄化矮缩病毒检疫鉴定方法》
	SN/T 1135.3—2016《马铃薯帚顶病毒检疫鉴定方法》
	SN/T 1135.4—2006《马铃薯黑粉病菌检疫鉴定方法》
	SN/T 1135.6—2008《马铃薯绯腐病菌检疫鉴定方法》
	SN/T 1135.7—2009《马铃薯 A 病毒检疫鉴定方法》
	SN/T 1135.8—2017《马铃薯坏疽病菌检疫鉴定方法》
	SN/T 1135.9—2010《马铃薯青枯病菌检疫鉴定方法》
	SN/T 1135.11—2013《马铃薯皮斑病菌检疫鉴定方法》
	NY/T 5222—2004《无公害食品 马铃薯生产技术规程》
	NY/T 401—2000《脱毒马铃薯种薯(苗)病毒检测技术规程》
	NY/T 3761—2020《马铃薯组培苗》
	NY/T 3629—2020《马铃薯黑胫病和软腐病菌 PCR 检测方法》
	NY/T 3623—2020《马铃薯抗南方根结线虫病鉴定技术规程》
	NY/T 3622—2020《马铃薯抗马铃薯 Y 病毒病鉴定技术规程》
	NY/T 3483—2019《马铃薯全程机械化生产技术规范》
	NY/T 3346—2019《马铃薯抗青枯病鉴定技术规程》
	NY/T 3267—2018《马铃薯甲虫防控技术规程》
	NY/T 3116—2017《富硒马铃薯》
	NY/T 3063—2016《马铃薯抗晚疫病室内鉴定技术规程》
	NY/T 2866—2015《旱作马铃薯全膜覆盖技术规范》
	NY/T 2744—2015《马铃薯纺锤块茎类病毒检测 核酸斑点杂交法》
	NY/T 2716—2015《马铃薯原原种等级规格》
	NY/T 2462—2013《马铃薯机械化收获作业技术规范》
	NY/T 2383—2013《马铃薯主要病虫害防治技术规程》
	NY/T 2179—2012《农作物优异种质资源评价规范 马铃薯》
	NY/T 2164—2012《马铃薯脱毒种薯繁育基地建设标准》
	NY/T 1963—2010《马铃薯品种鉴定》
	NY/T 1962—2010《马铃薯纺锤块茎类病毒检测》
	NY/T 1854—2010《马铃薯晚疫病测报技术规范》
	NY/T 1783—2009《马铃薯晚疫病防治技术规范》
	NY/T 1606—2008《马铃薯种薯生产技术操作规程》
	NY/T 1490—2007《农作物品种审定规范 马铃薯》
	NY/T 1489—2007《农作物品种试验技术规程 马铃薯》

标准级别	标准名称
行业标准	NY/T 1489—2007《农作物品种试验技术规程 马铃薯》
	NY/T 1464.42—2012《农药田间药效试验准则 第42部分：杀虫剂防治马铃薯二十八星瓢虫》
	NY/T 1303—2007《农作物种质资源鉴定技术规程 马铃薯》
	NY/T 1212—2006《马铃薯脱毒种薯繁育技术规程》
	NY/T 1156.12—2008《农药室内生物测定试验准则 杀菌剂 第12部分：防治晚疫病试验盆栽法》
	NY/T 1156.13—2008《农药室内生物测定试验准则 杀菌剂 第13部分：抑制晚疫病菌试验叶片法》
	NY/T 1066—2006《马铃薯等级规格》
	NY/T 1049—2015《绿色食品 薯芋类蔬菜》
	LS/T 3106—2020《马铃薯》
	GH/T 1310—2020《富硒马铃薯》
地方标准	DB 13/T 1420—2011《马铃薯晚疫病菌抗药性检测技术规程》
	DB 13/T 2419—2016《脱毒马铃薯容器育薯生产技术规程》
	DB 13/T 2450—2017《马铃薯黑痣病综合防治技术规程》
	DB 13/T 2533—2017《短季棉与早熟马铃薯一年两熟栽培技术规程》
	DB 13/T 2788—2018《二季作区春马铃薯复种夏甘薯栽培技术规程》
	DB 13/T 2828—2018《马铃薯抗旱性鉴定技术规程》
	DB 13/T 2866—2018《北方一作区马铃薯晚疫病综合防控技术规程》
	DB 13/T 5103—2019《马铃薯主食化品种栽培技术规程》
	DB 13/T 5246—2020《二季作区春马铃薯两膜覆盖栽培技术规程》
	DB 13/T 5304—2020《马铃薯红小豆一年两作栽培技术规程》
	DB 13/T 5489—2022《二作区马铃薯全程机械化栽培技术规程》
	DB 14/T 1481—2017《马铃薯主要病虫害综合防控技术规程》
	DB 14/T 2034—2020《马铃薯二十八星瓢虫测报调查规范》
	DB 14/T 2205—2020《马铃薯微垄覆膜栽培技术规程》
	DB 14/T 2342—2021《旱地马铃薯农机农艺配套栽培技术规程》
	DB 14/T 2411—2022《马铃薯施肥技术规程》
	DB 14/T 686—2020《马铃薯原原种繁育技术规程》
	DB 14/T 687—2017《马铃薯脱毒原种和良种生产技术规程》
	DB 15/T 1111—2017《马铃薯黑痣病综合防治技术规程》
	DB 15/T 1136—2017《马铃薯原种(G2)一级种(G3)规范化生产技术规程》
	DB 15/T 1166—2017《马铃薯非充分灌溉高产栽培技术规程》
	DB 15/T 1167—2017《微垄覆膜侧播马铃薯养分管理规程》
	DB 15/T 1168—2017《地理标志产品 达茂马铃薯》
	DB 15/T 1185—2017《马铃薯机械收获作业技术规程》

标准级别	标准名称
地方标准	DB 15/T 1337—2018《马铃薯机械化杀秧技术操作规范》
	DB 15/T 1338—2018《马铃薯机械化中耕技术操作规范》
	DB 15/T 1353—2018《马铃薯全膜覆盖沟垄种植农艺农机一体化技术规程》
	DB 15/T 1570—2019《马铃薯大垄双行膜上覆土轻简化栽培技术规程》
	DB 15/T 1604—2019《马铃薯晚疫病菌分离保存与生理小种鉴定技术规程》
	DB 15/T 1719—2019《乌兰察布马铃薯鲜食薯质量标准》
	DB 15/T 1720—2019《乌兰察布马铃薯产地环境要求》
	DB 15/T 1721—2019《乌兰察布马铃薯品种选择标准》
	DB 15/T 1722—2019《乌兰察布马铃薯种薯质量标准》
	DB 15/T 1723—2019《乌兰察布马铃薯主要病虫草害绿色防控技术规程》
	DB 15/T 1724—2019《乌兰察布马铃薯旱地种植技术规程》
	DB 15/T 1725—2019《乌兰察布马铃薯水浇地种植技术规程》
	DB 15/T 1728—2019《乌兰察布马铃薯质量追溯技术规程》
	DB 15/T 1776—2019《马铃薯枯萎病抗性鉴定技术规程》
	DB 15/T 1777—2019《马铃薯枯萎病综合防控技术规程》
	DB 15/T 1778—2019《阴山沿麓马铃薯化肥农药减施增效栽培技术规程》
	DB 15/T 1781—2019《马铃薯氮素营养 SPAD 诊断及精准施肥技术规程》
	DB 15/T 1869—2020《农牧交错带马铃薯与燕麦轮作栽培技术规程》
	DB 15/T 1919—2020《马铃薯黑痣病室内抗性鉴定技术规程》
	DB 15/T 1920—2020《马铃薯黄萎病室内抗性鉴定技术规程》
	DB 15/T 1921—2020《马铃薯黄萎病田间抗性鉴定技术规程》
	DB 15/T 1922—2020《马铃薯黄萎病综合防控技术规程》
	DB 15/T 1991—2020《半干旱区马铃薯高垄滴灌双减增效栽培技术规程》
	DB 15/T 1997—2020《黄土高原区马铃薯覆膜种植及残膜回收技术规程》
	DB 15/T 2117—2021《马铃薯原原种离地苗床繁育技术规程》
	DB 15/T 2118—2021《马铃薯规模化生产节本增效技术规程》
	DB 15/T 2119—2021《马铃薯彩色新品种"红美"优质栽培技术规程》
	DB 15/T 2120—2021《马铃薯疮痂病田间抗性鉴定技术规程》
	DB 15/T 2121—2021《马铃薯品种"康尼贝克"高产栽培技术规程》
	DB 15/T 2122—2021《马铃薯品种"青薯9号"高产栽培技术规程》
	DB 15/T 2155—2021《马铃薯黑痣病田间抗性鉴定技术规程》
	DB 15/T 2156—2021《马铃薯品种"内农薯2号"栽培技术规程》
	DB 15/T 2157—2021《马铃薯品种"内农薯3号"栽培技术规程》
	DB 15/T 2158—2021《彩色马铃薯品种"紫彩1号"栽培技术规程》
	DB 15/T 2159—2021《彩色马铃薯品种"紫彩2号"栽培技术规程》
	DB 15/T 2249—2021《鲜食型马铃薯规模化种植化肥、农药使用技术规程》

标准级别	标准名称
地方标准	DB 15/T 2549—2022《大兴安岭北麓马铃薯原种繁育技术规程》
	DB 15/T 2550—2022《大兴安岭北麓马铃薯微型薯繁育技术规程》
	DB 15/T 2551—2022《大兴安岭北麓马铃薯标准化种植技术规程》
	DB 15/T 2552—2022《大兴安岭北麓马铃薯主要病害防治技术规程》
	DB 15/T 2553—2022《马铃薯黑痣病、疮痂病预测预报技术规程》
	DB 15/T 493—2019《旱作农田马铃薯与燕麦带状留茬间作技术规程》
	DB 15/T 584—2019《马铃薯高垄滴灌栽培技术规程》
	DB 15/T 585—2019《平作马铃薯膜下滴灌栽培技术规程》
	DB 15/T 672—2019《旱地马铃薯垄膜沟植抗旱蓄水保墒技术规程》
	DB 21/T 3139—2019《覆膜马铃薯复种红小豆生产栽培技术规程》
	DB 23/T 2346—2019《马铃薯喷灌技术规范》
	DB 23/T 2374—2019《马铃薯胞囊线虫田间调查技术规范》
	DB 23/T 2375—2019《马铃薯抗晚疫病田间鉴定技术规范》
	DB 23/T 2423—2019《马铃薯晚疫病监测预警技术规程》
	DB 23/T 2424—2019《马铃薯早疫病检测技术规程》
	DB 23/T 2425—2019《马铃薯种薯田间检测技术规程》
	DB 23/T 2431—2019《水稻育秧棚稻草覆盖栽培马铃薯技术规程》
	DB 23/T 2546—2019《马铃薯大垄双行膜下滴灌栽培技术规程》
	DB 23/T 2658—2020《马铃薯全程机械化种植技术规程》
	DB 23/T 2893—2021《马铃薯机械中耕技术规范》
	DB 23/T 3003—2021《马铃薯微型薯温室床上畦作生产技术规程》
	DB 23/T 3019—2021《马铃薯病虫害田间监测调查技术规程》
	DB 33/T 549—2017《马铃薯生产技术规程》
	DB 34/T 1094—2019《马铃薯生产技术规程》
	DB 34/T 1782—2012《地膜覆盖马铃薯早熟生产技术规程》
	DB 34/T 3479—2019《设施马铃薯膜下滴灌水肥一体化栽培技术规程》
	DB 35/T 1218—2011《马铃薯晚疫病菌生理小种鉴定技术规程》
	DB 36/T 1032—2018《马铃薯细菌性青枯病防治技术规程》
	DB 36/T 1070—2018《马铃薯棉花连作轻简栽培技术规程》
	DB 36/T 1170—2019《赣北春马铃薯生产技术规程》
	DB 36/T 1229—2020《马铃薯主要病虫害综合防治技术规程》
	DB 36/T 1371—2020《马铃薯抗晚疫病鉴定技术规程》
	DB 36/T 1372—2020《马铃薯晚疫病监测技术规范》
	DB 36/T 1373—2020《马铃薯晚疫病菌生理小种鉴定技术规程》
	DB 36/T 1426—2021《作物青枯病 LAMP 检测技术规程》
	DB 36/T 1455—2021《冬马铃薯-夏大豆栽培技术规程》

标准级别	标准名称
地方标准	DB 36/T 1456—2021《薯片加工专用型马铃薯"大西洋"栽培技术规程》
	DB 37/T 3356—2018《马铃薯机械化生产技术规范》
	DB 37/T 4057—2020《马铃薯水肥一体化生产技术规程》
	DB 3703/T 025—2005《无公害马铃薯生产技术规程》
	DB 41/T 1988—2020《早春大棚马铃薯地膜覆盖栽培技术规程》
	DB 42/T 1208—2016《地理标志产品 神农架洋芋》
	DB 42/T 1284—2017《棉花马铃薯连作轻简化栽培技术规程》
	DB 42/T 1328—2018《马铃薯机械化生产技术规范》
	DB 42/T 1389—2018《马铃薯、玉米、甘薯三熟套种栽培技术规程》
	DB 42/T 1485—2018《地理标志产品 恩施马铃薯》
	DB 43/T 1286—2017《中薯 5 号马铃薯栽培技术规程》
	DB 43/T 1675—2019《马铃薯兴佳 2 号稻田栽培技术规程》
	DB 43/T 1961—2020《马铃薯晚疫病综合防控技术规程》
	DB 43/T 829—2013《富硒马铃薯生产技术规程》
	DB 45/T 1791—2018《秋冬种马铃薯生产技术规程》
	DB 45/T 1849—2018《马铃薯粉垄高效栽培技术规程》
	DB 50/T 1117—2021《绿色食品 马铃薯生产技术规程》
	DB 51/T 1038—2010《四川省水稻-秋马铃薯/油菜保护性耕作》
	DB 51/T 2451—2018《脱毒马铃薯原种生产技术规程》
	DB 51/T 2813—2021《马铃薯一级二级种薯生产技术规程》
	DB 51/T 2885—2022《马铃薯全程机械化生产作业技术规范》
	DB 52/T 1501.7—2020《农作物抗病性鉴定技术规范 第 7 部分：马铃薯抗晚疫病》
	DB 52/T 1522.1—2020《马铃薯病虫草害绿色防控技术规程 第 1 部分：病害》
	DB 52/T 1522.2—2020《马铃薯病虫草害绿色防控技术规程 第 2 部分：虫害》
	DB 52/T 1522.3—2020《马铃薯病虫草害绿色防控技术规程 第 3 部分：草害》
	DB 52/T 1570—2021《优质马铃薯产地环境要求》
	DB 52/T 1571—2021《马铃薯种植区划规范》
	DB 52/T 1572—2021《马铃薯种薯分级标准》
	DB 52/T 1573—2021《马铃薯脱毒种薯露地繁育基地建设规范》
	DB 52/T 1574—2021《马铃薯商品薯生产基地建设规范》
	DB 52/T 1575—2021《马铃薯生产品种选择技术规程》
	DB 52/T 1576—2021《马铃薯品种杂交选育技术规程》
	DB 52/T 1577—2021《春作马铃薯栽培技术规程》
	DB 52/T 1578—2021《秋季马铃薯优质高产栽培技术规程》
	DB 52/T 1579—2021《山地马铃薯水肥一体化栽培技术规程》
	DB 52/T 1580—2021《马铃薯轻简化栽培技术规程》

标准级别	标准名称
地方标准	DB 52/T 1581—2021《马铃薯单垄双行、高垄单行栽培技术》
	DB 52/T 1582—2021《马铃薯玉米间作栽培技术规程》
	DB 52/T 1583—2021《马铃薯-苦荞复种轮作技术规程》
	DB 52/T 1584—2021《坡地马铃薯机械化生产技术规程》
	DB 52/T 1585—2021《坝区马铃薯机械化生产技术规程》
	DB 52/T 1586—2021《马铃薯干腐病与镰刀菌萎蔫病防治技术规程》
	DB 52/T 1587—2021《马铃薯主要土传病害防控技术规程》
	DB 52/T 1588—2021《马铃薯早疫病综合防治技术规程》
	DB 52/T 1589—2021《马铃薯晚疫病预警技术规范》
	DB 52/T 1591—2021《马铃薯种薯质量追溯体系建设标准》
	DB 52/T 499—2006《脱毒马铃薯栽培技术规程》
	DB 52/T 598—2021《冬作马铃薯栽培技术规程》
	DB 52/T 599—2021《马铃薯稻草包芯栽培技术规程》
	DB 52/T 606—2021《西部地区马铃薯抗旱保墒栽培技术规程》
	DB 52/T 608—2021《马铃薯地下害虫综合防治技术规程》
	DB 53/T 1018—2021《马铃薯机械化生产技术规程》
	DB 53/T 994—2020《马铃薯病虫草危害损失调查技术规范》
	DB 61/T 1062—2017《秦岭北麓适生区马铃薯-玉米-大白菜高效栽培技术规程》
	DB 61/T 1136—2018《马铃薯拱棚双膜栽培技术规范》
	DB 61/T 1137—2018《陕南地区马铃薯地膜栽培技术规范》
	DB 62/T 1802—2020《绿色食品 干旱半干旱地区马铃薯生产技术规程》
	DB 62/T 2933—2018《绿色食品 冬播马铃薯生产技术规程》
	DB 62/T 2945—2018《旱地马铃薯膜上覆土栽培技术规程》
	DB 62/T 2946—2018《马铃薯试管薯生产技术规程》
	DB 62/T 2947—2018《马铃薯套种大葱栽培技术规程》
	DB 62/T 2948—2018《马铃薯种质资源离体保存技术规程》
	DB 62/T 4023—2019《旱作区马铃薯/蚕豆轮作高产栽培技术规程》
	DB 62/T 4029—2019《中部灌区马铃薯生产技术规程》
	DB 62/T 4030—2019《马铃薯黄萎病抗性室内鉴定技术规程》
	DB 62/T 4031—2019《马铃薯黑痣病抗性室内鉴定技术规程》
	DB 62/T 4071—2019《干旱半干旱区全膜双垄沟马铃薯套种豌豆栽培技术规程》
	DB 62/T 4072—2019《马铃薯脱毒原原种离地苗床繁育技术规程》
	DB 62/T 4080—2019《马铃薯疮痂病测报技术规程》
	DB 62/T 4081—2019《马铃薯黑痣病测报技术规程》
	DB 62/T 4082—2019《马铃薯脱毒原种良种繁育病虫害防治技术规程》

标准级别	标准名称
地方标准	DB 62/T 4083—2019《马铃薯脱毒原原种繁育病虫害防治技术规程》
	DB 62/T 4361—2021《马铃薯一草三膜覆盖栽培技术规程》
	DB 62/T 4427—2021《马铃薯-大豆带状复合种植技术规程》
	DB 63/T 013—2021《马铃薯品种观察记载标准》
	DB 63/T 1874—2020《机械化马铃薯杀秧操作技术规程》
	DB 63/T 1880—2020《早熟马铃薯闽薯 1 号繁种技术规范》
	DB 63/T 1946—2021《马铃薯有机肥替代化肥栽培技术规范》
	DB 63/T 1955—2021《马铃薯拱棚双膜栽培技术规范》
	DB 63/T 1958—2021《马铃薯品种试验技术规范》
	DB 63/T 634—2020《马铃薯机械化种植技术规范》
	DB 63/T 926—2019《绿色食品 马铃薯生产技术规程》
	DB 64/T 1795—2021《马铃薯机械化捡拾技术规程》
	DB 64/T 519—2008《旱地马铃薯补水种植技术规程》
	DB 65/T 4036—2017《马铃薯生产全程机械化技术规程》
	DB 65/T 4066—2017《马铃薯脱毒技术规程》
	DB 65/T 4428—2021《核桃林下间作特早熟马铃薯栽培技术规范》

通过分析对表 4-1～表 4-4 的分析可以发现,我国与主粮生产相关的标准并不少,这些标准多达几百项。但是我们发现这些标准中,国标、行标的比例相对比较低,而主要以地方标准为主,我国地域辽阔,跨气候类型多,主粮生产技术往往也具有地域性,这些地方标准在地域性特点上体现充分,这是对国家标准和行业标准一种很好的补充与丰富,对我国农业生产发挥地域性特色是有利的,与近年来提出的"一村一品、一镇一业、一县一特"的农业发展格局也是相符的。

我国应该发挥统一管理的特色与优势,将现有标准中同质化严重的各项标准合并统一为唯一基础性的国家标准,将具有地方特异性的地方标准保留从而充分发挥我国农业生产地域广、气候类型多的地域性特色,让农产品的生产具有地方特色的同时又利于统一大市场的建立。

5

国际组织和国外主粮
限量标准汇编

为了读者更好了解国际食品法典委员会（CAC）、欧盟、美国、澳大利亚和新西兰、日本和韩国关于水稻、小麦、玉米和马铃薯四种主粮中农药最大残留限量标准具体制定情况，现将相关组织、地区和国家的限量标准汇编在本章，方便读者查找。

5.1 CAC 四种主粮农药最大残留限量标准

表 5-1 为 CAC 四种主粮农药最大残留限量标准汇编。

表 5-1 CAC 四种主粮农药最大残留限量标准汇编表

编号	农药英文名	农药中文名	最大残留限量/(mg/kg)			
			水稻（糙米）	小麦	玉米	马铃薯
1	chlormequat	矮壮素		2		
2	boscalid	啶酰菌胺		0.5		
3	picoxystrobin	啶氧菌酯		0.04	0.015	
4	azinphos-methyl	保棉磷				0.05
5	captan	克菌丹				0.05
6	chlorpyrifos	毒死蜱	0.5	0.05	0.05	2
7	MCPA	2 甲 4 氯		0.2	0.01	
8	2,4-D	2,4-滴	（0.1）	2	0.05	0.2
9	dichlorvos	敌敌畏	7（1.5）	7		
10	quinclorac	二氯喹啉酸	10（10）			
11	fenthion	倍硫磷	（0.05）			
12	isoprothiolane	稻瘟灵	（6）			
13	diazinon	二嗪磷			0.02	0.01
14	diflubenzuron	除虫脲	0.01	0.05		
15	dimethoate	乐果		0.05		0.05
16	diquat	敌草快		2		0.1
17	tebuconazole	戊唑醇	1.5	0.15		
18	sulfuryl fluoride	硫酰氟	（0.1）			
19	endosulfan	硫丹				0.05
20	folpet	灭菌丹				0.1
21	carbaryl	甲萘威		2	0.02	
22	imazamox	甲氧咪草烟	0.01	0.05		
23	tebufenozide	虫酰肼	（0.1）			
24	methoxyfenozide	甲氧虫酰肼			0.02	

编号	农药英文名	农药中文名	最大残留限量/(mg/kg)			
			水稻（糙米）	小麦	玉米	马铃薯
25	parathion-methyl	甲基对硫磷				0.05
26	thiabendazole	噻菌灵				15
27	chlorpyrifos-methyl	甲基毒死蜱		3		0.01
28	carbofuran	克百威	（0.1）		0.05	
29	methomyl	灭多威		2	0.02	0.02
30	methamidophos	甲胺磷	（0.6）			0.05
31	maleic hydrazide	抑芽丹				50
32	phosmet	亚胺硫磷				0.05
33	dithiocarbamates	二硫代氨基甲酸盐类		1		0.2
34	triflumezopyrim	三氟苯嘧啶	0.2（0.01）			
35	imazalil	抑霉唑		0.01		5
36	phorate	甲拌磷			0.05	0.3
37	aldicarb	涕灭威		0.02	0.05	
38	propargite	炔螨特			0.1	0.03
39	chlorantraniliprole	氯虫苯甲酰胺	0.4			
40	chlordane	氯丹		0.02	0.02	
41	bixafen	联苯吡菌胺		0.05		
42	bitertanol	联苯三唑醇		0.05		
43	bifenthrin	联苯菊酯		0.5	0.05	
44	esfenvalerate	S-氰戊菊酯		0.05		
45	cyhalothrin (includes lambda-cyhalothrin)	氯氟氰菊酯	1	0.05	0.02	
46	trinexapac-ethyl	抗倒酯		3		
47	permethrin	氯菊酯				0.05
48	oxamyl	杀线威				0.01
49	methiocarb	甲硫威		0.05	0.05	0.05
50	etofenprox	醚菊酯			0.05	
51	deltamethrin	溴氰菊酯				0.01
52	metalaxyl	甲霜灵				0.05
53	propamocarb	霜霉威				0.3
54	fenpropimorph	丁苯吗啉		0.07		
55	carbosulfan	丁硫克百威			0.05	
56	malathion	马拉硫磷		10	0.05	
57	terbufos	特丁硫磷			0.01	
58	ethoprophos	灭线磷				0.05
59	dimethipin	噻节因				0.05

编号	农药英文名	农药中文名	最大残留限量/(mg/kg)			
			水稻（糙米）	小麦	玉米	马铃薯
60	benalaxyl	苯霜灵				0.02
61	cypermethrins (including alpha- and zeta-cypermethrin)	氯氰菊酯	2	2		
62	cyfluthrin/beta-cyfluthrin	氟氯氰菊酯/高效氟氯氰菊酯	0.01			0.01
63	oxydemeton-methyl	亚砜磷		0.02		0.01
64	bentazone	灭草松				0.1
65	glyphosate	草甘膦			5	
66	glufosinate-ammonium	草铵膦	0.9		0.1	0.1
67	abamectin	阿维菌素	（0.002）			0.005
68	cycloxydim	噻草酮	0.09		0.2	3
69	clethodim	烯草酮				0.5
70	imazapyr	咪唑烟酸		0.05	0.05	
71	imazapic	甲咪唑烟酸	0.05	0.05	0.01	
72	tolclofos-methyl	甲基立枯磷				0.2
73	fenpyroximate	唑螨酯			0.01	0.05
74	chlorpropham	氯苯胺灵				30
75	fenbuconazole	腈苯唑		0.1		
76	fipronil	氟虫腈	0.01	0.002	0.01	0.02
77	carbendazim	多菌灵	（2）			
78	spinosad	多杀霉素				0.01
79	cyprodinil	嘧菌环胺		0.5		0.01
80	famoxadone	噁唑菌酮		0.1		0.02
81	mesotrione	硝磺草酮	（0.01）		0.01	
82	quintozene	五氯硝基苯		0.01	0.01	
83	dicamba	麦草畏		2	0.01	
84	paraquat	百草枯	0.05		0.03	
85	kresoxim-methyl	醚菌酯	0.01	0.05		
86	isopyrazam	吡唑萘菌胺		0.03		
87	pyraclostrobin	吡唑醚菌酯		0.2	0.02	0.02
88	fludioxonil	咯菌腈				5
89	trifloxystrobin	肟菌酯	5	0.2	0.02	0.02
90	dimethenamid-P	精二甲吩草胺			0.01	0.01
91	indoxacarb	茚虫威				0.02
92	flubendiamide	氟苯虫酰胺			0.02	
93	teflubenzuron	氟苯脲			0.01	
94	flutriafol	粉唑醇		0.15	0.01	

编号	农药英文名	农药中文名	最大残留限量/(mg/kg)			
			水稻（糙米）	小麦	玉米	马铃薯
95	quinoxyfen	喹氧灵		0.01		
96	novaluron	氟酰脲				0.01
97	clothianidin	噻虫胺	0.5	0.02	0.02	
98	thiamethoxam	噻虫嗪		0.05	0.05	
99	thiacloprid	噻虫啉	0.02	0.1		0.02
100	metrafenone	苯菌酮		0.06		
101	saflufenacil	苯嘧磺草胺		0.7		
102	difenoconazole	苯醚甲环唑	8	0.02		4
103	dimethomorph	烯酰吗啉				0.05
104	pyrimethanil	嘧霉胺				0.05
105	zoxamide	苯酰菌胺				0.02
106	azoxystrobin	嘧菌酯	5	0.2	0.02	7
107	propiconazole	丙环唑		0.09	0.05	
108	mandipropamid	双炔酰菌胺				0.01
109	prothioconazole	丙硫菌唑		0.1	0.1	0.02
110	acephate	乙酰甲胺磷	（1）			
111	ethephon	乙烯利		0.5		
112	disulfoton	乙拌磷		0.2	0.02	
113	spinetoram	乙基多杀菌素	（0.02）		0.01	0.01
114	spirotetramat	螺虫乙酯				0.8
115	metaflumizone	氰氟虫腙				0.02
116	bicyclopyrone	氟吡草酮		0.04	0.02	
117	fluopyram	氟吡菌酰胺	4	0.9		0.15
118	penthiopyrad	吡噻菌胺		0.1	0.01	0.05
119	fluxapyroxad	氟唑菌酰胺	5（3）	0.3	0.01	0.03
120	cyproconazole	环丙唑醇			0.01	
121	sedaxane	氟唑环菌胺				0.02
122	ametoctradin	唑嘧菌胺				0.05
123	benzovindiflupyr	苯并烯氟菌唑		0.1		0.02
124	cyantraniliprole	溴氰虫酰胺			0.01	0.05
125	imazethapyr	咪唑乙烟酸	0.1	0.1		
126	fenamidone	咪唑菌酮				0.02
127	flutolanil	氟酰胺	（2）			
128	fluensulfone	氟噻虫砜				0.8
129	tolfenpyrad	唑虫酰胺				0.01

续表

编号	农药英文名	农药中文名	最大残留限量/(mg/kg)			
			水稻（糙米）	小麦	玉米	马铃薯
130	pinoxaden	唑啉草酯		0.7		
131	iprodione	异菌脲	（10）			
132	isoxaflutole	异噁唑草酮			0.02	
133	acetochlor	乙草胺			0.02	0.04
134	cyazofamid	氰霜唑				0.01
135	sulfoxaflor	氟啶虫胺腈		0.2		
136	flonicamid	氟啶虫酰胺		0.08		0.015
137	fluazifop-P-butyl	精吡氟禾草灵				0.6
138	flumioxazin	丙炔氟草胺		0.4	0.02	0.02
139	dinotefuran	呋虫胺	8			
140	flupyradifurone	氟吡呋喃酮			0.015	0.05
141	aminopyralid	氯氨吡啶酸		0.1		
142	lufenuron	虱螨脲				0.01
143	oxathiapiprolin	氟噻唑吡乙酮				0.01
144	spiromesifen	螺螨甲酯			0.02	0.02

5.2 欧盟主粮农药最大残留限量标准

表 5-2 为欧盟主粮农药最大残留限量标准汇编。

表 5-2 欧盟主粮农药最大残留限量标准汇编表

编号	农药英文名	农药中文名	最大残留限量/(mg/kg)			
			水稻	小麦	玉米	马铃薯
1	1,1-dichloro-2,2-bis(4-ethylphenyl)ethane (F)	乙滴涕	0.01*	0.01*	0.01*	0.01*
2	1,2-dibromoethane (ethylene dibromide) (F)	1,2-二溴乙烷	0.01*	0.01*	0.01*	0.01*
3	1,2-dichloroethane (ethylene dichloride) (F)	1,2-二氯乙烷	0.01*	0.01*	0.01*	0.01*
4	1,3-dichloropropene	1,3-二氯丙烯	0.01*	0.01*	0.01*	0.01*
5	1,4-dimethylnaphthalene	1,4-二甲基萘				15.0
6	1-methylcyclopropene	1-甲基环丙烯	0.01*	0.01*	0.01*	0.01*
7	1-naphthylacetamide and 1-naphthylacetic acid (sum of 1-naphthylacetamide and 1-naphthylacetic acid and its salts, expressed as 1-naphythlacetic acid)	1-萘乙酰胺和1-萘乙酸	0.06*	0.06*	0.06*	0.06*

编号	农药英文名	农药中文名	最大残留限量/(mg/kg)			
			水稻	小麦	玉米	马铃薯
8	2,4,5-T (sum of 2,4,5-T, its salts and esters, expressed as 2,4,5-T) (F)	2,4,5-涕	0.01*	0.01*	0.01*	0.01*
9	2,4-D (sum of 2,4-D, its salts, its esters and its conjugates, expressed as 2,4-D)	2,4-滴	0.1	2.0	0.05*	0.2
10	2,4-DB (sum of 2,4-DB, its salts, its esters and its conjugates, expressed as 2,4-DB) (R)	2,4-滴丁酸	0.01*	0.05	0.01*	0.01*
11	2,5-dichlorobenzoic acid methylester (sum of 2,5-dichlorobenzoic acid and its ester expressed as 2,5-dichlorobenzoic acid methylester)	2-氯-5-氯苯甲酸甲酯	0.01*	0.01*	0.01*	0.01*
12	2-amino-4-methoxy-6-(trifluorm-ethyl)-1,3,5-triazine (AMTT), resulting from the use of tritosulfuron (F)	三氟甲磺隆代谢物	0.001*	0.001*	0.001*	0.01*
13	2-naphthyloxyacetic acid	2-萘氧乙酸	0.01*	0.01*	0.01*	0.01*
14	2-phenylphenol (sum of 2-phenylphenol and its conjugates, expressed as 2-phenylphenol) (R) (F)	羟基联苯	0.02*	0.02*	0.02*	0.01*
15	3-decen-2-one	3-癸烯-2-酮	0.1*	0.1*	0.1*	0.1*
16	8-hydroxyquinoline (sum of 8-hydroxyquinoline and its salts, expressed as 8-hydroxyquinoline)	8-羟基喹啉	0.01*	0.01*	0.01*	0.01*
17	abamectin (sum of avermectin B_{1a}, avermectin B_{1b} and delta-8,9 isomer of avermectin B_{1a}, expressed as avermectin B_{1a}) (R) (F)	阿维菌素	0.01*	0.01*	0.01*	0.01*
18	acephate	乙酰甲胺磷	0.01*	0.01*	0.01*	0.01*
19	acequinocyl	灭螨醌	0.01*	0.01*	0.01*	0.01*
20	acetamiprid (R)	啶虫脒	0.01*	0.1	0.01*	0.01*
21	acetochlor	乙草胺	0.01*	0.01*	0.01*	0.01*
22	acibenzolar-S-methyl (sum of acibenzolar-S-methyl and acibenzolar acid (free and conjugated), expressed as acibenzolar-S-methyl)	苯并噻二唑	0.01*	0.05	0.01*	0.01*
23	aclonifen	苯草醚	0.01*	0.01*	0.01*	0.02*
24	acrinathrin (F)	氟丙菊酯	0.01*	0.01*	0.01*	0.02*
25	alachlor	甲草胺	0.01*	0.01*	0.01*	0.01*
26	aldicarb (sum of aldicarb, its sulfoxide and its sulfone, expressed as aldicarb)	涕灭威	0.02*	0.02*	0.05	0.02*

编号	农药英文名	农药中文名	最大残留限量/(mg/kg)			
			水稻	小麦	玉米	马铃薯
27	aldrin and dieldrin (aldrin and dieldrin combined expressed as dieldrin) (F)	二氯丙酸和狄氏剂	0.01*	0.01*	0.01*	0.01*
28	ametoctradin (R)	唑嘧菌胺	0.01*	0.01*	0.01*	0.05
29	amidosulfuron (R) (A)	酰嘧磺隆	0.01*	0.01*	0.01*	0.01*
30	aminopyralid	氯氨吡啶酸	0.01*	0.1	0.05	0.01*
31	amisulbrom	吲唑磺菌胺	0.01*	0.01*	0.01*	0.01*
32	amitraz (amitraz including the metabolites containing the 2,4-dimethylaniline moiety expressed as amitraz)	双甲脒	0.05*	0.05*	0.05*	0.05*
33	amitrole	杀草强	0.01*	0.01*	0.01*	0.01*
34	anilazine	敌菌灵	0.01*	0.01*	0.01*	0.01*
35	anthraquinone (F)	蒽醌	0.01*	0.01*	0.01*	0.01*
36	aramite (F)	杀螨特	0.01	0.01	0.01	0.01*
37	asulam	磺草灵	0.05*	0.05*	0.05*	0.05*
38	atrazine (F)	莠去津	0.05*	0.05*	0.05*	0.05*
39	azadirachtin	印楝素	1.0	1.0	1.0	1.0
40	azimsulfuron	四唑嘧磺隆	0.01*	0.01*	0.01*	0.01*
41	azinphos-ethyl (F)	益棉磷	0.05*	0.05*	0.05*	0.02*
42	azinphos-methyl (F)	保棉磷	0.01*	0.01*	0.01*	0.01*
43	azocyclotin and cyhexatin (sum of azocyclotin and cyhexatin expressed as cyhexatin)	三唑锡和三环锡	0.01*	0.01*	0.01*	0.01*
44	azoxystrobin	嘧菌酯	5.0	0.5	0.02	7.0
45	barban (F)	燕麦灵	0.01*	0.01*	0.01*	0.01*
46	beflubutamid	氟丁酰草胺	0.01*	0.05*	0.01*	0.02*
47	benalaxyl including other mixtures of constituent isomers including benalaxyl-M (sum of isomers)	苯霜灵/精苯霜灵	0.01*	0.01*	0.01*	0.02*
48	benfluralin (F)	乙丁氟灵	0.02*	0.02*	0.02*	0.02*
49	bensulfuron-methyl	苄嘧磺隆	0.01*	0.01*	0.01*	0.01*
50	bentazone (sum of bentazone, its salts and 6-hydroxy (free and conjugated) and 8-hydroxy bentazone (free and conjugated), expressed as bentazone) (R)	灭草松	0.1	0.1	0.2	0.15
51	benthiavalicarb (benthiavalicarb-isopropyl(KIF-230 R-L) and its enantiomer (KIF-230 S-D) and its diastereomers(KIF-230 S-L and KIF-230 R-D), expressed as benthiavalicarb-isopropyl) (A)	苯噻菌胺	0.02*	0.02*	0.02*	0.02*

续表

编号	农药英文名	农药中文名	最大残留限量/(mg/kg)			
			水稻	小麦	玉米	马铃薯
52	benzalkonium chloride (mixture of alkylbenzyldimethylammonium chlorides with alkyl chain lengths of C_8, C_{10}, C_{12}, C_{14}, C_{16} and C_{18})	苯扎氯铵	0.1	0.1	0.1	0.1
53	benzovindiflupyr	苯并烯氟菌唑	0.01*	0.1	0.02	0.02
54	bicyclopyrone (sum of bicyclopyrone and its structurally related metabolites determined as the sum of the common moieties 2-(2- methoxyethoxymethyl)-6-(trifluoromethyl) pyridine-3-carboxylic acid (SYN503780) and 2-(2-hydroxyethoxymethyl)-6-(trifluoromethyl)pyridine-3-carboxylic acid (CSCD686480), expressed as bicyclopyrone)	氟吡草酮	0.02*	0.04	0.02*	
55	bifenazate (sum of bifenazate plus bifenazate-diazene expressed as bifenazate) (F)	联苯肼酯	0.02*	0.02*	0.02*	0.02*
56	bifenox (F)	甲羧除草醚	0.01*	0.02	0.01*	0.01*
57	bifenthrin (sum of isomers) (F)	氟氯菊酯	0.01*	0.5	0.05*	0.05
58	biphenyl	联苯	0.01*	0.01*	0.01*	0.01*
59	bispyribac (sum of bispyribac, its salts and its esters, expressed as bispyribac)	双草醚	0.02*	0.01*	0.01*	0.01*
60	bitertanol (sum of isomers) (F)	联苯三唑醇	0.01*	0.01*	0.01*	0.01*
61	bixafen (R)	联苯吡菌胺	0.01*	0.05	0.01*	0.01*
62	bone oil	骨油	0.01*	0.01*	0.01*	0.01*
63	boscalid (R) (F)	啶酰菌胺	0.15	0.8	0.15	2.0
64	bromadiolone	溴敌隆	0.01*	0.01*	0.01*	0.01*
65	bromide ion	溴原子	50.0	50.0	50.0	50.0
66	bromophos-ethyl (F)	乙基溴硫磷	0.01*	0.01*	0.01*	0.01*
67	bromopropylate (F)	溴螨酯	0.01*	0.01*	0.01*	0.01*
68	bromoxynil and its salts, expressed as bromoxynil	溴苯腈	0.01*	0.05	0.1	0.01*
69	bromuconazole (sum of diasteroisomers) (F)	糠菌唑	0.01*	0.2	0.01*	0.01*
70	bupirimate	乙嘧酚磺酸酯	0.05*	0.05*	0.05*	0.05*
71	bupirimate (R) (F) (A)	乙嘧酚磺酸酯（脂溶性）	0.01*	0.01*	0.01*	0.01*
72	buprofezin (F)	噻嗪酮	0.01*	0.01*	0.01*	0.01*
73	butralin	仲丁灵	0.01*	0.01*	0.01*	0.01*
74	butylate	丁草特	0.01*	0.01*	0.01*	0.01*
75	cadusafos	硫线磷	0.01*	0.01*	0.01*	0.01*

续表

编号	农药英文名	农药中文名	最大残留限量/(mg/kg)			
			水稻	小麦	玉米	马铃薯
76	camphechlor (toxaphene) (R) (F)	毒杀芬	0.01*	0.01*	0.01*	0.01*
77	captafol (F)	敌菌丹	0.02*	0.02*	0.02*	0.02*
78	captan (sum of captan and THPI, expressed as captan) (R)	克菌丹	0.07*	0.07*	0.07*	0.03*
79	carbaryl (F)	甲萘威	0.01*	0.5	0.5	0.01*
80	carbendazim and benomyl (sum of benomyl and carbendazim expressed as carbendazim) (R)	多菌灵和苯菌灵	0.01*	0.1	0.01*	0.1*
81	carbetamide (sum of carbetamide and its S isomer)	卡草胺	0.01*	0.01*	0.01*	0.01*
82	carbofuran (sum of carbofuran (including any carbofuran generated from carbosulfan, benfuracarb or furathiocarb) and 3-OH carbofuran expressed as carbofuran) (R)	克百威	0.01*	0.01*	0.01*	0.001*
83	carbon monoxide	一氧化碳	0.01*	0.01*	0.01*	0.01*
84	carbon tetrachloride	四氯化碳	0.01*	0.01*	0.01*	
85	carboxin (carboxin plus its metabolites carboxin sulfoxide and oxycarboxin (carboxin sulfone), expressed as carboxin)	萎锈灵	0.03*	0.03*	0.03*	0.03*
86	carfentrazone-ethyl (sum of carfentrazone-ethyl and carfentrazone, expressed as carfentrazone-ethyl) (R)	唑草酮	0.05*	0.05*	0.05*	0.02*
87	chlorantraniliprole (DPX E-2Y45) (F)	氯虫苯甲酰胺	0.4	0.02	0.02	0.02
88	chlorate (A)	氯酸酯	0.05	0.05	0.05	0.05
89	chlorbenside (F)	氯杀螨	0.01*	0.01*	0.01*	0.01*
90	chlorbufam (F)	氯炔灵	0.01*	0.01*	0.01*	0.01*
91	chlordane (sum of cis- and trans-chlordane) (R) (F)	氯丹				0.01*
92	chlordecone (F)	开蓬	0.01*	0.01*	0.02	0.02
93	chlorfenapyr	溴虫腈	0.02*	0.02*	0.02*	0.01*
94	chlorfenson (F)	杀螨酯	0.01*	0.01*	0.01*	0.01*
95	chlorfenvinphos (F)	毒虫畏	0.01*	0.01*	0.01*	0.01*
96	chloridazon (sum of chloridazon and chloridazon-desphenyl, expressed as chloridazon) (R)	氯草敏	0.1*	0.1*	0.1*	0.1*
97	chlormequat (sum of chlormequat and its salts, expressed as chlormequat-chloride)	矮壮素	0.01*	7.0	0.01*	0.01*
98	chlorobenzilate (F)	乙酯杀螨醇	0.02*	0.02*	0.02*	0.02*

编号	农药英文名	农药中文名	最大残留限量/(mg/kg)			
			水稻	小麦	玉米	马铃薯
99	chloropicrin	氯化苦	0.005*	0.005*	0.005*	0.005*
100	chlorothalonil (R)	百菌清	0.01*	0.01*	0.01*	0.01*
101	chlorotoluron	绿麦隆	0.01*	0.1	0.01*	0.01*
102	chloroxuron (F)	枯草隆	0.02*	0.02*	0.02*	0.01*
103	chlorpropham (R) (F)	氯苯胺灵	0.01*	0.01*	0.01*	0.4
104	chlorpyrifos (F)	毒死蜱	0.01*	0.01*	0.01*	0.01*
105	chlorpyrifos-methyl (R) (F)	甲基毒死蜱	0.01*	0.01*	0.01*	0.01*
106	chlorsulfuron	氯磺隆	0.1	0.1	0.1	0.05*
107	chlorthal-dimethyl	氯酞酸甲酯	0.01*	0.01*	0.01*	0.01*
108	chlorthiamid	氯硫酰草胺	0.01*	0.01*	0.01*	0.01*
109	chlozolinate (F)	乙菌利	0.01*	0.01*	0.01*	0.01*
110	chromafenozide	环虫酰肼	0.01*	0.01*	0.01*	0.01*
111	cinidon-ethyl (sum of cinidon ethyl and its *E*-isomer)	吲哚酮草酯	0.05*	0.05*	0.05*	0.05*
112	clethodim (sum of sethoxydim and clethodim including degradation products calculated as sethoxydim)	烯草酮	0.1	0.1	0.1	0.5
113	clodinafop and its *S*-isomers and their salts, expressed as clodinafop (F)	游离炔草酸	0.02*	0.02*	0.02*	0.02*
114	clofentezine (R)	四螨嗪	0.02*	0.02*	0.02*	0.02*
115	clomazone	异噁草酮	0.01*	0.01*	0.01*	0.01*
116	clopyralid	二氯吡啶酸	2.0	3.0	2.0	0.5
117	clothianidin	噻虫胺	0.5	0.02*	0.02*	0.03
118	copper compounds (copper)	铜制剂	10.0	10.0	10.0	5.0
119	cyanamide including salts expressed as cyanamide	单氰胺	0.01*	0.01*	0.01*	0.01*
120	cyantraniliprole	溴氰虫酰胺	0.01*	0.01*	0.01*	0.05
121	cyazofamid	氰霜唑	0.02*	0.02*	0.02*	0.01*
122	cyclanilide (F)	环丙酸酰胺	0.05*	0.05*	0.05*	0.05*
123	cyclaniliprole	环溴虫酰胺	0.01*	0.01*	0.01*	0.01*
124	cycloxydim including degradation and reaction products which can be determined as 3-(3-thianyl) glutaric acid S-dioxide (BH 517-TGSO2) and/or 3-hydroxy-3-(3-thianyl)glutaric acid S-dioxide (BH 517-5-OH-TGSO2) or methyl esters thereof, calculated in total as cycloxydim	噻草酮	0.09	0.05*	0.2	3.0

编号	农药英文名	农药中文名	最大残留限量/(mg/kg)			
			水稻	小麦	玉米	马铃薯
125	cyflufenamid (sum of cyflufenamid (Z-isomer) and its E-isomer, expressed as cyflufenamid) (R) (A)	环氟菌胺	0.01*	0.04	0.01*	0.01*
126	cyfluthrin (cyfluthrin including other mixtures of constituent isomers (sum of isomers)) (F)	氟氯氰菊酯	0.02*	0.04	0.05*	0.04
127	cyhalofop-butyl	氰氟草酯	0.01*	0.01*	0.01*	0.02*
128	cymoxanil	霜脲氰	0.01*	0.01*	0.01*	0.01*
129	cypermethrin (cypermethrin including other mixtures of constituent isomers (sum of isomers)) (F)	氯氰菊酯	2.0	2.0	0.3	0.05*
130	cyproconazole (F)	环唑醇	0.1	0.1	0.1	0.05*
131	cyprodinil (R) (F)	嘧菌环胺	0.02*	0.5	0.02*	0.02*
132	cyromazine	环丙氨嗪	0.05*	0.05*	0.05*	0.05*
133	dalapon	茅草枯	0.1	0.05*	0.05*	0.05*
134	daminozide (sum of daminozide and 1,1-dimethyl-hydrazine (UDHM), expressed as daminozide)	丁酰肼	0.06*	0.06*	0.06*	0.06*
135	dazomet (methylisothiocyanate resulting from the use of dazomet and metam)	棉隆	0.02*	0.02*	0.02*	0.02*
136	DDT (sum of p,p'-DDT, o,p'-DDT, p,p'-DDE and p,p'-TDE (DDD) expressed as DDT) (F)	滴滴涕	0.05*	0.05*	0.05*	0.05*
137	deltamethrin (cis-deltamethrin) (F)	溴氰菊酯	1.0	1.0	2.0	0.3
138	denatonium benzoate (sum of denatonium and its salts, expressed as denatonium benzoate)	苯甲地那铵	0.01*	0.01*	0.01*	0.01*
139	desmedipham	甜菜安	0.01*	0.01*	0.01*	0.01*
140	di-allate (sum of isomers) (F)	燕麦敌	0.01*	0.01*	0.01*	0.01*
141	diazinon (F)	二嗪磷	0.01*	0.01*	0.01*	0.01*
142	dicamba	麦草畏	0.3	2.0	0.5	0.05*
143	dichlobenil	2,6-二氯苯甲酰胺	0.01*	0.01*	0.01*	0.01*
144	dichlorprop (sum of dichlorprop (including dichlorprop-P), its salts, esters and conjugates, expressed as dichlorprop) (R)	2,4-滴丙酸	0.02*	0.1	0.02*	0.02*
145	dichlorvos	敌敌畏	0.01*	0.01*	0.01*	0.01*
146	dicloran	氯硝胺	0.02*	0.02*	0.02*	0.01*
147	dicofol (sum of p,p' and o,p' isomers) (F)	三氯杀螨醇	0.02*	0.02*	0.02*	0.02*

编号	农药英文名	农药中文名	最大残留限量/(mg/kg)			
			水稻	小麦	玉米	马铃薯
148	didecyl dimethyl ammonium chloride (mixture of alkyl-quaternary ammonium salts with alkyl chain lengths of C₈, C₁₀ and C₁₂)	双十烷基二甲基氯化铵	0.1	0.1	0.1	0.1
149	diethofencarb	乙霉威	0.01*	0.01*	0.01*	0.01*
150	difenoconazole	苯醚甲环唑	3.0	0.1	0.05*	0.1
151	diflubenzuron (R) (F)	除虫脲	0.01*	0.01*	0.01*	0.01*
152	diflufenican (F)	吡氟酰草胺	0.01*	0.02	0.01*	0.01*
153	difluoroacetic acid (DFA)	二氟乙酸	0.3	1.5	0.3	0.2
154	dimethachlor	二甲草胺	0.01*	0.01*	0.01*	0.01*
155	dimethenamid including other mixtures of constituent isomers including dimethenamid-P (sum of isomers)	二甲吩草胺/精二甲吩草胺	0.01*	0.01*	0.01*	0.01*
156	dimethipin	噻节因	0.05*	0.05*	0.05*	0.05*
157	dimethoate	乐果	0.01*	0.01*	0.01*	0.01*
158	dimethomorph (sum of isomers)	烯酰吗啉	0.01*	0.01*	0.01*	0.05
159	dimoxystrobin (R) (A)	醚菌胺	0.01*	0.08	0.01*	0.01*
160	diniconazole (sum of isomers)	烯唑醇	0.01*	0.01*	0.01*	0.01*
161	dinocap (sum of dinocap isomers and their corresponding phenols expressed as dinocap) (where only meptyldinocap or its corresponding phenol are detected but none of the other components constituting dinocap (including their corresponding phenols), the MRLs and residue definition of meptyl-dinocap are to be applied) (F)	敌螨普	0.05*	0.05*	0.05*	0.02*
162	dinoseb (sum of dinoseb, its salts, dinoseb-acetate and binapacryl, expressed as dinoseb)	地乐酚	0.02*	0.02*	0.02*	0.02*
163	dinotefuran	呋虫胺	8.0			
164	dinoterb (sum of dinoterb, its salts and esters, expressed as dinoterb)	特乐酚	0.01*	0.01*	0.01*	0.01*
165	dioxathion (sum of isomers) (F)	敌恶磷	0.01*	0.01*	0.01*	0.01*
166	diphenylamine	二苯胺	0.05*	0.05*	0.05*	0.05*
167	diquat	敌草快	0.02*	0.02*	0.02*	0.1
168	disulfoton (sum of disulfoton, disulfoton sulfoxide and disulfoton sulfone expressed as disulfoton) (F)	乙拌磷	0.02*	0.02*	0.02*	0.01*
169	dithianon	二氰蒽醌	0.05	0.05	0.01*	0.1

编号	农药英文名	农药中文名	最大残留限量/(mg/kg)			
			水稻	小麦	玉米	马铃薯
170	dithiocarbamates (dithiocarbamates expressed as CS2, including maneb, mancozeb, metiram, propineb, thiram and ziram)	二硫代氨基甲酸盐	0.05*	1.0	0.05*	0.3
171	diuron	敌草隆	0.01*	0.01*	0.01*	0.01*
172	DNOC	4,6-二硝基邻甲酚	0.02*	0.02*	0.02*	0.01*
173	dodemorph	十二环吗啉	0.01*	0.01*	0.01*	0.01*
174	dodine	多果定	0.01*	0.01*	0.01*	0.01*
175	emamectin benzoate B$_{1a}$, expressed as emamectin	甲氨基阿维菌素苯甲酸盐	0.01*	0.01*	0.01*	0.01*
176	endosulfan (sum of alpha- and beta-isomers and endosulfan-sulphate expressed as endosulfan) (F)	硫丹	0.05*	0.05*	0.05*	0.05*
177	endrin (F)	异狄氏剂	0.01*	0.01*	0.01*	0.01*
178	epoxiconazole (F)	氟环唑	0.1	0.6	0.1	0.05*
179	EPTC (ethyl dipropylthiocarbamate)	丙草丹	0.01*	0.01*	0.01*	0.01*
180	ethalfluralin	乙丁烯氟灵	0.01*	0.01*	0.01*	0.01*
181	ethametsulfuron-methyl	胺苯磺隆	0.01*	0.01*	0.01*	0.01*
182	ethephon	乙烯利	0.05*	1.0	0.05*	0.05*
183	ethion	乙硫磷	0.01*	0.01*	0.01*	0.01*
184	ethirimol (R) (F) (A)	乙嘧酚	0.01*	0.01*	0.01*	0.01*
185	ethofumesate (sum of ethofumesate, 2-keto–ethofumesate, open-ring-2-keto-ethofumesate and its conjugate, expressed as ethofumesate)	乙氧呋草黄	0.03*	0.03*	0.03*	0.03*
186	ethoprophos	灭克磷	0.01*	0.01*	0.01*	0.01*
187	ethoxyquin (F)	乙氧喹啉	0.05*	0.05*	0.05*	0.05*
188	ethoxysulfuron	乙氧嘧磺隆	0.01*	0.01*	0.01*	0.01*
189	ethylene oxide (sum of ethylene oxide and 2-chloro-ethanol expressed as ethylene oxide) (F)	环氧乙烷	0.02*	0.02*	0.02*	0.02*
190	etofenprox (F)	醚菊酯	0.01*	0.01*	0.01*	0.01*
191	etoxazole	乙螨唑	0.01*	0.01*	0.01*	0.01*
192	etridiazole	土菌灵	0.05*	0.05*	0.05*	0.05*
193	famoxadone (F)	噁唑菌酮	0.01*	0.1	0.01*	0.02
194	fenamidone	咪唑菌酮	0.01*	0.01*	0.01*	0.01*
195	fenamiphos (sum of fenamiphos and its sulphoxide and sulphone expressed as fenamiphos)	苯线磷	0.02*	0.02*	0.02*	0.02*

编号	农药英文名	农药中文名	最大残留限量/(mg/kg)			
			水稻	小麦	玉米	马铃薯
196	fenarimol	氯苯嘧啶醇	0.02*	0.02*	0.02*	0.02*
197	fenazaquin	喹螨醚	0.01*	0.01*	0.01*	0.01*
198	fenbuconazole (sum of constituent enantiomers)	腈苯唑	0.01*	0.1	0.01*	0.01*
199	fenbutatin oxide (F)	苯丁锡	0.01*	0.01*	0.01*	0.01*
200	fenchlorphos (sum of fenchlorphos and fenchlorphos oxon expressed as fenchlorphos)	芬氯磷	0.01*	0.01*	0.01*	0.01*
201	fenhexamid (F)	环酰菌胺	0.01*	0.01*	0.01*	0.01*
202	fenitrothion	杀螟硫磷	0.05*	0.05*	0.05*	0.01*
203	fenoxaprop-P	精噁唑禾草灵	0.1	0.1	0.1	0.1
204	fenoxycarb	双氧威/苯氧威	0.01*	0.01*	0.01*	0.01*
205	fenpicoxamid (R) (F)	[2-[[(3S,7R,8R,9S)-7-苄基-9-甲基-8-(2-甲基丙酰氧基)-2,6-二氧亚基-1,5-氧杂环壬-3-基]氨基甲酰基]-4-甲氧基吡啶-3-基]甲氧基 2-甲基丙酸酯	0.01*	0.6	0.01*	0.01*
206	fenpropathrin	甲氰菊酯	0.01*	0.01*	0.01*	0.01*
207	fenpropidin (sum of fenpropidin and its salts, expressed as fenpropidin) (R) (A)	苯锈啶	0.01*	0.1	0.01*	0.01*
208	fenpropimorph (sum of isomers) (R) (F)	丁苯吗啉	0.01*	0.15	0.01*	0.01*
209	fenpyrazamine (F)	胺苯吡菌酮	0.01*	0.01*	0.01*	0.01*
210	fenpyroximate (R) (F) (A)	唑螨酯	0.01*	0.01*	0.01*	0.05
211	fenthion (fenthion and its oxigen analogue, their sulfoxides and sulfone expressed as parent) (F)	倍硫磷	0.01*	0.01*	0.01*	0.01*
212	fentin (fentin including its salts, expressed as triphenyltin cation) (F)	三苯锡	0.02*	0.02*	0.02*	0.02*
213	fenvalerate (any ratio of constituent isomers (RR, SS, RS and SR) including esfenvalerate) (R) (F)	氰戊菊酯	0.02*	0.2	0.02*	0.02*
214	fipronil (sum fipronil + sulfone metabolite (MB46136) expressed as fipronil) (F)	氟虫腈	0.005*	0.005*	0.005*	0.005*
215	flazasulfuron	啶嘧磺隆	0.01*	0.01*	0.01*	0.01*
216	flonicamid (sum of flonicamid, TFNA and TFNG expressed as flonicamid) (R)	氟啶虫酰胺	0.03*	2.0	0.03*	0.09
217	florasulam	双氟磺草胺	0.01*	0.01*	0.01*	0.01*
218	florpyrauxifen-benzyl	氯氟吡啶酯	0.02	0.01*	0.01*	0.01*

编号	农药英文名	农药中文名	最大残留限量/(mg/kg)			
			水稻	小麦	玉米	马铃薯
219	fluazifop-P (sum of all the constituent isomers of fluazifop, its esters and its conjugates, expressed as fluazifop)	精吡氟禾草灵	0.01*	0.01*	0.01*	0.15
220	fluazinam (F)	氟啶胺	0.02*	0.02*	0.02*	0.02
221	flubendiamide (F)	氟虫双酰胺	0.2	0.01*	0.02	0.01*
222	flucycloxuron (F)	氟环脲	0.01*	0.01*	0.01*	0.01*
223	flucythrinate (flucythrinate including other mixtures of constituent isomers (sum of isomers)) (F)	氟氰戊菊酯	0.01*	0.01*	0.01*	0.01*
224	fludioxonil (R) (F)	咯菌腈	0.01*	0.01*	0.01*	5.0
225	flufenacet (sum of all compounds containing the N fluorophenyl-N-isopropyl moiety expressed as flufenacet)	氟噻草胺	0.05*	0.1	0.05*	0.15
226	flufenoxuron (F)	氟虫脲	0.01*	0.01*	0.01*	0.01*
227	flufenzin	氟螨嗪	0.02*	0.02*	0.02*	0.02*
228	flumetralin (F)	氟节胺	0.01*	0.01*	0.01*	0.01*
229	flumioxazin	丙炔氟草胺	0.02*	0.02*	0.02*	0.02*
230	fluometuron	氟草隆	0.005*	0.005*	0.005*	0.01*
231	fluopicolide	氟吡菌胺	0.01*	0.01*	0.01*	0.03
232	fluopyram (R)	氟吡菌酰胺	0.02	0.9	0.02	0.08
233	fluoride ion	氟离子	2.0*	2.0*	2.0*	2.0*
234	fluoroglycofene	乙羧氟草醚	0.01*	0.01*	0.01*	0.1
235	fluoxastrobin (sum of fluoxastrobin and its Z-isomer) (R)	氟嘧菌酯	0.01*	0.03	0.01*	0.1
236	flupyradifurone	氟吡呋喃酮	0.01*	1.0	0.02	0.05
237	flupyrsulfuron-methyl	甲基氟嘧磺草	0.02*	0.02*	0.02*	0.02*
238	fluquinconazole (F)	氟喹唑	0.01*	0.01*	0.01*	0.01*
239	flurochloridone (sum of cis- and trans- isomers) (F)	氟咯草酮	0.01*	0.01*	0.01*	0.01*
240	fluroxypyr (sum of fluroxypyr, its salts, its esters, and its conjugates, expressed as fluroxypyr) (R) (A)	氯氟吡氧乙酸	0.01*	0.1	0.05*	0.01*
241	flurprimidol	呋嘧醇	0.02*	0.02*	0.02*	0.01*
242	flurtamone	呋草酮	0.01*	0.01*	0.01*	0.01*
243	flusilazole (R) (F)	氟硅唑	0.01*	0.01*	0.01*	0.01*
244	flutianil	氟噻唑菌腈	0.01*	0.01*	0.01*	0.01*
245	flutolanil (R)	氟酰胺	2.0	0.01*	0.01*	0.1
246	flutriafol	粉唑醇	1.5	0.15	0.01*	0.01*

续表

编号	农药英文名	农药中文名	最大残留限量/(mg/kg)			
			水稻	小麦	玉米	马铃薯
247	fluvalinate (sum of isomers) resulting from the use of tau-fluvalinate (F)	氟胺氰菊酯	0.01*	0.05	0.01*	0.01*
248	fluxapyroxad (F)	氟唑菌酰胺	5.0	0.4	0.01*	0.3
249	folpet (sum of folpet and phtalimide, expressed as folpet) (R)	灭菌丹	0.07*	0.4	0.07*	0.06*
250	fomesafen	氟磺胺草醚	0.01*	0.01*	0.01*	0.01*
251	foramsulfuron	甲酰胺磺隆	0.01*	0.01*	0.01*	0.01*
252	forchlorfenuron	氯吡脲	0.02*	0.02*	0.02*	0.01*
253	formetanate: sum of formetanate and its salts expressed as formetanate (hydrochloride)	伐虫脒	0.01*	0.01*	0.01*	0.01*
254	formothion	安硫磷	0.01*	0.01*	0.01*	0.01*
255	fosetyl-Al (sum of fosetyl, phosphonic acid and their salts, expressed as fosetyl)	乙膦铝	2.0*	150.0	2.0*	200.0
256	fosthiazate	噻唑膦	0.02*	0.02*	0.02*	0.02*
257	fuberidazole	麦穗宁	0.01*	0.05*	0.01*	0.01*
258	furfural	糠醛	1.0	1.0	1.0	1.0
259	glufosinate (sum of glufosinate isomers, its salts and its metabolites 3-[hydroxy(methyl)phosphinoyl] propionic acid (MPP) and N-acetyl-glufosinate (NAG), expressed as glufosinate)	草铵膦	0.9	0.03*	0.1	0.3
260	glyphosate	草甘膦	0.1*	10.0	1.0	0.5
261	guazatine (guazatine acetate, sum of components)	双胍辛胺	0.05*	0.05*	0.05*	0.05*
262	halauxifen-methyl (sum of halauxifen-methyl and X11393729 (halauxifen), expressed as halauxifen-methyl)	氟氯吡啶酯	0.02*	0.02*	0.02*	0.02*
263	halosulfuron methyl	氯吡嘧磺隆	0.01*	0.01*	0.01*	0.01*
264	haloxyfop (sum of haloxyfop, its esters, salts and conjugates expressed as haloxyfop (sum of the R- and S- isomers at any ratio)) (R) (F)	吡氟氯禾灵	0.01*	0.01*	0.01*	0.01*
265	heptachlor (sum of heptachlor and heptachlor epoxide expressed as heptachlor) (F)	七氯	0.01	0.01	0.01	0.01*
266	hexachlorobenzene (F)	六氯苯	0.01*	0.01*	0.01*	0.01*
267	hexachlorocyclohexane (HCH), alpha-isomer (F)	α-六六六	0.01*	0.01*	0.01*	0.01*

续表

编号	农药英文名	农药中文名	最大残留限量/(mg/kg)			
			水稻	小麦	玉米	马铃薯
268	hexachlorocyclohexane (HCH), beta-isomer (F)	β-六六六	0.01*	0.01*	0.01*	0.01*
269	hexaconazole	己唑醇	0.01*	0.01*	0.01*	0.01*
270	hexythiazox	噻螨酮	0.5	0.5	0.5	0.05*
271	hydrogen cyanide (cyanides expressed as hydrogen cyanide)	氢氰酸	15.0	15.0	15.0	
272	hymexazol	噁霉灵	0.02*	0.02*	0.02*	0.02*
273	imazalil (any ratio of constituent isomers) (R)	抑霉唑	0.01*	0.01*	0.01*	0.01*
274	imazamox (sum of imazamox and its salts, expressed as imazamox)	甲氧咪草烟	0.05*	0.05*	0.05*	0.05*
275	imazapic	甲基咪草烟	0.05*	0.05*	0.01*	0.01*
276	imazapyr	灭草烟		0.05*	0.05*	
277	imazaquin	灭草喹	0.05*	0.05*	0.05*	0.05*
278	imazosulfuron	唑吡嘧磺隆	0.01*	0.01*	0.01*	0.01*
279	imidacloprid	吡虫啉	1.5	0.1	0.1	0.5
280	indolylacetic acid	2-吲哚乙酸	0.1*	0.1*	0.1*	0.1*
281	indolylbutyric acid	吲哚丁酸	0.1*	0.1*	0.1*	0.1*
282	indoxacarb (sum of indoxacarb and its R enantiomer) (F)	茚虫威	0.01*	0.01*	0.01*	0.02*
283	iodosulfuron-methyl (sum of iodosulfuron-methyl and its salts, expressed as iodosulfuron-methyl)	甲基碘磺隆甲酯	0.01*	0.01*	0.01*	0.01*
284	ioxynil (sum of ioxynil and its salts, expressed as ioxynil)	碘苯腈	0.01*	0.01*	0.01*	0.01*
285	ipconazole (F)	种菌唑	0.01*	0.01*	0.01*	0.01*
286	iprodione (R)	异菌脲	0.01*	0.01*	0.01*	0.01*
287	iprovalicarb	缬霉威	0.01*	0.01*	0.01*	0.01*
288	isofetamid	异丙噻菌胺	0.01*	0.01*	0.01*	0.01*
289	isoprothiolane	稻瘟灵	6.0	0.01*	0.01*	0.01*
290	isoproturon	异丙隆	0.01*	0.01*	0.01*	0.01*
291	isopyrazam	吡唑萘菌胺	0.01*	0.2	0.01*	0.01*
292	isoxaben	异噁酰草胺	0.1	0.1	0.1	0.02*
293	isoxaflutole (sum of isoxaflutole and its diketonitrile-metabolite, expressed as isoxaflutole)	异噁唑草酮	0.02*	0.02*	0.02*	0.02*
294	kresoxim-methyl (R)	醚菌酯	0.01*	0.08	0.01*	0.01*
295	lactofen	乳氟禾草灵	0.01*	0.01*	0.01*	0.01*

编号	农药英文名	农药中文名	最大残留限量/(mg/kg)			
			水稻	小麦	玉米	马铃薯
296	lambda-cyhalothrin (includes gamma-cyhalothrin) (sum of *R,S* and *S,R* isomers) (F)	三氟氯氰菊酯	0.2	0.05	0.02	0.01*
297	lenacil	环草定	0.1*	0.1*	0.1*	0.1*
298	lindane (gamma-isomer of hexachlorocyclohexane (HCH)) (F)	林丹	0.01*	0.01*	0.01*	0.01*
299	linuron	利谷隆	0.01*	0.01*	0.01*	0.01*
300	lufenuron (any ratio of constituent isomers) (F)	虱螨脲	0.01*	0.01*	0.01*	0.01*
301	malathion (sum of malathion and malaoxon expressed as malathion)	马拉硫磷	8.0	8.0	8.0	0.02*
302	maleic hydrazide	抑芽丹	0.2*	0.2*	0.2*	60.0
303	mandestrobin	2-[(2,5-二甲基苯氧基)甲基]-*a*-甲氧基-*N*-甲基苯乙酰胺	0.01*	0.01*	0.01*	0.01*
304	mandipropamid (any ratio of constituent isomers)	双炔酰菌胺	0.01*	0.01*	0.01*	0.1
305	MCPA and MCPB (MCPA, MCPB including their salts, esters and conjugates expressed as MCPA) (R) (F)	二甲四氯和2甲4氯丁酸	0.05*	0.2	0.05*	0.05*
306	mecarbam	灭蚜磷	0.01*	0.01*	0.01*	0.01*
307	mecoprop (sum of mecoprop-P and mecoprop expressed as mecoprop)	2-(4-氯-2-甲基苯氧基)丙酸	0.05*	0.05*	0.05*	0.05*
308	mefentrifluconazole	氯氟醚菌唑	0.01*	0.05	0.01*	0.01*
309	mepanipyrim	嘧菌胺	0.01*	0.01*	0.01*	0.01*
310	mepiquat (sum of mepiquat and its salts, expressed as mepiquat chloride)	甲哌	0.02*	3.0	0.02*	0.02*
311	mepronil	灭锈胺	0.01*	0.01*	0.01*	0.01*
312	meptyldinocap (sum of 2,4 DNOPC and 2,4 DNOP expressed as meptyldinocap)	硝苯菌酯	0.05*	0.05*	0.05*	0.05*
313	mercury compounds (sum of mercury compounds expressed as mercury)	汞	0.01*	0.01*	0.01*	0.01*
314	mesosulfuron-methyl	甲基二磺隆	0.01*	0.01*	0.01*	0.01*
315	mesotrione	硝磺草酮	0.01*	0.01*	0.01*	0.01*
316	metaflumizone (sum of *E*- and *Z*-isomers)	氰氟虫腙	0.05*	0.05*	0.05*	0.05*
317	metalaxyl and metalaxyl-M (metalaxyl including other mixtures of constituent isomers including metalaxyl-M (sum of isomers)) (R)	甲霜灵和精甲霜灵	0.01*	0.01*	0.02*	0.02*

续表

编号	农药英文名	农药中文名	最大残留限量/(mg/kg)			
			水稻	小麦	玉米	马铃薯
318	metaldehyde	四聚乙醛	0.05*	0.05*	0.05*	0.15
319	metamitron	苯嗪草酮	0.01*	0.01*	0.01*	0.01*
320	metazachlor (sum of metabolites 479M04, 479M08 and 479M16, expressed as metazachlor) (R)	吡草胺	0.02*	0.02*	0.02*	0.02*
321	metconazole (sum of isomers) (F)	叶菌唑	0.02*	0.15	0.1	0.04*
322	methabenzthiazuron	甲基苯噻隆	0.01*	0.01*	0.01*	0.01*
323	methacrifos	虫螨畏	0.01*	0.01*	0.01*	0.01*
324	methamidophos	甲胺磷	0.01*	0.01*	0.01*	0.01*
325	methidathion	杀扑磷	0.02*	0.02*	0.02*	0.02*
326	methiocarb (sum of methiocarb and methiocarb sulfoxide and sulfone, expressed as methiocarb)	灭虫威	0.03*	0.03*	0.03*	0.03*
327	methomyl	灭多威	0.01*	0.01*	0.02*	0.01*
328	methoprene	烯虫酯	5.0	5.0	5.0	0.02*
329	methoxychlor (F)	甲氧滴滴涕	0.01*	0.01*	0.01*	0.01*
330	methoxyfenozide (F)	甲氧虫酰肼	0.01*	0.01*	0.02*	0.01*
331	metolachlor and S-metolachlor (metolachlor including other mixtures of constituent isomers including S-metolachlor (sum of isomers))	异丙甲草胺	0.05*	0.05*	0.05*	0.05*
332	metosulam	磺草唑胺	0.01*	0.01*	0.01*	0.01*
333	metrafenone (F)	苯菌酮	0.01*	0.07	0.01*	0.01*
334	metribuzin	嗪草酮	0.1*	0.1*	0.1*	0.1*
335	metsulfuron-methyl	甲磺隆	0.01*	0.01*	0.01*	0.01*
336	mevinphos (sum of E- and Z-isomers)	速灭磷	0.01*	0.01*	0.01*	0.01*
337	milbemectin (sum of milbemycin A4 and milbemycin A3, expressed as milbemectin)	密灭汀	0.02*	0.02*	0.02*	0.02*
338	molinate	禾草敌	0.01*	0.01*	0.01*	0.01*
339	monocrotophos	久效磷	0.02*	0.02*	0.02*	0.01*
340	monolinuron	绿谷隆	0.01*	0.01*	0.01*	0.01*
341	monuron	灭草隆	0.01*	0.01*	0.01*	0.01*
342	myclobutanil (sum of constituent isomers) (R)	腈菌唑	0.01*	0.01*	0.01*	0.06
343	napropamide (sum of isomers)	敌草胺	0.01*	0.01*	0.01*	0.01*
344	nicosulfuron	烟嘧磺隆	0.01*	0.01*	0.01*	0.01*
345	nitrofen (F)	除草醚	0.01*	0.01*	0.01*	0.01*

编号	农药英文名	农药中文名	最大残留限量/(mg/kg)			
			水稻	小麦	玉米	马铃薯
346	novaluron (F)	氟酰脲	0.01*	0.01*	0.01*	0.2
347	omethoate	氧乐果	0.01*	0.01*	0.01*	0.01*
348	orthosulfamuron	嘧苯胺磺隆	0.01*	0.01*	0.01*	0.01*
349	oryzalin (F)	氨磺乐灵	0.01*	0.01*	0.01*	0.01*
350	oxadiargyl	丙炔噁草酮	0.01*	0.01*	0.01*	0.01*
351	oxadiazon	噁草酮	0.01*	0.01*	0.01*	0.01*
352	oxadixyl	噁霜灵	0.01*	0.01*	0.01*	0.01*
353	oxamyl	杀线威	0.01*	0.01*	0.01*	0.01*
354	oxasulfuron	环氧嘧磺隆	0.01*	0.01*	0.01*	0.01*
355	oxathiapiprolin	氟噻唑吡乙酮	0.01*	0.01*	0.01*	0.01*
356	oxycarboxin	氧化萎锈灵	0.01*	0.01*	0.01*	0.01*
357	oxydemeton-methyl (sum of oxydemeton-methyl and demeton-S-methylsulfone expressed as oxydemeton-methyl)	亚砜磷	0.01*	0.02	0.01*	0.01*
358	oxyfluorfen	乙氧氟草醚	0.05*	0.05*	0.05*	0.05*
359	paclobutrazol (sum of constituent isomers)	多效唑	0.01*	0.01*	0.01*	0.01*
360	paraffin oil (CAS 64742-54-7)	石蜡油	0.01*	0.01*	0.01*	0.01*
361	paraquat	百草枯	0.05	0.02	0.02	0.02
362	parathion (F)	巴拉松	0.05*	0.05*	0.05*	0.05*
363	parathion-methyl (sum of parathion-methyl and paraoxon-methyl expressed as parathion-methyl)	甲基对硫磷	0.02*	0.02*	0.02*	0.01*
364	penconazole (sum of constituent isomers) (F)	戊菌唑	0.01*	0.01*	0.01*	0.01*
365	pencycuron (sum of pencycuron and pencycuron-PB-amine, expressed as pencycuron) (R) (F) (A)	戊菌隆	0.02*	0.02*	0.02*	0.02*
366	pendimethalin (F)	二甲戊灵	0.05*	0.05*	0.05*	0.05*
367	penflufen (sum of isomers) (F)	氟唑菌苯胺	0.01*	0.01*	0.01*	0.01*
368	penoxsulam	五氟磺草胺	0.01*	0.01*	0.01*	0.01*
369	penthiopyrad	吡噻菌胺	0.01*	0.1	0.01	0.05
370	permethrin (sum of isomers) (F)	氯菊酯	0.05*	0.05*	0.05*	0.05*
371	pethoxamid	烯草胺	0.01*	0.01*	0.01*	0.01*
372	petroleum oils (CAS 92062-35-6)	矿物油（石油醚）	0.01*	0.01*	0.01*	0.01*
373	phenmedipham	甜菜宁	0.01*	0.01*	0.01*	0.01*
374	phenothrin (phenothrin including other mixtures of constituent isomers (sum of isomers)) (F)	苯醚菊酯	0.05*	0.05*	0.05*	0.02*

续表

编号	农药英文名	农药中文名	最大残留限量/(mg/kg)			
			水稻	小麦	玉米	马铃薯
375	phorate (sum of phorate, its oxygen analogue and their sulfones expressed as phorate)	甲拌磷	0.02*	0.02*	0.05	0.01*
376	phosalone	伏杀磷	0.01*	0.01*	0.01*	0.01*
377	phosmet (phosmet and phosmet oxon expressed as phosmet) (R)	亚胺硫磷	0.05*	0.05*	0.05*	0.05*
378	phosphamidon	磷胺	0.01*	0.01*	0.01*	0.01*
379	phosphane and phosphide salts (sum of phosphane and phosphane generators (relevant phosphide salts), determined and expressed as phosphane)	磷化氢	0.05	0.05	0.7	0.01*
380	phoxim (F)	辛硫磷	0.01*	0.01*	0.01*	0.01*
381	picloram	氨氯吡啶酸	0.01*	0.2	0.2	0.01*
382	picolinafen	氟吡酰草胺	0.05*	0.05*	0.05*	0.01*
383	picoxystrobin (F)	啶氧菌酯	0.01*	0.01*	0.01*	0.01*
384	pinoxaden	唑啉草酯	0.05	1.0	0.02*	0.02*
385	pirimicarb (R)	抗蚜威	0.05	0.05	0.05	0.05
386	pirimiphos-methyl (F)	甲基嘧啶磷	0.5	5.0	0.5	0.01*
387	prochloraz (sum of prochloraz, BTS 44595 (M201-04) and BTS 44596 (M201-03), expressed as prochloraz) (F)	咪鲜胺	0.03*	0.2	0.03*	0.03*
388	procymidone (R)	腐霉利	0.01*	0.01*	0.01*	0.01*
389	profenofos (F)	丙溴磷	0.01*	0.01*	0.01*	0.01*
390	profoxydim	环苯草酮	0.01*	0.01*	0.01*	0.01*
391	prohexadione (prohexadione (acid) and its salts expressed as prohexadione-calcium)	调环酸	0.02*	0.1	0.02*	0.01*
392	propachlor: oxalinic derivate of propachlor, expressed as propachlor	毒草胺	0.02*	0.02*	0.02*	0.02*
393	propamocarb (sum of propamocarb and its salts, expressed as propamocarb) (R)	霜霉威	0.01*	0.01*	0.01*	0.3
394	propanil	敌稗	0.01*	0.01*	0.01*	0.01*
395	propargite (F)	炔螨特	0.01*	0.01*	0.01*	0.01*
396	propham	苯胺灵	0.01*	0.01*	0.01*	0.01*
397	propiconazole (sum of isomers) (F)	丙环唑	0.01*	0.01*	0.01*	0.01*
398	propineb (expressed as propilendiamine)	丙森锌	0.05*	0.05*	0.05*	0.2
399	propisochlor	异丙草胺	0.01*	0.01*	0.01*	0.01*
400	propoxur	残杀威	0.05*	0.05*	0.05*	0.05*

续表

编号	农药英文名	农药中文名	最大残留限量/(mg/kg)			
			水稻	小麦	玉米	马铃薯
401	propoxycarbazone (propoxycarbazone, its salts and 2-hydroxy-propoxycarbazone expressed as propoxycarbazone) (A)	丙苯磺隆	0.02*	0.02*	0.02*	0.02*
402	propyzamide (R) (F)	炔苯酰草胺	0.01*	0.01*	0.01*	0.01*
403	proquinazid (R) (F)	丙氧喹啉	0.01*	0.02	0.01*	0.01*
404	prosulfocarb	苄草丹	0.01*	0.01*	0.01*	0.01*
405	prosulfuron	氟磺隆	0.01*	0.01*	0.01*	0.01*
406	prothioconazole: prothioconazole-desthio (sum of isomers) (F)	丙硫菌唑	0.01*	0.1	0.1	0.02*
407	pymetrozine (R)	吡蚜酮	0.05*	0.05*	0.05*	0.02*
408	pyraclostrobin (F)	吡唑醚菌酯	0.09	0.2	0.02*	0.02*
409	pyraflufen-ethyl (sum of pyraflufen-ethyl and pyraflufen, expressed as pyraflufen-ethyl)	吡草醚	0.02*	0.02*	0.02*	0.02*
410	pyrasulfotole	磺酰草吡唑	0.02*	0.02*	0.02*	0.01*
411	pyrazophos (F)	吡菌磷	0.01*	0.01*	0.01*	0.01*
412	pyrethrins	除虫菊素	3.0	3.0	3.0	1.0
413	pyridaben (F)	哒螨灵	0.01*	0.01*	0.01*	0.01*
414	pyridalyl	三氟甲吡醚	0.01*	0.01*	0.01*	0.01*
415	pyridate (sum of pyridate, its hydrolysis product CL 9673 (6-chloro-4-hydroxy-3-phenylpyrid-azin) and hydrolysable conjugates of CL 9673 expressed as pyridate)	哒草特	0.05*	0.05*	0.05*	0.05*
416	pyrimethanil (R)	嘧霉胺	0.05*	0.05*	0.01*	0.05*
417	pyriofenone	苯啶菌酮	0.01*	0.01*	0.01*	0.01*
418	pyriproxyfen (F)	吡丙醚	0.05*	0.05*	0.05*	0.05*
419	pyroxsulam	啶磺草胺	0.01*	0.01*	0.01*	0.01*
420	quinalphos (F)	喹硫磷	0.01*	0.01*	0.01*	0.01*
421	quinclorac	二氯喹啉酸	5.0	0.01*	0.01*	0.01*
422	quinmerac	喹草酸	0.1*	0.1*	0.1*	0.1*
423	quinoclamine	灭藻醌	0.02*	0.02*	0.02*	0.01*
424	quinoxyfen (F)	喹氧灵	0.02*	0.02*	0.02*	0.02*
425	quintozene (sum of quintozene and pentachloro-aniline expressed as quintozene) (F)	五氯硝基苯	0.02*	0.02*	0.02*	0.02*
426	quizalofop (sum of quizalofop, its salts, its esters (including propaquizafop) and its conjugates, expressed as quizalofop (any ratio of constituent isomers))	喹禾灵	0.05*	0.01*	0.02	0.1

编号	农药英文名	农药中文名	最大残留限量/(mg/kg)			
			水稻	小麦	玉米	马铃薯
427	repellants: tall oil	妥尔油	0.01*	0.01*	0.01*	0.01*
428	resmethrin (resmethrin including other mixtures of consituent isomers (sum of isomers)) (F)	生物苄呋菊酯	0.02*	0.02*	0.02*	0.01*
429	rimsulfuron	砜嘧磺隆	0.01*	0.01*	0.01*	0.01*
430	rotenone	鱼藤酮	0.01*	0.01*	0.01*	0.01*
431	saflufenacil (sum of saflufenacil, M800H11 and M800H35, expressed as saflufenacil) (R)	苯嘧磺草胺	0.03*	0.03*	0.03*	0.03*
432	sedaxane	氟唑环菌胺	0.01*	0.01*	0.01*	0.02
433	sedaxane (sum of isomers)	氟唑环菌胺	0.01*	0.01*	0.01*	0.02
434	silthiofam	硅噻菌胺	0.01*	0.01*	0.01*	0.01*
435	simazine	西玛津	0.01*	0.01*	0.01*	0.01*
436	sintofen	杀雄啉	0.01*	0.01*	0.01*	0.01*
437	sodium 5-nitroguaiacolate, sodium o-nitrophenolate and sodium p-nitrophenolate (sum of sodium 5-nitroguaiacolate, sodium o-nitrophenolate and sodium p-nitrophenolate, expressed as sodium 5-nitroguaiacolate)	5-硝基愈创木酚钠	0.03*	0.03*	0.03*	0.03*
438	spinetoram (XDE-175)	乙基多杀菌素	0.05*	0.05*	0.05*	0.05*
439	spinosad (spinosad, sum of spinosyn A and spinosyn D) (F)	多杀霉素	2.0	2.0	2.0	0.02*
440	spirodiclofen (F)	螺螨酯	0.02*	0.02*	0.02*	0.02*
441	spiromesifen	螺甲螨酯	0.02*	0.02*	0.02*	0.02*
442	spirotetramat and spirotetramat-enol (sum of), expressed as spirotetramat (R)	螺虫乙酯	0.02*	0.02*	0.02*	0.8
443	spiroxamine (sum of isomers) (R) (A)	螺环菌胺	0.01*	0.05	0.01*	0.01*
444	sulcotrione (R)	磺草酮	0.02*	0.02*	0.05*	0.01*
445	sulfosulfuron	磺酰磺隆	0.02*	0.02*	0.02*	0.01*
446	sulfoxaflor (sum of isomers)	氟啶虫胺腈	0.01*	0.2	0.01*	0.03
447	sulfuryl fluoride	硫酰氟	0.05	0.05	0.05	0.01*
448	sum of diclofop-methyl, diclofop acid and its salts, expressed as diclofop-methyl (sum of isomers)	禾草灵	0.02*	0.02*	0.02*	0.02*
449	tau-fluvalinate (F)	氟胺氰菊酯	0.01*	0.05	0.1	0.01*
450	tebuconazole (R)	戊唑醇	1.5	0.3	0.02*	0.02*
451	tebufenozide (F)	虫酰肼	3.0	0.01*	0.01*	0.01*
452	tebufenpyrad (F)	吡螨胺	0.01*	0.01*	0.01*	0.01*

编号	农药英文名	农药中文名	最大残留限量/(mg/kg)			
			水稻	小麦	玉米	马铃薯
453	tecnazene (F)	四氯硝基苯	0.01*	0.01*	0.01*	0.01*
454	teflubenzuron (F)	氟苯脲	0.01*	0.01*	0.01*	0.05
455	tefluthrin (F)	七氟菊酯	0.05	0.05	0.05	0.01*
456	tembotrione (sum of parent tembotrione (AE 0172747) and its metabolite M5 (4,6-dihydroxy tembotrione), expressed as tembotrione) (R)	环磺酮	0.02*	0.02*	0.02*	0.02*
457	TEPP	特普	0.01*	0.01*	0.01*	0.01*
458	tepraloxydim (sum of tepraloxydim and its metabolites that can be hydrolysed either to the moiety 3-(tetrahydro-pyran-4-yl)-glutaric acid or to the moiety 3-hydroxy-(tetrahydro-pyran-4-yl)-glutaric acid, expressed as tepraloxydim)	吡喃草酮	0.1*	0.1*	0.1*	0.1*
459	terbufos	特丁硫磷	0.01*	0.01*	0.01*	0.01*
460	terbuthylazine (R) (F)	特丁津	0.01*	0.01*	0.02*	0.01*
461	tetraconazole (F)	四氟醚唑	0.05	0.1	0.05	0.02*
462	tetradifon	三氯杀螨砜	0.01*	0.01*	0.01*	0.01*
463	thiabendazole (R)	噻菌灵	0.01*	0.01*	0.01*	0.04
464	thiacloprid	噻虫啉	0.02	0.1	0.01*	0.02
465	thiamethoxam	噻虫嗪	0.01*	0.05	0.05	0.07
466	thifensulfuron-methyl	噻吩磺隆	0.01*	0.01*	0.01*	0.01*
467	thiobencarb (4-chlorobenzyl methyl sulfone) (A)	禾草丹	0.01*	0.01*	0.01*	0.01*
468	thiodicarb	硫双威	0.01*	0.01*	0.01*	0.01*
469	thiophanate-methyl (R)	甲基硫菌灵	0.01*	0.05	0.01*	0.1*
470	thiram (expressed as thiram)	福美双	0.1*	0.1*	0.1*	0.1*
471	tolclofos-methyl (F)	甲基立枯磷	0.01*	0.01*	0.01*	0.2
472	tolylfluanid (sum of tolylfluanid and dimethylaminosulfotoluidide expressed as tolylfluanid) (R) (F)	甲苯氟磺胺	0.05*	0.05*	0.05*	0.02*
473	topramezone (BAS 670H)	苯唑草酮(BAS 670H)	0.01*	0.01*	0.01*	0.01*
474	tralkoxydim (sum of the constituent isomers of tralkoxydim)	三甲苯草酮	0.01*	0.01*	0.01*	0.01*
475	triadimefon (F)	三唑酮	0.01*	0.01*	0.01*	0.01*
476	triadimenol (any ratio of constituent isomers)	三唑醇	0.01*	0.1	0.01*	0.01*
477	triallate	野麦畏	0.1*	0.1*	0.1*	0.1*

续表

编号	农药英文名	农药中文名	最大残留限量/(mg/kg)			
			水稻	小麦	玉米	马铃薯
478	triasulfuron	醚苯磺隆	0.01*	0.01*	0.01*	0.01*
479	triazophos (F)	三唑磷	0.02*	0.02*	0.02*	0.01*
480	triazoxide	咪唑嗪	0.003*	0.003*	0.003*	0.001*
481	tribenuron-methyl	苯磺隆	0.01*	0.01*	0.01*	0.01*
482	trichlorfon	敌百虫	0.01*	0.01*	0.01*	0.01*
483	triclopyr	三氟吡氧乙酸	0.3	0.01*	0.01*	0.01*
484	tricyclazole	三环唑	0.01*	0.01*	0.01*	0.01*
485	tridemorph (F)	十三吗啉	0.01*	0.01*	0.01*	0.01*
486	trifloxystrobin (R) (F)	肟菌酯	5.0	0.3	0.02	0.02
487	triflumezopyrim	三氟苯嘧啶	0.01			
488	triflumizole: triflumizole and metabolite FM-6-1(N-(4-chloro-2-trifluoromethylphenyl)-n-prop-oxyacetamidine), expressed as triflumizole (R) (F)	氟菌唑	0.02*	0.02*	0.02*	0.02*
489	triflumuron (F)	杀铃脲	0.01*	0.01*	0.01*	0.01*
490	trifluralin	氟乐灵	0.01*	0.01*	0.01*	0.01*
491	triflusulfuron (6-(2,2,2-trifluoroethoxy)-1,3,5-triazine-2,4-diamine (IN-M7222)) (A)	氟胺磺隆	0.01*	0.01*	0.01*	0.01*
492	triforine	嗪氨灵	0.01*	0.01*	0.01*	0.01*
493	trimethyl-sulfonium cation, resulting from the use of glyphosate (f)	三甲基硫离子	0.05*	5.0	0.05*	0.05*
494	trinexapac (sum of trinexapac (acid) and its salts, expressed as trinexapac)	抗倒酯	0.02*	3.0	0.02*	0.01*
495	triticonazole	灭菌唑	0.01*	0.01*	0.01*	0.01*
496	tritosulfuron	三氟甲磺隆	0.01*	0.01*	0.01*	0.01*
497	valifenalate	缬菌胺	0.01*	0.01*	0.01*	0.01*
498	vinclozolin	乙烯菌核利	0.01*	0.01*	0.01*	0.01*
499	warfarin	杀鼠灵	0.01*	0.01*	0.01*	0.01*
500	ziram	福美锌	0.1*	0.1*	0.1*	0.1*
501	zoxamide	苯酰菌胺	0.02*	0.02*	0.02*	0.02*

注：括号中 R 表示在特定作物中残留定义有差异；F 为脂溶性；A 为现阶段无商业化的标准品，下次制定标准时优先考虑标准品商业化的问题。

表中"*"表示检测方法的定量下限。

5.3 美国主粮农药最大残留限量标准

表 5-3 为美国主粮农药最大残留限量标准汇编。

表 5-3　美国主粮农药最大残留限量标准汇编表

编号	农药英文名	农药中文名	最大残留限量/(mg/kg)			
			水稻	小麦	玉米	马铃薯
1	1-naphthaleneacetic acid	1-萘乙酸				0.01
2	2-(thiocyanatomethylthio)benzothiazole	2-硫氰基甲基硫代苯并噻唑	0.1*	0.1*	0.1	
3	2,4-D	2,4-滴	0.5	2	0.05	0.4
4	2,6-di-iso-propylnaphthalene	2,6-二异丙基萘				2
5	acetamiprid	啶虫脒			0.01	
6	acetochlor	乙草胺	0.05	0.02	0.05	0.05
7	acifluorfen	三氟羧草醚	0.1			
8	AD-67 antidote	4-二氯乙酰基-1-氧-4-氮螺[4,5]癸烷			0.005	
9	alachlor	甲草胺			0.2	
10	aldicarb	涕灭威				1
11	sethoxydim	烯禾啶			0.5	8
12	ametryn	莠灭净			0.05	
13	amicarbazone	胺唑草酮		0.1	0.05	
14	aminopyralid	氯氨吡啶酸		0.04	0.2	
15	atrazine	莠去津		0.1	0.2	
16	azoxystrobin	嘧菌酯	5	0.2	0.05	
17	bensulfuron-methyl	苄嘧磺隆	0.02			
18	bentazone	灭草松	0.05		0.05	
19	benzobicyclon	双环磺草酮	0.01			
20	benzovindiflupyr	苯并烯氟菌唑		0.1	0.02	0.06
21	bicyclopyrone	氟吡草酮		0.04	0.02	
22	bifenthrin	联苯菊酯			0.05	
23	bispyribac-sodium	双草醚	0.02			
24	boscalid	啶酰菌胺	0.2			
25	bromoxynil	溴苯腈		0.05	0.05	
26	buprofezin	噻嗪酮	1.5			
27	chlorpyrifos	毒死蜱		0.5	0.05	
28	captan	克菌丹	0.05			

编号	农药英文名	农药中文名	最大残留限量/(mg/kg)			
			水稻	小麦	玉米	马铃薯
29	carbaryl	甲萘威	15	1	0.02	
30	carbofuran	克百威	0.2			
31	carboxin	萎锈灵	0.2	0.2	0.2	
32	carfentrazone-ethyl	唑草酮	1.3			
33	chlorantraniliprole	氯虫苯甲酰胺	0.15		0.04	
34	chlorethoxyfos	氯氧磷			0.01	
35	chlorimuron-ethyl	氯嘧磺隆			0.01	
36	chlormequat	矮壮素		3		
37	chlorothalonil	百菌清			1	0.1
38	chlorpropham	氯苯胺灵				30
39	chlorpyrifos-methyl	甲基毒死蜱	6	6		
40	chlorsulfuron	氯磺隆		0.1		
41	chlorthal-dimethyl	氯酞酸甲酯			0.05	2
42	clethodim	烯草酮			0.2	
43	clodinafop-propargyl	炔草酯		0.02		
44	clomazone	异噁草酮	0.02			
45	clopyralid	二氯吡啶酸		3	1	
46	cloquintocet-mexyl	解草酯		0.1		
47	clothianidin	噻虫胺	0.01			
48	cyantraniliprole	溴氰虫酰胺	0.02		0.01	
49	cyclaniliprole	环溴虫酰胺				0.03
50	cyfluthrin	氟氯氰菊酯		0.15		
51	cyhalofop-butyl	氰氟草酯	0.4			
52	cyhalothrin	氯氟氰菊酯	1	0.05	0.05	
53	cymoxanil	霜脲氰				0.05
54	cypermethrin	氯氰菊酯	1.5	0.2	0.05	
55	cyproconazole	丙环唑醇		0.05	0.01	
56	cyprodinil	嘧菌环胺				0.03
57	cyprosulfamide	对异丙基甲苯磺酰胺			0.01	
58	cyromazine	灭蝇胺			0.5	
59	deltamethrin	溴氰菊酯	1		0.05	
60	diazinon	二嗪磷				0.1
61	dicamba	麦草畏		2	0.1	
62	dichlormid	二氯丙烯胺			0.05	
63	diclofop-methyl	禾草灵		0.1		

续表

编号	农药英文名	农药中文名	最大残留限量/(mg/kg)			
			水稻	小麦	玉米	马铃薯
64	difenoconazole	苯醚甲环唑	7	0.1	0.01	7.3
65	diflubenzuron	除虫脲	0.02	0.06		
66	diflufenzopyr	氟吡草腙			0.05	
67	dimethenamid	二甲吩草胺			0.01	
68	dimethoate	乐果		0.04	0.1	0.2
69	dimethomorph	烯酰吗啉				0.05
70	dinotefuran	呋虫胺	9			
71	diquat	敌草快	0.02			0.1
72	diuron	敌草隆		0.5	0.1	
73	endosulfan	硫丹			0.2	0.2
74	endothal sodium	内氧草索钠盐	0.05		0.07	0.1
75	EPTC	丙草丹			0.08	
76	esfenvalerate	高效氰戊菊酯			0.02	0.02
77	ethafluralin	乙丁烯氟灵				0.01
78	ethephon	乙烯利		2		
79	ethiprole	乙虫腈	1.7			
80	ethoprophos	灭线磷			0.02	0.02
81	etofenprox	醚菊酯	0.01			
82	etoxazole	乙螨唑			0.01	
83	famoxadone	噁唑菌酮				0.02
84	fenbuconazole	腈苯唑		0.1		
85	fenoxaprop	噁唑禾草灵	0.05	0.05		
86	fenpicoxamid	[2-[[(3S,7R,8R,9S)-7-苄基-9-甲基-8-(2-甲基丙酰氧基)-2,6-二氧亚基-1,5-氧杂环壬-3-基]氨基甲酰基]-4-甲氧基吡啶-3-基]甲氧基 2-甲基丙酸酯		0.6		
87	fenpyroximate	唑螨酯			0.02	
88	fentin hydroxide	三苯基氢氧化锡				0.05
89	fipronil	氟虫腈	0.04	0.005	0.02	0.03
90	florasulam	双氟磺草胺		0.01		
91	fluazifop-P-butyl	精吡氟禾草灵				8
92	flubendiamide	氟虫双酰胺	0.5		0.03	
93	flucarbazone-sodium	氟唑磺隆		0.01		
94	fludioxonil	咯菌腈	0.02			
95	fluensulfone	氟噻虫砜	0.05	0.1		

续表

编号	农药英文名	农药中文名	最大残留限量/(mg/kg)			
			水稻	小麦	玉米	马铃薯
96	flufenacet	氟噻草胺	0.05	0.6		
97	flufenpyr-ethyl	氟哒嗪草酯			0.01	
98	flumetsulam	唑嘧磺草胺			0.05	
99	flumiclorac-pentyl	氟烯草酸			0.01	
100	flumioxazin	丙炔氟草胺		0.4	0.02	
101	fluometuron	氟草隆	0.5			
102	fluopicolide	氟吡菌胺		0.02	0.01	
103	fluopyram	氟吡菌酰胺			0.02	0.3
104	fluoxastrobin	氟嘧菌酯	4	0.15	0.02	
105	fluoyradifurone	氟吡呋喃酮			0.05	
106	fluridone	氟啶草酮	0.1			
107	fluroxypyr-meptyl	氟草烟-1-甲庚酯	1.5	0.5	0.02	
108	fluthiacet-methyl	嗪草酸甲酯			0.01	
109	flutolanil	氟酰胺	7	0.05		0.2
110	flutriafol	粉唑醇	0.5	0.15	0.01	
111	fluxapyroxad	氟唑菌酰胺	5	0.3	0.01	0.1
112	furilazole	解草噁唑			0.01	
113	glufosinate-ammonium	草铵膦	1		0.2	0.8
114	glyphosate	草甘膦	0.1		5	
115	halauxifen-methyl	氟氯吡啶酯		0.01		
116	halosulfuron-methyl	氯吡嘧磺隆	0.05		0.05	
117	hexythiazox	噻螨酮		0.02	0.02	0.02
118	hydrogen phosphide	磷化氢	0.1	0.1	0.1	
119	imazalil	抑霉唑		0.1		
120	imazamethabenz	咪草酸		0.1		
121	imazapyr	咪唑烟酸			0.05	
122	imazethapyr	咪唑乙烟酸	0.3		0.1	
123	imazosulfuron	唑吡嘧磺隆	0.02			
124	imidacloprid	吡虫啉	0.05			0.9
125	indoxacarb	茚虫威			0.02	
126	inpyrfluxam	3-(二氟甲基)-1-甲基-N-[(3R)-1,1,3-三甲基-2,3-二氢茚-4-基]吡唑-4-甲酰胺	0.01		0.01	
127	iodosulfuron-methyl-sodium	甲基碘磺隆钠盐		0.02	0.03	
128	iprodione	异菌脲	10			0.5
129	isoxadifen-ethyl	双苯噁唑酸	0.1		0.08	

续表

编号	农药英文名	农药中文名	最大残留限量/(mg/kg)			
			水稻	小麦	玉米	马铃薯
130	isoxaflutole	异噁唑草酮			0.02	
131	linuron	利谷隆		0.05	0.1	0.2
132	malathion	马拉硫磷	8	8	8	8
133	maleic hydrazide	抑芽丹				50
134	mancozeb	代森锰锌	0.06	1	0.06	0.2
135	mandipropamid	双炔酰菌胺				0.15
136	MCPA	2甲4氯		1		
137	mefenpyr	吡唑解草酯		0.05		
138	mefentrifluconazole	氯氟醚菌唑	4	0.3	0.01	
139	mesosulfuron-methyl	甲二磺磺隆		0.03		
140	mesotrione	甲基磺草酮			0.01	
141	metalaxyl	甲霜灵	0.1	0.2		0.5
142	metaldehyde	四聚乙醛		0.05	0.05	
143	metconazole	叶菌唑		0.15	0.02	
144	methomyl	灭多威		1	0.1	
145	methoxyfenozide	甲氧虫酰肼	0.5		0.05	0.02
146	metiram	代森联				0.2
147	metolachlor	异丙甲草胺	0.1	0.1	0.1	0.2
148	metribuzin	嗪草酮		0.75	0.05	0.6
149	metsulfuron-methyl	甲磺隆		0.1		
150	myclobutanil	腈菌唑	0.03			
151	nicosulfuron	烟嘧磺隆			0.1	
152	nitrapyrin	氯草定		0.5	0.1	
153	novaluron	氟酰脲			0.05	
154	orthosulfamuron	嘧苯胺磺隆	0.05			
155	oxathiapiprolin	氟噻唑吡乙酮				0.07
156	oxydemeton-methyl	亚砜磷			0.5	
157	oxyfluorfen	乙氧氟草醚			0.05	
158	paraquat	百草枯	0.05	1.1	0.1	
159	pendimethalin	二甲戊灵	0.1	0.1	0.1	0.1
160	penflufen	氟唑菌苯胺	0.01			
161	penoxsulam	五氟磺草胺	0.02			
162	penthiopyrad	吡噻菌胺		0.15	0.01	0.2
163	permethrin	苄氯菊酯			0.05	
164	pethoxamid	烯草胺			0.01	

续表

编号	农药英文名	农药中文名	最大残留限量/(mg/kg)			
			水稻	小麦	玉米	马铃薯
165	phorate	甲拌磷		0.05	0.05	0.2
166	phosmet	亚胺硫磷				0.1
167	picloram	氨氯吡啶酸		0.5		
168	picoxystrobin	啶氧菌酯				0.1
169	pinoxaden	唑啉草酯		1.3		
170	piperonyl butoxide	增效醚	20	20	20	0.25
171	pirimiphos-methyl	甲基嘧啶磷			8	
172	primisulfuron-methyl	氟嘧磺隆			0.02	
173	prohexadione-calcium	调环酸钙盐			0.1	
174	propachlor	扑草胺			0.2	
175	propanil	敌稗	10			
176	propargite	炔螨特			0.1	0.1
177	propiconazole	丙环唑	7	0.3	0.2	
178	propoxycarbazone sodium	丙苯磺隆		0.02		
179	prosulfuron	氟磺隆	0.01			
180	prothioconazole	丙硫菌唑	0.35		0.04	0.02
181	pydiflumetofen	氟唑菌酰羟胺		0.3	0.015	
182	pyraclostrobin	吡唑醚菌酯		0.02	0.1	
183	pyraflufen-ethyl	吡草醚		0.01	0.01	
184	pyrasulfotole	磺酰草吡唑		0.02		
185	pyrethrins	除虫菊素	3	3	3	0.05
186	pyridate	哒草特			0.03	
187	pyriproxyfen	吡丙醚	1.1			0.75
188	pyroxasulfone	砜吡草唑		0.03	0.02	
189	pyroxsulam	甲氧磺草胺		0.01		
190	quinclorac	二氯喹啉酸	10	0.5		
191	quintozene	五氯硝基苯				0.1
192	quizalofop	喹禾灵	0.05	0.05	0.02	
193	rimsulfuron	砜嘧磺隆			0.1	0.1
194	saflufenacil	苯嘧磺草胺	0.03	0.6		
195	sedaxane	氟唑环菌胺	0.01			0.02
196	simazine	西玛津			0.2	
197	spinetoram	乙基多杀菌素			0.04	
198	spinosad	多杀霉素	1.5			
199	spiromesifen	螺甲螨酯			0.03	0.02
200	streptomycin	链霉素				0.25
201	sulfentrazone	甲磺草胺	0.1	0.15	0.15	

编号	农药英文名	农药中文名	最大残留限量/(mg/kg)			
			水稻	小麦	玉米	马铃薯
202	sulfosulfuron	磺酰磺隆		0.02		
203	sulfoxaflor	氟啶虫胺腈	5	0.08	0.015	
204	sulfuryl fluoride	硫酰氟	0.04	0.1	0.05	
205	tebucomazole	戊唑醇		0.15	0.05	
206	teflubenzuron	氟苯脲		0.01		
207	tefluthrin	七氟菊酯		0.06		
208	tembotrione	环磺酮		0.02		
209	terbufos	特丁硫磷		0.5		
210	tetraconazole	氟醚唑		0.05	0.01	
211	thiabendazole	噻菌灵		0.05	0.01	10
212	thiamethoxam	噻虫嗪	6		0.02	0.25
213	thiencarbazone-methyl	噻酮磺隆		0.01	0.01	
214	thifensulfuron-methyl	噻吩磺隆	0.05	0.05	0.05	
215	thiobencarb	禾草丹	0.2			
216	thiodicarb	硫双威			2	
217	thiophanate-methyl	甲基硫菌灵		0.1		0.1
218	tioxazafen	3-苯基-5-(噻吩-2-基)-[1,2,4]噁二唑			0.02	
219	tolpyralate	1-[2-乙基-4-[3-(2-甲氧基乙氧基)-2-甲基-4-甲基磺酰基苯甲酰基]吡唑-3-基]氧乙基碳酸甲酯			0.01	
220	topramezone	苯吡唑草酮			0.01	
221	triadimenol	三唑醇		0.05	0.05	
222	triallate	野麦畏		0.05		
223	triasulfuron	醚苯磺隆		0.02		
224	tribenuron-methyl	苯磺隆	0.05	0.05	0.01	
225	triclopyr	三氟吡氧乙酸	0.3			
226	tricyclazole	三环唑	3			
227	trifloxystrobin	肟菌酯	3.5	0.05	0.05	
228	trifluoropyrimidine	三氟苯嘧啶	0.4			
229	trifluralin	氟乐灵		0.05	0.05	
230	trinexapace-ethyl	抗倒酯	0.4	4		
231	valifenalate	缬菌胺				0.04
232	zinc phosphide	磷化锌		0.05		0.05
233	zoxamide	苯酰菌胺				0.1

表中"*"表示检测方法的定量下限。

5.4 《澳大利亚－新西兰食品标准法典》主粮农药最大残留限量标准

表 5-4 为《澳大利亚-新西兰食品标准法典》主粮农药最大残留限量标准汇编。

表 5-4 《澳大利亚-新西兰食品标准法典》主粮农药最大残留限量标准汇编表

编号	农药英文名	农药中文名	最大残留限量/(mg/kg)			
			水稻	小麦	玉米	马铃薯
1	2,2-DPA	2,2-二氯丙酰胺	*0.1	*0.1	*0.1	
2	2,4-D	2,4-滴				0.1
3	abamectin	阿维菌素			T*0.01	0.5
4	acephate see also methamidophos	乙酰甲胺磷和甲胺磷				0.5
5	acetamiprid	啶虫脒				*0.05
6	afidopyropen	双丙环虫酯				*0.01
7	amisulbrom	吲唑磺菌胺				T0.3
8	amitrole	杀草强				*0.05
9	asulam	磺草灵				0.4
10	atrazine	莠去津			*0.1	*0.01
11	azimsulfuron	四唑嘧磺隆	*0.02			
12	azoxystrobin	嘧菌酯	T7	0.1	T*0.01	0.05
13	bensulfuron-methyl	苄嘧磺隆	*0.02			
14	bentazone	灭草松	*0.03			
15	benzofenap	吡草酮	*0.01			
16	benzovindiflupyr	苯并烯氟菌唑		0.01		
17	bicyclopyrone	氟吡草酮		0.02		
18	bixlozone	二氯异噁草酮		*0.01		
19	carbaryl	甲萘威	7			0.1
20	carbofuran	克百威	0.2	0.2		
21	carfentrazone-ethyl	唑草酮				*0.05
22	chlormequat	矮壮素		5		
23	chlorothalonil	百菌清	T*0.1			0.1
24	chlorpropham	氯苯胺灵				30
25	chlorpyrifos	甲基毒死蜱				0.05
26	cinmethylin	环庚草醚		*0.01		

续表

编号	农药英文名	农药中文名	最大残留限量/(mg/kg)			
			水稻	小麦	玉米	马铃薯
27	clodinafop acid	炔草酸		*0.1		
28	clodinafop-propargyl	炔草酯		*0.05		
29	clomazone	异噁草酮	*0.01			*0.05
30	clothianidin	噻虫胺	T0.1	T0.1	*0.01	T0.1
31	cyanazine	氰草津				0.02
32	cyantraniliprole	溴氰虫酰胺				0.05
33	cyazofamid	氰霜唑				*0.01
34	cyhalofop-butyl	氰氟草酯	*0.01			
35	cyhalothrin	氯氟氰菊酯		*0.05		*0.01
36	cypermethrin	氯氰菊酯		0.2		*0.01
37	cyproconazole	环丙唑醇		*0.02	T*0.01	*0.02
38	DDT	滴滴涕	E0.1	E0.1	E0.1	
39	diazinon	二嗪磷	0.1	0.1	0.1	
40	dicamba	麦草畏	*0.05	*0.05	*0.05	
41	dichlorvos	敌敌畏	*0.01	*0.01	*0.01	
42	diclofop-methyl	禾草灵	0.1	0.1	0.1	
43	difenoconazole	苯醚甲环唑	*0.01	*0.01	*0.01	*0.02
44	diflufenican	吡氟酰草胺		0.02		
45	dimethenamid-P	精二甲吩草胺			*0.02	
46	dimethoate see also omethoate	乐果和氧乐果	T0.5	T0.5	T0.5	0.1
47	dimethomorph	烯酰吗啉				*0.02
48	diquat	敌草快	5	2	0.1	0.2
49	dithiocarbamates (mancozeb, metham, metiram, thiram, zineb and ziram)	二硫代氨基甲酸盐	0.5	0.5	0.5	1
50	diuron	敌草隆	0.1	0.1	0.1	
51	epoxiconazole	氟环唑	0.05	0.05	0.05	
52	EPTC	丙草丹	*0.04	*0.04	*0.04	
53	ethephon	乙烯利		T1		
54	ethylene dichloride	1,2-二氯乙烷	*0.1	*0.1	*0.1	
55	etoxazole	乙螨唑		T*0.01		
56	fenbuconazole	腈苯唑		*0.01		
57	fenitrothion	杀螟硫磷	10	10	10	
58	fenoxaprop-ethyl	噁唑禾草灵	T*0.02	*0.01		
59	fenvalerate	氰戊菊酯	2	2	2	
60	fipronil	氟虫腈	*0.005			*0.01
61	flamprop-methyl	麦草氟甲酯		0.05		

编号	农药英文名	农药中文名	最大残留限量/(mg/kg)			
			水稻	小麦	玉米	马铃薯
62	flonicamid	氟啶虫酰胺				0.2
63	florasulam	双氟磺草胺	*0.01	*0.01	*0.01	
64	florpyrauxifen-benzyl	氯氟吡啶酯	*0.02			
65	fluazifop-P-butyl	精吡氟禾草灵				0.05
66	fluazinam	氟啶胺				*0.01
67	flubendiamide	氟苯虫酰胺				*0.02
68	fludioxonil	咯菌腈			*0.02	0.02
69	fluensulfone	氟噻虫砜	0.05	0.05	0.05	1
70	flumetsulam	唑嘧磺草胺		*0.05	*0.05	
71	flumioxazin	丙炔氟草胺	*0.05	*0.05	*0.05	
72	fluometuron	氟草隆	*0.1	*0.1	*0.1	
73	fluopicolide	氟吡菌胺	0.01	0.01	0.01	0.05
74	fluquinconazole	氟喹唑		*0.02		
75	fluroxypyr	氯氟吡氧乙酸	0.2	0.2	0.2	
76	flutolanil	氟酰胺				0.05
77	flutriafol	粉唑醇	0.1	0.1	0.1	0.5
78	fluxapyroxad	氟唑菌酰胺	0.1	0.1	0.1	0.1
79	glufosinate and glufosinate ammonium	草铵膦	*0.1	*0.1	*0.1	
80	glyphosate	草甘膦		5		
81	halauxifen-methyl	氟氯吡啶酯	*0.01	*0.01	*0.01	
82	halosulfuron-methyl	氯吡嘧磺隆	*0.05		*0.05	
83	HCB	六氯苯	E0.05	E0.05	E0.05	
84	heptachlor	七氯	E0.02			
85	hexythiazox	噻螨酮				T*0.02
86	imazalil	抑霉唑				5
87	imazamox	甲氧咪草烟		*0.05		
88	imazapic (formerly known as imazameth)	甲咪唑烟酸		*0.05		
89	imazapyr	咪唑烟酸		*0.05	0.05	
90	imazethapyr	咪唑乙烟酸			*0.05	
91	imidacloprid	吡虫啉			0.05	0.3
92	inorganic bromide	无机溴化物	50	50	50	
93	iodosulfuron methyl	碘甲磺隆钠盐		*0.01		
94	ipconazole	种菌唑	*0.01	*0.01	*0.01	
95	iprodione	异菌脲				*0.05

续表

编号	农药英文名	农药中文名	最大残留限量/(mg/kg)			
			水稻	小麦	玉米	马铃薯
96	isoxaben	异噁酰草胺		*0.01		
97	lindane	林丹	E0.5	E0.5	E0.5	
98	linuron	粒谷隆	*0.05	*0.05	*0.05	
99	maleic hydrazide	抑芽丹				50
100	MCPA	2甲4氯	*0.02	*0.02	*0.02	
101	MCPB	2甲4氯丁酸	*0.02	*0.02	*0.02	
102	mefenpyr-diethyl	吡唑解草酯	*0.01	*0.01	*0.01	
103	mesosulfuron-methyl	甲基二磺隆		*0.02		
104	mesotrione	硝磺草酮		*0.01		
105	metalaxyl	甲霜灵	*0.01	*0.01	*0.01	
106	metaldehyde	四聚乙醛	1	1	1	
107	metazachlor	吡唑草胺	*0.03	*0.03	*0.03	1
108	methamidophos	甲胺磷				0.25
109	methidathion	杀扑磷	*0.01	*0.01	*0.01	*0.01
110	methomyl see also thiodicarb	灭多威 硫双威	*0.1	*0.1	*0.1	
111	methoprene	烯虫酯	2	2	2	
112	methyl bromide	溴甲烷	50	50	50	
113	methyl isothiocyanate	异硫氰酸甲酯		T0.1		
114	metolachlor	异丙甲草胺			0.1	*0.01
115	metosulam	磺草唑胺	*0.02	*0.02	*0.02	
116	metribuzin	嗪草酮	*0.05	*0.05	*0.05	*0.05
117	metsulfuron-methyl	甲磺隆	*0.02	*0.02	*0.02	
118	molinate	禾草敌	*0.05			
119	niclosamide	氯硝柳胺	T*0.01			
120	omethoate	氧乐果	*0.05	*0.05	*0.05	
121	oryzalin	氨磺乐灵	*0.01	*0.01	*0.01	
122	oxamyl	杀线威	*0.02	*0.02	*0.02	
123	oxyfluorfen	乙氧氟草醚	*0.05	*0.05	*0.05	
124	paclobutrazol	多效唑		T0.1		T*0.01
125	paraquat	百草枯	10	*0.05	0.1	0.2
126	pencycuron	戊菌隆				0.05
127	pendimethalin	二甲戊灵	*0.05	*0.05	*0.05	
128	penflufen	氟唑菌苯胺	*0.01	*0.01	*0.01	*0.01
129	penthiopyrad	吡噻菌胺				0.1
130	permethrin	氯菊酯	2	2	2	0.05

编号	农药英文名	农药中文名	最大残留限量/(mg/kg)			
			水稻	小麦	玉米	马铃薯
131	phorate	甲拌磷				0.5
132	phosmet	亚胺硫磷	*0.05	*0.05	*0.05	
133	phosphine	磷化氢	*0.1	*0.1	*0.1	
134	phosphorous acid	亚磷酸				T700
135	picloram	氨氯吡啶酸	0.2	0.2	0.2	
136	picolinafen	氟吡酰草胺	*0.02	*0.02	*0.02	
137	pinoxaden	唑啉草酯		0.1		
138	piperonyl butoxide	增效醚	20	20	20	
139	pirimicarb	抗蚜威	*0.02	*0.02	*0.02	
140	pirimiphos-methyl	甲基嘧啶磷	10	10	7	
141	procymidone	腐霉利				T0.1
142	profenofos	丙溴磷	0.05			
143	prometryn	扑草净	*0.1	*0.1	*0.1	
144	propachlor	毒草胺	0.05	0.05	0.05	
145	propamocarb	霜霉威				0.05
146	propanil	敌稗	2			
147	propiconazole	丙环唑	*0.05	*0.05	*0.05	
148	propineb	丙森锌				0.3
149	propoxur	残杀威				10
150	prosulfocarb	苄草丹		*0.01		*0.01
151	prothioconazole	丙硫菌唑	0.3	0.3	0.3	
152	pydiflumetofen	氟唑菌酰羟胺	T3	T3	T0.02	T0.05
153	pymetrozine	吡蚜酮				*0.02
154	pyraclostrobin	吡唑醚菌酯	*0.01	*0.01	*0.01	*0.02
155	pyraflufen-ethyl	吡草醚	*0.02	*0.02	*0.02	
156	pyrasulfotole	磺酰草吡唑	*0.02	*0.02	*0.02	
157	pyrethrins	除虫菊素	3	3	3	
158	pyrimethanil	嘧霉胺				*0.01
159	pyriofenone	苯啶菌酮	0.05	0.05	0.05	0.05
160	pyroxasulfone	砜吡草唑	*0.01	*0.01	*0.01	
161	pyroxsulam	啶磺草胺		*0.01		
162	quintozene	五氯硝基苯				0.2
163	quizalofop-ethyl	喹禾灵				*0.01
164	quizalofop-P-tefuryl	喹禾糠酯				*0.01
165	saflufenacil	苯嘧磺草胺	0.2	0.2	0.2	

编号	农药英文名	农药中文名	最大残留限量/(mg/kg)			
			水稻	小麦	玉米	马铃薯
166	sedaxane	氟唑环菌胺	*0.01	*0.01	*0.01	0.1
167	sethoxydim	烯禾啶		*0.01		
168	spinosad	多杀霉素	1	1	1	
169	spirotetramat	螺虫乙酯			T*0.02	5
170	sulfosulfuron	磺酰磺隆		*0.01		
171	sulfoxaflor	氟啶虫胺腈	*0.01	*0.01	*0.01	0.01
172	sulfuryl fluoride	硫酰氟	0.05	0.05	0.05	
173	tebuconazole	戊唑醇	0.2	0.2	0.2	
174	terbufos	特丁硫磷	*0.01	*0.01	*0.01	
175	terbuthylazine	特丁津	*0.01	*0.01	*0.01	
176	terbutryn	去草净	*0.1	*0.1	*0.1	
177	thiabendazole	噻菌灵				5
178	thiamethoxam see also clothianidin	噻虫嗪和噻虫胺	*0.01	*0.01	*0.02	T0.5
179	thifensulfuron-methyl	噻吩磺隆		*0.02		
180	thiobencarb	禾草丹	*0.05			
181	thiodicarb see also methomyl	硫双威和灭多威			*0.1	0.1
182	tolclofos-methyl	甲基立枯磷				0.1
183	topramezone	苯唑草酮		*0.01		
184	tralkoxydim	三甲苯草酮	*0.02	*0.02	*0.02	
185	triadimefon	三唑酮	0.5	0.5	0.5	
186	triadimenol	三唑醇	*0.01	*0.01	*0.01	
187	triallate	野麦畏	*0.05	*0.05	*0.05	
188	triasulfuron	醚苯磺隆	*0.02	*0.02	*0.02	
189	tribenuron-methyl	苯磺隆		*0.01	*0.05	
190	trichlorfon	敌百虫	0.1	0.1	0.1	
191	triflumuron	杀铃脲	*0.05	*0.05	*0.05	
192	trifluralin	氟乐灵	*0.05	*0.05	*0.05	
193	trinexapac-ethyl	抗倒酯	0.2	0.2	0.2	
194	triticonazole	灭菌唑	*0.05	*0.05	*0.05	

表中"*"代表检测方法定量下限,"T"代表临时限量,"E"代表再残留限量。

5.5 日本主粮农药最大残留限量标准

表 5-5 为日本主粮农药最大残留限量标准汇编。

表 5-5　日本主粮农药最大残留限量标准汇编表

编号	农药英文名	农药中文名	最大残留限量/(mg/kg)			
			水稻	小麦	玉米	马铃薯
1	1,3-dichloropropene	1,3-二氯丙烯				0.01
2	1-methylcyclopropene	1-甲基环丙烯				0.01
3	2,4-D	2,4-滴	0.1	2	0.05	0.4
4	2,4-DB	2,4-滴丁酸	0.02	0.02	0.02	
5	4-CPA	对氯苯氧乙酸	0.02	0.02	0.02	0.02
6	abamectin	阿维菌素				0.01
7	acephate	乙酰甲胺磷			0.3	0.5
8	acetamiprid	啶虫脒		0.3		0.3
9	Acibenzolar-S-methyl	活化酯			0.1	
10	afidopyropen	双丙环虫酯				0.01
11	alachlor	甲草胺			0.02	0.01
12	aldicarb and aldoxycarb	涕灭威			0.05	
13	aldoxycarb (repeated/see aldicarb and aldoxycarb)	涕灭威砜			0.05	
14	alanycarb	棉铃威				0.5
15	aldrin and dieldrin	艾氏剂	0.01			0.1
16	ametoctradin	唑嘧菌胺				0.05
17	amisulbrom	吲唑磺菌胺	0.05			0.05
18	arsenic trioxide	三氧化二砷				1.0
19	aminopyralid	氯氨吡啶酸		0.04		
20	atrazine	莠去津			0.3	0.06
21	azimsulfuron	四唑嘧磺隆	0.02			
22	azoxystrobin	嘧菌酯	0.2	0.3	0.05	7
23	benalaxyl	苯霜灵	0.05	0.05	0.05	0.02
24	bendiocarb	噁虫威	0.02		0.05	0.05
25	benfuracarb	丙硫克百威	0.01			
26	benfuresate	呋草黄	0.05			
27	benomyl (repeated/see carbendazim, thiophanate, thiophanate-methyl and benomyl)	苯菌灵	1		0.7	0.6
28	bensulfuron-methyl	苄嘧磺隆	0.1			
29	benoxacor	解草嗪			0.01	0.01
30	bensultap(repeated/see cartap, thiocyclam and bensultap)	杀虫磺 杀螟丹	0.3		0.1	0.1
31	bentazone	灭草松	0.2		0.2	0.1
32	benthiavalicarb-isopropyl	苯噻菌胺异丙酯				0.01
33	benzobicyclon	双环磺草酮	0.05			

编号	农药英文名	农药中文名	最大残留限量/(mg/kg)			
			水稻	小麦	玉米	马铃薯
34	benzofenap	吡草酮	0.05			
35	benzpyrimoxan	5-(1,3-二噁烷-2-基)-4-{[4-(三氟甲基)苄基]氧基}嘧啶	0.9			
36	benzovindiflupyr	苯并烯氟菌唑		0.1	0.02	0.02
37	BHC	六六六	0.2		0.2	0.2
38	bifenazate	联苯肼酯				0.05
39	bicyclopyrone	氟吡草酮			0.04	0.03
40	bifenox	甲羧除草醚	0.1	0.1		0.05
41	bifenthrin	联苯菊酯		0.5	0.05	0.05
42	bilanafos (bialaphos)	双丙氨膦酸	0.004	0.004	0.004	0.004
43	bioresmethrin	生物苄呋菊酯	1	1	1	0.1
44	bitertanol	联苯三唑醇		0.1	0.05	0.05
45	bixafen	联苯吡菌胺		0.4	0.4	0.01
46	boscalid	啶酰菌胺		0.7	0.1	2
47	bispyribac-sodium	双草醚	0.1			
48	brodifacoum	溴鼠灵	0.0005	0.0005	0.0005	0.001
49	bromide	溴化物	50	50	80	60
50	bromobutide	溴丁酰草胺	0.7			
51	bromopropylate	溴螨酯	0.05	0.05	0.05	0.05
52	bromoxynil	溴苯腈	0.2	0.2	0.2	
53	buprofezin	噻嗪酮	0.5	2		
54	butachlor	丁草胺	0.1			
55	butamifos	抑草磷	0.05			0.2
56	butafenacil	氟丙嘧草酯		0.02	0.02	
57	butylate	丁草敌			0.1	
58	cafenstrole	唑草胺	0.02			
59	cadusafos	硫线磷				0.03
60	captan	克菌丹		2	0.01	0.05
61	carbaryl	甲萘威	1	2	0.1	0.02
62	carbendazim, thiophanate, thiophanate-methyl and benomyl	多菌灵	1	0.6	0.7	0.6
63	carbofuran	克百威	0.01		0.05	
64	carbosulfan	丁硫克百威	0.01		0.05	
65	carboxin	萎锈灵		0.2	0.2	
66	carfentrazone-ethyl	唑草酮	0.08	0.1	0.08	0.1
67	carpropamid	环丙酰亚胺	1			

编号	农药英文名	农药中文名	最大残留限量/(mg/kg)			
			水稻	小麦	玉米	马铃薯
68	cartap, thiocyclam and bensultap	杀螟丹	0.3		0.1	0.1
69	chlorantraniliprole	氯虫苯甲酰胺	0.05	6	0.6	0.02
70	chlordane	氯丹	0.02	0.02	0.02	0.02
71	chlorfenvinphos	毒虫畏	0.05	0.05	0.05	0.1
72	chlorfenapyr	虫螨腈			0.05	
73	chlormequat	矮壮素		10		
74	chloropicrin	氯化苦	0.01	0.01	0.01	0.01
75	chlorothalonil	百菌清	0.1	0.1	0.01	0.2
76	chlorpropham	氯苯胺灵		0.02	0.05	30
77	chlorpyrifos	毒死蜱		0.5	0.05	0.02
78	chlorpyrifos-methyl	甲基毒死蜱	0.1	10	7	0.05
79	chlorsulfuron	氯磺隆	0.05	0.1	0.05	
80	chlorthal-dimethyl	氯酞酸甲酯			3	3
81	chromafenozide	环虫酰肼	0.2		0.05	
82	cinidon-ethyl	吲哚酮草酯		0.1	0.1	
83	cinmethylin	环庚草醚	0.1			
84	clethodim	烯草酮	0.02		0.2	1
85	clodinafop-propargyl	炔草酯		0.08	0.02	0.02
86	clomazone	异噁草酮	0.02	0.02	0.02	0.05
87	clomeprop	氯甲酰草胺	0.02			
88	clopidol	氯羟吡啶	0.2	0.2	0.2	0.2
89	clopyralid	二氯吡啶酸	2	2	2	
90	cloquintocet-mexyl	解草酯		0.1		
91	clothianidin	噻虫胺	1	0.02	0.1	0.3
92	copper nonylphenolsulfonate	壬菌铜	0.04	0.04	0.04	5
93	cumyluron	苄草隆	0.1			
94	cyanazine	氰草津				0.02
95	cyantraniliprole	溴氰虫酰胺	0.05		0.05	0.2
96	cyazofamid	氰霜唑	0.05	0.05		0.05
97	cycloprothrin	乙氰菊酯	0.05			
98	cyclopyrimorate	6-氯-3-(2-环丙基-6-甲基苯氧基）哒嗪-4-基吗啉-4-羧酸酯	0.01			
99	cyclosulfamuron	环丙嘧磺隆	0.1			
100	cycloxydim	噻草酮	0.05	0.05	0.05	2
101	cyfluthrin	氟氯氰菊酯	2	2.0	2.0	0.1

编号	农药英文名	农药中文名	最大残留限量/(mg/kg)			
			水稻	小麦	玉米	马铃薯
102	cyhalofop-butyl	氰氟草酯	0.1			
103	cyhalothrin	氯氟氰菊酯	0.5	0.05	0.04	0.04
104	cypermethrin	氯氰菊酯	0.9			
105	cyflufenamid	环氟菌胺		0.3		
106	cymoxanil	霜脲氰				0.2
107	cypermethrin	氯氰菊酯		0.2	0.2	0.05
108	cyproconazole	环丙唑醇	0.1	0.2	0.1	0.01
109	cyromazine	灭蝇胺				0.8
110	dazomet, metam and methyl isothiocyanate	棉隆				0.2
111	daimuron	杀草隆	0.1			
112	cyprodinil	嘧菌环胺		0.5	0.5	
113	DBEDC	胺磺铜	0.5	2		0.5
114	DDT	滴滴涕	0.2	0.2	10	0.2
115	deltamethrin and tralomethrin	溴氰菊酯		2	0.2	0.02
116	demeton-S-methyl	砜吸磷	0.4	0.4	0.4	0.4
117	diafenthiuron	丁醚脲	0.02	0.02	0.02	0.02
118	diazinon	二嗪磷			0.02	0.02
119	dicamba	麦草畏	0.05	2	0.5	0.05
120	dichlofluanid	苯氟磺胺		0.10	5	0.10
121	dichlobentiazox	3-[(3,4-二氯-1,2-噻唑-5-基)甲氧基]-1,2-苯并噻唑 1,1-二氧化物	0.01			
122	dichloran	氯硝胺				0.3
123	dichlorvos and naled	敌敌畏	0.2	0.2	0.2	0.1
124	diclocymet	双氯氰菌胺	0.5			
125	diclofop-methyl	禾草灵	0.1	0.1	0.1	
126	diclomezine	哒菌酮	2	0.02	0.02	0.02
127	dicofol	三氯杀螨醇	0.02	0.02	3	3
128	dieldrin (repeated/see aldrin and dieldrin)	狄氏剂	0.01	0.02	0.02	0.1
129	diethofencarb	乙霉威		0.05		
130	difenoconazole	苯醚甲环唑	0.2	0.1	0.01	4
131	difenzoquat	野燕枯	0.05	0.2	0.05	0.05
132	diflubenzuron	除虫脲		0.05		
133	diflufenican	吡氟酰草胺		0.1		
134	diflufenzopyr	氟吡草腙	0.05	0.05	0.05	0.05

编号	农药英文名	农药中文名	最大残留限量/(mg/kg)			
			水稻	小麦	玉米	马铃薯
135	dihydrostreptomycin and streptomycin	链霉素	0.05			0.05
136	dimethametryn	异戊乙净	0.05			
137	dimethenamid	二甲吩草胺			0.01	0.01
138	dimethipin	噻节因	0.04	0.04	0.04	0.05
139	dimethoate	乐果	1	0.05	1	1.0
140	dinocap	敌螨普		0.2		
141	dimethylvinphos	甲基毒虫畏	0.1			
142	diphenylamine	二苯胺			0.05	
143	dimethomorph	烯酰吗啉				0.1
144	dinotefuran	呋虫胺	2		0.5	0.2
145	diphenylamine	二苯胺				0.05
146	diquat	敌草快	0.03	0.1	0.02	0.1
147	disulfoton	乙拌磷	0.07	0.2	0.02	0.5
148	dithiocarbamates	二硫代氨基甲酸盐类	0.3	1	0.1	0.2
149	dithiopyr	氟硫草啶	0.01			
150	diuron	敌草隆	0.05	0.7	0.7	0.05
151	edifenphos	敌瘟磷	0.2			
152	emamectin benzoate	甲氨基阿维菌素苯甲酸盐			0.1	0.1
153	endosulfan	硫丹	0.1	0.2	0.1	0.3
154	EPN	苯硫磷	0.02			
155	epoxiconazole	氟环唑		0.2		
156	EPTC	茵草敌	0.1	0.1	0.1	0.3
157	esprocarb	戊草丹	0.02	0.05		
158	ethaboxam	噻唑菌胺				0.05
159	ethephon	乙烯利	0.05	2	0.5	0.05
160	ethiprole	乙虫腈	0.2			
161	ethoxysulfuron	乙氧磺隆	0.02			
162	ethoprophos	灭线磷				0.05
163	ethylene dibromide (EDB)	二溴乙烷	0.01	0.1	0.01	0.01
164	ethylene dichloride	二氯乙烷	0.06	0.06	0.06	0.01
165	etobenzanid	乙氧苯草胺	0.1			
166	etofenprox	醚菊酯	0.5	0.5	0.3	0.05
167	etridiazole	土菌灵		0.05	0.1	0.5
168	famoxadone	噁唑菌酮		0.1		0.05
169	fenamidone	咪唑菌酮				0.02

编号	农药英文名	农药中文名	最大残留限量/(mg/kg)			
			水稻	小麦	玉米	马铃薯
170	fenamiphos	苯线磷	0.02	0.02	0.02	0.1
171	fenarimol	氯苯嘧啶醇		0.1	0.1	0.02
172	fenbuconazole	腈苯唑		0.1		
173	fenbutatin oxide	苯丁锡	0.05	0.05	0.05	0.05
174	fenitrothion	杀螟硫磷	0.2	1	0.2	0.05
175	fenobucarb	仲丁威	1	0.3		
176	fenoxanil	稻瘟酰胺	1			
177	fenoxaprop-ethyl	噁唑禾草灵	0.05	0.1		0.1
178	fenoxasulfone	3-[(2,5-二氯-4-乙氧基苯基)甲磺酰]-4,5-二氢-5,5-二甲基异噁唑	0.05			
179	fenoxycarb	苯氧威	0.05	0.05	0.05	0.05
180	fenpicoxamid	[2-[[(3S,7R,8R,9S)-7-苄基-9-甲基-8-(2-甲基丙酰氧基)-2,6-二氧亚基-1,5-氧杂环壬-3-基]氨基甲酰基]-4-甲氧基吡啶-3-基]甲氧基 2-甲基丙酸酯		0.6		
181	fenpropimorph	丁苯吗啉	0.3	0.5	0.3	0.05
182	fenpyroximate	唑螨酯			0.01	0.05
183	fenquinotrione	2-[8-氯-3,4-二氢-4-(4-甲氧基苯基)-3-氧亚基苯并[b]吡嗪-2-基羰基]环己烷-1,3-二酮	0.01			
184	fensulfothion	丰索磷			0.1	0.1
185	fenthion	倍硫磷	0.3			0.05
186	fentin	三苯锡	0.1	0.05	0.05	0.1
187	fentrazamide	四唑酰草胺	0.02			
188	fenvalerate	氰戊菊酯	2	2.0	2.0	0.05
189	ferimzone	嘧菌腙	2			
190	fipronil	氟虫腈	0.01	0.002	0.02	0.02
191	flamprop-methyl	麦草氟甲酯		0.05		
192	florpyrauxifen-benzyl	氯氟吡啶酯	0.01			
193	flucetosulfuron	氟吡磺隆	0.05			
194	flonicamid	氟啶虫酰胺		0.1	0.03	0.03
195	fluazifop-butyl	吡氟禾草灵				0.7
196	fluazinam	氟啶胺		0.05		0.1
197	flubendiamide	氟苯虫酰胺			0.05	0.05
198	flucythrinate	氟氰戊菊酯	0.05	0.20	0.05	0.05
199	fludioxonil	咯菌腈	0.02	0.05	0.05	6

编号	农药英文名	农药中文名	最大残留限量/(mg/kg)			
			水稻	小麦	玉米	马铃薯
200	fluensulfone	氟噻虫砜				0.8
201	flufenacet	氟噻草胺		0.5	0.05	0.1
202	flufenoxuron	氟虫脲			0.05	
203	flufenpyr-ethyl	氟哒嗪草酯			0.01	
204	flumetsulam	唑嘧磺草胺		0.05	0.05	
205	flumiclorac pentyl	氟烯草酸			0.01	
206	flumioxazin	丙炔氟草胺		0.4	0.02	0.02
207	fluometuron	氟草隆	0.1	0.1	0.1	0.02
208	fluopicolide	氟吡菌胺				0.05
209	fluopyram	氟吡菌酰胺				0.1
210	fluoxastrobin	氟嘧菌酯				0.01
211	flupyradifurone	氟吡呋喃酮	0.05	3	0.05	0.05
212	flupyrimin	N-[(E)-1-(6-氯-3-吡啶甲基)吡啶-2(1H)-亚基]-2,2,2-三氟乙酰胺	0.7			
213	fluquinconazole	氟喹唑		0.02		
214	fluridone	氟啶草酮		0.1	0.1	
215	fluroxypyr	氯氟吡氧乙酸	0.1	0.3	0.1	0.05
216	flusilazole	氟硅唑		0.2	0.01	
217	flusulfamide	磺菌胺				0.05
218	flutolanil	氟酰胺	2	0.05		0.2
219	fluvalinate	氟胺氰菊酯			0.05	0.01
220	fluthiacet-methyl	嗪草酸甲酯			0.01	
221	flutriafol	粉唑醇		0.2	0.01	
222	fluxapyroxad	氟唑菌酰胺	3	2	0.2	0.03
223	folpet	灭菌丹				0.1
224	fosthiazate	噻唑膦				0.02
225	fosetyl-aluminium	三乙膦酸铝	0.5	0.5	0.5	35
226	fthalide	四氯苯酞	1			
227	furametpyr	呋吡菌胺	0.5			0.01
228	furilazole	解草噁唑			0.01	
229	gibberellin	赤霉素				0.05
230	glufosinate	草铵膦酸	0.3	0.2	0.1	0.2
231	glyphosate	草甘膦	0.1	30	5	0.2
232	halosulfuron methyl	氯吡嘧磺隆	0.05		0.05	
233	heptachlor	七氯	0.02	0.02	0.02	

编号	农药英文名	农药中文名	最大残留限量/(mg/kg)			
			水稻	小麦	玉米	马铃薯
234	hexachlorobenzene	六氯苯	0.03	0.03	0.03	0.01
235	hydrogen cyanide	氢氰酸	20	20	20	1
236	hydrogen phosphide	磷化氢	0.1	0.1	0.1	0.02
237	hymexazol	噁霉灵	0.5	0.02	0.02	0.5
238	imazalil	抑霉唑	0.05	0.01	0.05	5.0
239	imazamox-ammonium	甲氧咪草烟		0.2	0.05	
240	imazapic	甲咪唑烟酸		0.05	0.01	
241	imazapyr	咪唑烟酸		0.05	0.05	
242	imazaquin	咪唑喹啉酸	0.05	0.05	0.05	0.05
243	imazethapyr ammonium	咪唑乙烟酸铵盐	0.2	0.05	0.08	0.05
244	imazosulfuron	唑吡嘧磺隆	0.1			
245	imicyafos	氰咪唑硫磷				0.1
246	imidacloprid	吡虫啉	1	0.2	0.05	0.4
247	iminoctadine	双胍辛胺	0.03	0.09		0.02
248	inabenfide	抗倒胺	0.05			
249	indoxacarb	茚虫威			0.02	0.2
250	indanofan	茚草酮	0.05	0.05		
251	inpyrfluxam	3-(二氟甲基)-*N*-[(*R*)-2,3-二氢-1,1,3-三甲基-1*H*-茚-4-基]-1-甲基-1*H*-吡唑-4-甲酰胺	0.01	0.5		0.01
252	iodosulfuron methyl	甲基碘磺隆甲酯		0.01	0.03	
253	ioxynil	碘苯腈		0.1	0.1	0.1
254	ipfencarbazone	三唑酰草胺	0.05			
255	ipflufenoquin	2-{2-[(7,8-二氟-2-甲基-3-喹啉基)氧]-6-氟苯基}异丙醇	0.4			
256	iprobenfos	异稻瘟净	0.2			
257	iprodione	异菌脲	3	10	10	0.5
258	isofenphos	异柳磷			0.02	0.10
259	isoxadifen-ethyl	双苯噁唑酯	0.1		0.09	
260	isoxaflutole	异噁唑草酮			0.02	
261	isopyrazam	吡唑萘菌胺		0.2		
262	isoxathion	噁唑磷			0.03	
263	isoprocarb	异丙威	0.5			
264	isoprothiolane	稻瘟灵	10			
265	isotianil	异噻菌胺	0.3			
266	kasugamycin	春雷霉素	0.2			0.2

编号	农药英文名	农药中文名	最大残留限量/(mg/kg)			
			水稻	小麦	玉米	马铃薯
267	kresoxim-methyl	醚菌酯		0.1		
268	lancotrione sodium	2-[2-氯-3-[2-(1,3-二氧杂环戊-2-基)乙氧基]-4-甲基磺酰基苯甲酰]-3-氧亚基环己烯-1-氧负离子钠盐	0.01			
269	lead	砷酸铅				1.0
270	lenacil	环草啶				0.3
271	lepimectin	雷皮菌素			0.05	
272	lindane	林丹	0.3	0.01	0.3	1
273	linuron	粒谷隆	0.1	0.2	0.2	0.1
274	lufenuron	虱螨脲			0.05	0.02
275	malathion	马拉硫磷	0.1	10	2	0.5
276	maleic hydrazide	抑芽丹	0.2	0.2	1	50
277	mandipropamid	双炔酰菌胺				0.09
278	MCPA	2甲4氯	0.05	0.04	0.05	
279	MCPB	2甲4氯丁酸	0.02			
280	mecoprop	2甲4氯丙酸	0.05	0.05	0.05	
281	mefenacet	苯噻酰草胺	0.05			
282	mefenoxam (repeated/see metalaxyl and mefenoxam)	精甲霜灵	0.1	0.05	0.05	0.3
283	mefenpyr-diethyl	吡唑解草酯		0.05	0.01	
284	mefentrifluconazole	氯氟醚菌唑		0.3	0.03	0.04
285	mepiquat-chloride	甲哌鎓		3		
286	mepronil	灭锈胺	2	2		0.02
287	mesosulfuron-methyl	甲基二磺隆		0.03		
288	mesotrione	硝磺草酮	0.01		0.01	
289	metaflumizone	氰氟虫腙			0.1	0.02
290	metalaxyl and mefenoxam	甲霜灵	0.1	0.05	0.05	0.3
291	metaldehyde	四聚乙醛	1	0.2	0.2	
292	metam (repeated/see dazomet, metam and methyl isothiocyanate)	威百亩				0.2
293	metamifop	噁唑酰草胺	0.02			
294	metazosulfuron	嗪吡嘧磺隆	0.05			
295	metconazole	叶菌唑		1	0.02	0.04
296	methabenzthiazuron	甲基苯噻隆	0.05	0.1	0.1	0.1
297	methamidophos	甲胺磷			0.2	0.1
298	methidathion	杀扑磷	0.02	0.02	0.1	0.02

续表

编号	农药英文名	农药中文名	最大残留限量/(mg/kg)			
			水稻	小麦	玉米	马铃薯
299	methiocarb	甲硫威	0.05	0.05	0.05	0.05
300	methomyl (repeated/see thiodicarb and methomyl)	灭多威	0.5	2	0.02	0.3
301	methoprene	烯虫酯	5	5.0	5.0	
302	methoxychlor	甲氧滴滴涕	2	2	7	0.01
303	methyl isothiocyanate (repeated/see dazomet, metam and methyl isothiocyanate)	异硫氰酸甲酯				0.2
304	metolachlor	异丙甲草胺	0.1	0.1	0.1	0.2
305	methoxyfenozide	甲氧虫酰肼	0.1		0.02	
306	metominostrobin	苯氧菌胺	0.5			
307	metosulam	磺草唑胺				
308	metrafenone	苯菌酮		0.06		
309	metribuzin	嗪草酮	0.05	0.75	0.1	0.6
310	metsulfuron-methyl	甲磺隆	0.05	0.1	0.02	
311	molinate	禾草敌	0.1			
312	monocrotophos	久效磷	0.05			
313	myclobutanil	腈菌唑				0.06
314	naled (repeated/see dichlorvos and naled)	二溴磷	0.2	0.2	0.2	0.1
315	nicosulfuron	烟嘧磺隆			0.1	
316	nicotine	烟碱			2	
317	nitenpyram	烯啶虫胺	0.3			0.2
318	nitrapyrin	三氯甲基吡啶		0.1	0.1	
319	novaluron	氟酰脲			0.7	0.05
320	omethoate	氧乐果	1	0.1	2	2
321	orysastrobin	肟醚菌胺	0.2			
322	oryzalin	氨磺乐灵	0.01	0.01	0.01	
323	oxadiargyl	丙炔噁草酮	0.05			
324	oxadiazon	噁草酮	0.02			
325	oxadixyl	噁霜灵	0.1	0.1	0.1	1
326	oxamyl	杀线威	0.02	0.02	0.05	0.10
327	oxathiapiprolin	氟噻唑吡乙酮			0.01	0.05
328	oxaziclomefone	噁嗪草酮	0.05			
329	oxazosulfyl	氨磺乐灵	0.01			
330	oxolinic acid	喹菌酮	0.3		0.01	0.3
331	oxine-copper	喹啉铜		0.1		0.1

续表

编号	农药英文名	农药中文名	最大残留限量/(mg/kg)			
			水稻	小麦	玉米	马铃薯
332	oxydemeton-methyl	亚砜磷	0.02	0.02	0.3	0.02
333	oxyfluorfen	乙氧氟草醚		0.05		
334	oxytetracycline	土霉素				0.2
335	paclobutrazol	多效唑	0.02			
336	paraquat	百草枯	0.1	0.05	0.1	0.2
337	parathion	对硫磷		0.3	0.3	
338	parathion-methyl	甲基对硫磷	1	1.0	1.0	0.1
339	pebulate	克草敌				
340	penconazole	戊菌唑	0.05	0.05	0.05	0.05
341	pencycuron	戊菌隆	0.3			0.05
342	pendimethalin	二甲戊灵	0.2	0.2	0.2	0.2
343	penflufen	戊菌隆	0.05			0.05
344	penoxsulam	五氟磺草胺	0.05			
345	pentoxazone	环戊噁草酮	0.05			
346	penthiopyrad	吡噻菌胺		0.3	0.02	0.06
347	permethrin	氯菊酯		2	2	0.05
348	phenthoate	稻丰散	0.05	0.5	0.02	0.02
349	phorate	甲拌磷	0.05	0.05	0.05	0.2
350	phosalone	伏杀硫磷				0.05
351	phosmet	亚胺硫磷	0.1	0.05	0.05	0.05
352	phosphamidon	磷胺				
353	phoxim	辛硫磷	0.05	0.05	0.05	0.05
354	picarbutrazox	四唑吡氨酯	0.01			
355	picloram	氨氯吡啶酸	0.2	0.5	0.2	
356	picolinafen	氟吡酰草胺		0.05	0.02	
357	picoxystrobin	啶氧菌酯		0.04	0.04	
358	pindone	鼠完	0.001	0.001	0.001	0.001
359	pinoxaden	唑啉草酯		0.7		
360	piperonyl butoxide	增效醚	24	24	24	0.5
361	pirimicarb	抗蚜威	0.3	0.05	0.05	0.05
362	pirimiphos-methyl	甲基嘧啶磷	0.2	1.0	1.0	0.05
363	primisulfuron-methyl	氟嘧磺隆			0.02	
364	polyoxins	多抗霉素	0.06			
365	pretilachlor	丙草胺	0.03			
366	probenazole	烯丙苯噻唑	0.05			

续表

编号	农药英文名	农药中文名	最大残留限量/(mg/kg)			
			水稻	小麦	玉米	马铃薯
367	prochloraz	咪鲜胺	0.05	2	2	
368	procymidone	腐霉利		0.3		0.2
369	prohexadione-calcium	调环酸钙	0.2	0.5		
370	prometryn	扑草净	0.1	0.1	0.02	
371	profenofos	丙溴磷				0.02
372	propamocarb	霜霉威	0.1			0.3
373	propanil	敌稗	0.2			
374	propachlor	毒草胺			0.05	
375	propargite	炔螨特			0.1	0.03
376	propiconazole	丙环唑	0.1	1	0.2	
377	propoxur	残杀威	1	0.5	0.5	0.5
378	prosulfocarb	苄草丹		0.05	0.05	0.05
379	prothioconazole	丙硫菌唑		0.4	0.4	0.02
380	prothiofos	丙硫磷				0.02
381	pydiflumetofen	氟唑菌酰羟胺				0.02
382	propyrisulfuron	丙嗪嘧磺隆	0.05			
383	pymetrozine	吡蚜酮	0.05			0.05
384	pyraclofos	吡唑硫磷				0.05
385	pyraclonil	双唑草腈	0.05			
386	propoxycarbazone	丙苯磺隆		0.02		
387	prosulfuron	氟磺隆			0.01	
388	pydiflumetofen	氟唑菌酰羟胺		0.6	0.02	
389	pyraclostrobin	吡唑醚菌酯		0.2	0.02	0.02
390	pyraflufen ethyl	吡草醚	0.05	0.02	0.02	0.05
391	pyrazolynate	吡唑特	0.1	0.02	0.02	0.02
392	pyrasulfotole	磺酰草吡唑		0.02		
393	pyrazosulfuron-ethyl	吡嘧磺隆	0.05			
394	pyrazoxyfen	苄草唑	0.1			
395	pyrethrins	除虫菊素	3	3	3	1
396	pyridalyl	三氟甲吡醚			0.05	0.05
397	pyribencarb	吡菌苯威	0.2	0.7		
398	pyributicarb	稗草丹	0.03			
399	pyridate	哒草特		0.2	0.03	
400	pyrifluquinazon	吡氟喹虫唑			0.05	0.05
401	pyriofenone	苯啶菌酮		1		

编号	农药英文名	农药中文名	最大残留限量/(mg/kg)			
			水稻	小麦	玉米	马铃薯
402	pyriftalid	环酯草醚	0.02			
403	pyriminobac-methyl	嘧草醚	0.05			
404	pyrimisulfan	*N*-[2-[(4,6-二甲氧基嘧啶-2-基)-羟甲基]-6-(甲氧基甲基)苯基]-1,1-二氟甲磺酰胺	0.05			
405	pyroquilon	咯喹酮	0.2			
406	pyrimethanil	嘧霉胺				0.05
407	pyroxasulfone	砜吡草唑		0.01	0.01	0.01
408	quinalphos	喹硫磷			0.05	0.05
409	quinclorac	二氯喹啉酸	5	0.5		
410	quinoxyfen	喹氧灵		0.01		
411	quinoclamine	灭藻醌	0.02			
412	quintozene	五氯硝基苯	0.02	0.01	0.01	0.1
413	quizalofop-ethyl and quizalofop-P-tefuryl	喹禾灵				0.1
414	quizalofop-P-tefuryl(repeated/see quizalofop-ethyl and quizalofop-P-tefuryl)	喹禾糠酯				0.1
415	resmethrin	苄呋菊酯	0.05	0.05	0.1	0.1
416	rimsulfuron	砜嘧磺隆			0.1	0.1
417	silafluofen	氟硅菊酯	0.3			
418	simeconazole	硅氟唑	0.1		0.05	
419	saflufenacil	苯嘧磺草胺		0.6	0.03	
420	sedaxane	氟唑环菌胺		0.01		0.02
421	sethoxydim	烯禾啶		0.1		4
422	simetryn	西草净	0.05			
423	simazine	西玛津			0.3	
424	spinetoram	乙基多杀菌素	0.1		0.02	0.1
425	spinosad	多杀霉素	0.1	2	2	0.02
426	streptomycin(repeated/see dihydrostreptomycin and streptomycin)	链霉素	0.05			0.05
427	spiromesifen	螺甲螨酯		0.01	0.02	0.02
428	spirotetramat	螺虫乙酯			2	1
429	sulfentrazone	甲磺草胺	0.05	0.05	0.2	0.2
430	sulfosulfuron	磺酰磺隆		0.02		
431	sulfoxaflor	氟啶虫胺腈	1	0.2		0.05
432	sulfuryl fluoride	硫酰氟	0.04	0.1	0.05	

编号	农药英文名	农药中文名	最大残留限量/(mg/kg)			
			水稻	小麦	玉米	马铃薯
433	tebuconazole	戊唑醇	0.05	2	0.6	0.1
434	tebufenozide	虫酰肼	0.3			
435	tebufloquin	(6-叔丁基-8-氟-2,3-二甲基喹啉-4-基)乙酸酯	0.5			
436	tecloftalam	叶枯酞	0.2			
437	tecnazene	四氯硝基苯	0.05	0.05	0.05	0.05
438	teflubenzuron	氟苯脲		0.01		
439	tefluthrin	七氟菊酯			0.1	0.1
440	tefuryltrione	呋喃磺草酮	0.02			
441	terbufos	特丁硫磷	0.005	0.01	0.01	0.005
442	tetraniliprole	四唑虫酰胺	0.01		0.05	
443	tetraconazole	四氟醚唑		0.05		
444	thenylchlor	噻吩草胺	0.1			
445	thiabendazole	噻菌灵	2	0.5	0.05	10
446	thiacloprid	噻虫啉	0.02	0.1		0.02
447	thiamethoxam	噻虫嗪	0.3	0.05	0.7	0.3
448	thifensulfuron-methyl	噻吩磺隆		0.05	0.05	
449	thifluzamide	噻呋酰胺	1			0.01
450	thiobencarb	禾草丹	0.2	0.05	0.03	0.02
451	thiocyclam(repeated/see cartap, thiocyclam and bensultap)	杀虫环	0.3		0.1	0.1
452	thiodicarb and methomyl	硫双威	0.5	2	0.02	0.3
453	thiophanate (repeated/see carbendazim, thiophanate, thiophanate-methyl and benomyl)	硫菌灵	1	0.6	0.7	0.6
454	thiophanate-methyl (repeated/see carbendazim, thiophanate, thiophanate-methyl and benomyl)	甲基硫菌灵	1	0.6	0.7	0.6
455	tioxazafen	3-苯基-5-噻吩-2-基-1,2,4-噁二唑			0.02	
456	tolclofos-methyl	甲基立枯磷		0.1	0.1	1.0
457	tiadinil	噻酰菌胺	0.9			
458	tolprocarb	三氟甲氧威	0.3			
459	tolpyralate	1-[2-乙基-4-[3-(2-甲氧基乙氧基)-2-甲基-4-甲基磺酰基苯甲酰基]吡唑-3-基]氧乙基碳酸甲酯			0.05	
460	tralkoxydim	三甲苯草酮	0.02	0.02	0.02	
461	tolfenpyrad	唑虫酰胺				0.05
462	tralomethrin (repeated/see deltamethrin and tralomethrin)	四溴菊酯		2		0.02

编号	农药英文名	农药中文名	最大残留限量/(mg/kg)			
			水稻	小麦	玉米	马铃薯
463	triallate	野麦畏	0.05	0.05	0.05	
464	triadimefon	三唑酮	0.3	0.1	0.1	0.1
465	triadimenol	三唑醇	0.5	0.5	0.1	0.1
466	triafamone	氟酮磺草胺	0.05			
467	triasulfuron	醚苯磺隆	0.02	0.02	0.02	
468	triazophos	三唑磷		0.05	0.05	
469	tribenuron-methyl	苯磺隆		0.1	0.05	
470	trichlorfon	敌百虫	0.2	0.10	0.10	0.50
471	triclopyr	三氟吡氧乙酸	0.3	0.03	0.03	0.03
472	tricyclazole	三环唑	3			
473	tridemorph	十三吗啉	0.05	0.05	0.05	0.05
474	trifloxystrobin	肟菌酯	2	0.2	0.05	0.04
475	triflumezopyrim	三氟苯嘧啶	0.01			
476	triflumizole	氟菌唑	0.05	0.7	0.5	
477	triflumuron	杀铃脲	0.05	0.05	0.05	0.02
478	trifluralin	氟乐灵	0.05	0.1	0.05	0.2
479	trinexapac-ethyl	抗倒酯		0.6		
480	triticonazole	灭菌唑	0.05	0.04	0.05	
481	uniconazole P	精烯效唑	0.1			
482	validamycin	井冈霉素	0.2		0.2	0.2
483	vinclozolin	乙烯菌核利				0.1
484	warfarin	杀鼠灵	0.001	0.001	0.001	0.001
485	zoxamide	苯酰菌胺				0.02

5.6 韩国主粮农药最大残留限量标准

表 5-6 为韩国主粮农药最大残留限量标准汇编。

表 5-6 韩国主粮农药最大残留限量标准汇编表

编号	农药英文名	农药中文名	最大残留限量/(mg/kg)			
			水稻	小麦	玉米	马铃薯
1	2,4-D	2,4-滴	0.05	2*	0.05*	0.2*
2	acephate	乙酰甲胺磷	0.3		0.5*	0.05
3	acetamiprid	啶虫脒	0.3			0.1

续表

编号	农药英文名	农药中文名	最大残留限量/(mg/kg)			
			水稻	小麦	玉米	马铃薯
4	acetochlor	乙草胺		0.02*	0.05*	
5	acibenzolar-S-methyl	活化酯	0.3			
6	alachlor	甲草胺			0.2	0.2
7	alanycarb	棉铃威	0.05	0.05	0.05	0.05
8	aldicarb	涕灭威	0.02*	0.02	0.05*	0.02
9	aldrin and dieldrin	艾氏剂和狄氏剂	0.01	0.01	0.01	0.01
10	aluminium phosphide(hydrogen phosphide)	磷化铝				0.1
11	ametoctradin	唑嘧菌胺				0.05
12	amisulbrom	吲唑磺菌胺	0.05	0.05	0.05	0.05
13	amitraz	双甲脒	0.05	0.05	0.05	0.05
14	anilazine	敌菌灵		0.1*		
15	anilofos	莎稗磷	0.05*			
16	azimsulfuron	四唑嘧磺隆	0.1			
17	azinphos-methyl	保棉磷	0.1*	0.2*	0.2*	0.2*
18	azoxystrobin	嘧菌酯	1	0.2*	0.01*	0.1
19	benalaxyl	苯霜灵	0.05	0.05	0.05	0.05
20	bendiocarb	噁虫威	0.02*	0.02	0.02	0.02
21	benfuresate	呋草黄	0.1			
22	bensulfuron-methyl	苄嘧磺隆	0.02			
23	bensultap	杀虫磺				0.1
24	bentazone	灭草松	0.05	0.1*	0.05	
25	benthiavalicarb-isopropyl	苯噻菌胺	0.07	0.07	0.07	0.05
26	benzobicyclon	双环磺草酮	0.1			
27	benzovindiflupyr	苯并烯氟菌唑		0.1*	0.01*	
28	BHC	六六六	0.01	0.01	0.01	0.01*
29	bifenox	甲羧除草醚	0.05	0.05*	0.05*	
30	bifenthrin	联苯菊酯	0.05	0.05	0.05	0.05
31	bioresmethrin	生物苄呋菊酯		1*		
32	bispyribac-sodium	双草醚	0.1			
33	bistrifluron	双三氟虫脲	0.2	0.2	0.2	0.2
34	bitertanol	联苯三唑醇		0.1*	0.05*	
35	bromobutide	溴丁酰草胺	0.05			
36	buprofezin	噻嗪酮	0.5	0.05	0.05	0.05
37	butachlor	丁草胺	0.1	0.1		
38	cadusafos	硫线磷	0.01	0.01	0.01	0.02

编号	农药英文名	农药中文名	最大残留限量/(mg/kg)			
			水稻	小麦	玉米	马铃薯
39	cafenstrole	唑草胺	0.05			
40	captafol	敌菌丹	0.02	0.02	0.02	0.02*
41	captan	克菌丹		5		0.05
42	carbaryl	甲萘威			1*	0.05
43	carbendazim	多菌灵	0.5		0.5	
44	carbofuran	克百威	0.02	0.01*	0.05	0.05
45	carbophenothion	三硫磷	0.02	0.02	0.02	0.02*
46	carboxin	萎锈灵	0.05	0.2*	0.2*	
47	carfentrazone-ethyl	唑草酮	0.1			
48	carpropamide	环丙酰亚胺	1	0.05	0.05	0.05
49	cartap	杀螟丹	0.1		0.1*	0.1*
50	chinomethionat(oxythioquinox)	灭螨猛	0.1*	0.05	0.05	0.05
51	chlorantraniliprole	氯虫苯甲酰胺	0.5		0.05	0.05
52	chlordane	氯丹	0.02*	0.02*	0.02*	
53	chlorfenapyr	虫螨腈			0.05	0.05
54	chlorfenvinphos	毒虫畏	0.05	0.05	0.05	0.05*
55	chlormequat	矮壮素	0.05	5*	5*	10*
56	chlorobenzilate	乙酯杀螨醇	0.02	0.02	0.02	0.02*
57	chlorothalonil	百菌清				0.1
58	chlorpropham	氯苯胺灵	0.1*	0.05*	0.05*	20
59	chlorpyrifos	毒死蜱		0.4*		
60	chlorpyrifos-methyl	甲基毒死蜱	0.1			
61	chlorsulfuron	氯磺隆		0.1*		
62	chromafenozide	环虫酰肼	0.5	0.05	0.05	0.05
63	cinosulfuron	醚磺隆	0.05*			
64	clethodim	烯草酮				0.05
65	clomazone	异噁草酮	0.1			
66	clothianidin	噻虫胺	0.1			0.1
67	cyantraniliprole	溴氰虫酰胺	0.05			0.05*
68	cyazofamid	氰霜唑				0.1
69	cyclaniliprole	环溴虫酰胺			0.05	
70	cycloprothrin	乙氰菊酯	0.05*			
71	cyenopyrafen	腈吡螨酯	0.05	0.05	0.05	0.05
72	cyflufenamid	环氟菌胺	0.1	0.1	0.1	0.1
73	cyflumetofen	丁氟螨酯	0.07	0.07	0.07	0.07

编号	农药英文名	农药中文名	最大残留限量/(mg/kg)			
			水稻	小麦	玉米	马铃薯
74	cyfluthrin	氟氯氰菊酯		2*	0.01*	0.1
75	cyhalofop-butyl	氰氟草酯	0.1			
76	cyhalothrin	氯氟氰菊酯		0.05*		0.02*
77	cypermethrin	氯氰菊酯	1*	0.2*	0.05*	0.05*
78	cyromazine	灭蝇胺	0.05	0.05	0.05	0.05
79	daimuron，dymron	杀草隆	0.05			
80	DBEDC	胺磺铜	0.05	0.05	0.05	0.05
81	DDT	滴滴涕	0.1*	0.1*	0.1*	0.05
82	deltamethrin	溴氰菊酯			0.1	0.01
83	diazinon	二嗪磷				0.02
84	dicamba	麦草畏		1.5*	0.01*	
85	dichlofluanid	苯氟磺胺		0.1*		0.1*
86	dichlorvos	敌敌畏	0.05	0.05	0.05	0.05
87	diclofop-methyl	禾草灵		0.1*		
88	dicloran	氯硝胺				0.25*
89	difenoconazole	苯醚甲环唑	0.2	0.01*	0.05	4.*
90	diflubenzuron	除虫脲			0.05	
91	dimepiperate	哌草丹	0.05*			
92	dimethametryn	异戊乙净	0.1			
93	dimethenamid	精二甲吩草胺			0.1	0.1
94	dimethipin	噻节因		0.2*	0.1*	0.05*
95	dimethoate	乐果				0.05*
96	dimethomorph	烯酰吗啉				0.1
97	dimethylvinphos	甲基毒虫畏	0.1*			
98	diniconazole	烯唑醇	0.05	0.05	0.05	0.05
99	dinotefuran	呋虫胺	1			0.1
100	diphenamid	双苯酰草胺	0.05	0.05	0.05	0.05
101	diquat	敌草快	0.02*	2.0*	0.1*	0.02*
102	disulfoton	乙拌磷	0.02	0.02	0.02	0.02
103	dithianon	二氰蒽醌	0.1*			0.1
104	dithiocarbamates	二硫代氨基甲酸盐类				0.3
105	dithiopyr	氟硫草定	0.05			
106	diuron	敌草隆		1.0*	1.0*	1.0*
107	edifenphos	敌瘟磷	0.2			
108	emamectin benzoate	甲氨基阿维菌素苯甲酸盐				0.05

编号	农药英文名	农药中文名	最大残留限量/(mg/kg)			
			水稻	小麦	玉米	马铃薯
109	endosulfan	硫丹	0.05	0.05	0.05	0.05
110	endrin	异狄氏剂	0.01	0.01	0.01	0.01
111	EPN	苯硫磷酯	0.05	0.05	0.05	0.05
112	epoxiconazole	氟环唑	0.3			
113	esprocarb	戊草丹	0.1			
114	ethaboxam	噻唑菌胺				0.5
115	ethalfluralin	乙丁烯氟灵				0.05
116	ethephon	乙烯利		2*		
117	ethiofencarb	杀虫丹		0.05*	1*	0.5*
118	ethion	乙硫磷	0.01	0.01	0.01	0.01
119	ethoprophos(ethoprop)	灭线磷	0.005*	0.005*	0.02*	0.02
120	ethoxysulfuron	乙氧磺隆	0.1			
121	ethychlozate	吲熟酯	0.05	0.05	0.05	0.05
122	ethylene dibromide:EDB	二溴乙烷	0.5*	0.5*	0.5*	
123	etofenprox	醚菊酯	1		0.1	0.01
124	etridiazole	氯唑灵	0.05			
125	etrimfos	乙嘧硫磷	0.01	0.01	0.01	0.01
126	famoxadone	噁唑菌酮				0.05
127	fenamidone	咪唑菌酮				0.1
128	fenamiphos	苯线磷				0.2*
129	fenbuconazole	腈苯唑	0.05			
130	fenclorim	解草啶	0.1*			
131	fenitrothion:MEP	杀螟硫磷	0.2			0.05
132	fenobucarb	仲丁威	0.5			
133	fenoxanil	稻瘟酰胺	0.5			
134	fenoxaprop-ethyl	噁唑禾草灵	0.05	0.05*		
135	fenpyroximate	唑螨酯	0.05	0.05	0.05	0.05
136	fensulfothion	丰索磷			0.1*	0.1*
137	fenthion:MPP	倍硫磷	0.5	0.1*		0.05*
138	fentin	三苯锡	0.05*			0.1*
139	fentrazamide	四唑酰草胺	0.1			
140	fenvalerate	氰戊菊酯	1*	2*	2*	0.05*
141	ferimzone	嘧菌腙	0.7	0.05	0.05	0.05
142	fipronil	氟虫腈	0.01			0.01
143	flonicamid	氟啶虫酰胺	0.1			0.3

续表

编号	农药英文名	农药中文名	最大残留限量/(mg/kg)			
			水稻	小麦	玉米	马铃薯
144	fluacrypyrim	嘧螨酯	0.1	0.1	0.1	0.1
145	fluazifop-butyl	吡氟禾草隆				0.05
146	fluazinam	氟啶胺				0.05
147	flubendiamide	氟苯虫酰胺	0.5	0.05	0.05	0.05
148	flucetosulfuron	氟吡磺隆	0.1			
149	flucythrinate	氟氰戊菊酯	0.05	0.05	0.05*	0.05*
150	fludioxonil	咯菌腈	0.02	0.02*		0.02
151	flufenacet	氟噻草胺				0.05
152	flufenoxuron	氟虫脲			0.05	
153	flumioxazine	丙炔氟草胺		0.4*		
154	fluopicolide	氟吡菌胺				0.1
155	fluopyram	氟吡菌酰胺	0.05	0.9*		0.02*
156	fluoroimide	氟氯菌核利				0.1*
157	flupyradifurone	氟吡呋喃酮		1*	0.05*	0.05*
158	flutolanil	氟酰胺	1	0.05	0.05	0.05
159	fluvalinate	氟胺氰菊酯	0.01	0.01	0.01	0.01*
160	fluxapyroxad	氟唑菌酰胺	0.05	0.3*	0.15*	0.02*
161	fosetyl-aluminium	三乙膦酸铝				20*
162	phthalide	四氯苯酞	1			
163	glufosinate(ammonium)	草铵膦	0.05		0.05*	0.05
164	glyphosate	草甘膦	0.05	5*		
165	halosulfuron-methyl	氯吡嘧磺隆	0.05			
166	heptachlor	七氯	0.01	0.01	0.01	0.01
167	hexaconazole	己唑醇	0.3			
168	hymexazol	噁霉灵	0.05			
169	imazalil	抑霉唑	0.05*	0.01*	0.05*	5*
170	imazosulfuron	唑吡嘧磺隆	0.1			
171	imidacloprid	吡虫啉	0.2		0.01*	0.3
172	iminoctadine	双胍辛胺	0.05		0.05	
173	inabenfide	抗倒胺	0.05*			
174	indoxacarb	茚虫威	0.1		0.05	0.05
175	ipconazole	种菌唑	0.05			
176	ipfencarbazone	三唑酰草胺	0.05			
177	iprobenfos	异稻瘟净	2			
178	iprodione	异菌脲	0.2			0.5*

编号	农药英文名	农药中文名	最大残留限量/(mg/kg)			
			水稻	小麦	玉米	马铃薯
179	iprovalicarb	缬霉威				0.5
180	isofenphos	异柳磷	0.05*		0.02*	0.05*
181	isoprocarb MIPC	异丙威	0.3			
182	isoprothiolane	稻瘟灵	2			
183	isotianil	异噻菌胺	0.1			
184	lindane, γ-BHC	林丹	0.01	0.01*	0.01*	0.01
185	linuron	利谷隆		0.5*	0.05	0.05
186	malathion	马拉硫磷	0.3*	8*	2*	0.5*
187	maleic hydrazid	抑芽丹				50*
188	mandipropamid	双炔酰菌胺	0.05	0.05	0.05	0.1
189	MCPA	2甲4氯	0.05			
190	MCPB	2甲4氯丁酸	0.05			
191	mecarbam	灭蚜磷	0.05	0.05	0.05	0.05
192	mecoprop-P	精2甲4氯丙酸	0.01*			
193	mepanipyrim	嘧菌胺	0.05	0.05	0.05	0.05
194	mepronil	灭锈胺				0.05
195	mesotrione	硝磺草酮	0.2		0.2	
196	metaflumizone	氰氟虫腙	0.1	0.05	0.05	0.05
197	metalaxyl	甲霜灵	0.05	0.05*	0.05*	0.05
198	metaldehyde	四聚乙醛	0.05	0.05	0.05	0.05
199	metamifop	噁唑酰草胺	0.05			
200	metazosulfuron	嗪吡嘧磺隆	0.05			
201	metconazole	叶菌唑	0.05	0.3*	0.02*	0.02*
202	methamidophos	甲胺磷	0.2			0.05
203	methidathion	杀扑磷	0.01	0.01	0.01	0.01
204	methiocarb	甲硫威	0.05*	0.05*	0.05	
205	methomyl	灭多威	0.1*	0.2*	0.05*	0.1*
206	methoprene	烯虫酯	5*	5*	5*	
207	methoxychlor	甲氧滴滴涕	2*	2*	2*	1*
208	methoxyfenozide	甲氧虫酰肼	1		0.03*	
209	methylbromide	溴甲烷	20	20	20	30
210	metobromuron	溴谷隆				0.2*
211	metolachlor	异丙甲草胺	0.1*	0.1*	0.1	0.05
212	metolcarb	速灭威	0.05*			
213	metrafenone	苯菌酮	0.05	0.05	0.05	0.05

编号	农药英文名	农药中文名	最大残留限量/(mg/kg)			
			水稻	小麦	玉米	马铃薯
214	metribuzin	嗪草酮	0.05*	0.75*	0.05*	0.05
215	mevinphos	速灭磷				0.1*
216	monocrotophos	久效磷			0.05*	0.05*
217	myclobutanil	腈菌唑		0.3*		
218	napropamide	敌草胺				0.1
219	nicosulfuron	烟嘧磺隆			0.3	
220	nitrapyrin	氯甲基吡啶		0.1*	0.1*	
221	ofurace	呋酰胺	0.02	0.02	0.02	0.02
222	omethoate	氧乐果	0.01*	0.01*	0.01*	0.01*
223	orthosulfamuron	嘧苯胺磺隆	0.05			
224	orysastrobin	肟醚菌胺	0.3	0.07	0.07	0.07
225	oxadiargyl	丙炔噁草酮	0.05			
226	oxadiazon	噁草酮	0.05			0.05
227	oxadixyl	噁霜灵	0.1		0.1*	0.5
228	oxamyl	杀线威	0.02*	0.02*	0.05*	0.1*
229	oxathiapiprolin	氟噻唑吡乙酮				0.05
230	oxaziclomefone	噁嗪草酮	0.1			
231	oxolinic acid	喹菌酮	0.05	0.05	0.05	0.05
232	oxyfluorfen	乙氧氟草醚			0.05*	
233	paraquat	百草枯	0.5*		0.1*	0.2*
234	parathion	对硫磷	0.1*	0.3*	0.1*	0.05*
235	parathion-methyl	甲基对硫磷	1*	1*	1*	0.05*
236	pencycuron	戊菌隆	0.3	0.1	0.1	0.1
237	pendimethalin	二甲戊灵	0.05	0.05*	0.2	0.05
238	penflufen	氟唑菌苯胺	0.05			
239	penoxsulam	五氟磺草胺	0.1			
240	pentoxazone	环戊噁草酮	0.05			
241	permethrin(permetrin)	氯菊酯	2*	2*	0.05*	0.05*
242	phenothrin	苯醚菊酯	0.1*			2*
243	phenthoate:PAP	稻丰散	0.05	0.2*	0.05	
244	phorate	甲拌磷		0.05*	0.05*	0.05
245	phosalone	伏杀硫磷				0.1*
246	phosmet	亚胺硫磷	0.05	0.05	0.05*	0.05*
247	phosphamidone	磷胺		0.1*	0.1*	0.05*
248	phoxim	辛硫磷	0.05*	0.05*	0.05*	0.05

编号	农药英文名	农药中文名	最大残留限量/(mg/kg)			
			水稻	小麦	玉米	马铃薯
249	picarbutrazox	四唑吡氨酯				0.05
250	piperonyl butoxide	增效醚	0.05	0.05	0.05	0.05
251	piperophos	哌草磷	0.05*			
252	pirimicarb	抗蚜威	0.05*	0.05*	0.05*	0.05*
253	pirimiphos-ethyl	嘧啶磷				0.1*
254	pirimiphos-methyl	甲基嘧啶磷	1*	5*	5*	0.05*
255	pretilachlor	丙草胺	0.1			
256	probenazole	烯丙苯噻唑	0.1			
257	prochloraz	咪鲜胺	0.02	0.05	0.05	0.05
258	procymidone	腐霉利	1*	0.05	0.05	0.1*
259	profenofos	丙溴磷				0.05*
260	prohexadione-calcium	调环酸	0.05	0.05	0.05	0.2
261	prometryn	扑草净	0.05	0.05	0.2*	0.05
262	propamocarb	霜霉威	0.1*	0.05	0.05	0.3
263	propanil	敌稗	0.05	0.2*		
264	propargite	炔螨特			0.1*	0.1*
265	propiconazole	丙环唑	0.7	0.05*	0.05	
266	propisochlor	异丙草胺			0.05*	
267	propoxur	残杀威	0.05*	0.05	0.05	0.05
268	propyrisulfuron	丙嗪嘧磺隆	0.05			
269	pymetrozine	吡蚜酮	0.05			0.2
270	pyraclostrobin	吡唑醚菌酯		0.09*	0.02*	0.5
271	pyrazolate	吡唑特	0.1			
272	pyrazophos	吡菌磷		0.05*		
273	pyrazosulfuron-ethyl	吡嘧磺隆	0.05			
274	pyrethrins	除虫菊素	3*	3*	3*	
275	pyribencarb	甲基{2-氯-5-[(1E)-1-(6-甲基-2-吡啶基-甲氧亚氨基)乙基-苄基氨基甲酸酯	0.05			
276	pyribenzoxim	嘧啶肟草醚	0.05			
277	pyributicarb	稗草丹	0.05*			
278	pyridalyl	三氟甲吡醚	0.05	0.05	0.05	0.05
279	pyridaphenthion	哒嗪硫磷	0.2*			
280	pyriftalid	环酯草醚	0.1			
281	pyrimethanil	嘧霉胺	0.05	0.05	0.05	0.05*
282	pyriminobac-methyl	嘧草醚	0.05			

续表

编号	农药英文名	农药中文名	最大残留限量/(mg/kg)			
			水稻	小麦	玉米	马铃薯
283	pyrimisulfan	嘧氟磺草胺	0.05			
284	pyroquilon	咯喹酮	0.1*			
285	quinalphos	喹硫磷	0.01*			
286	quinoclamine	灭藻醌	0.05			
287	quintozene	五氯硝基苯	0.01	0.01	0.01*	0.01*
288	saflufenacil	苯嘧磺草胺	0.03*	0.5*	0.03*	
289	sethoxydim	烯禾啶			0.2*	0.05
290	silafluofen	氟硅菊酯	0.1			
291	simazine	西玛津			0.25*	
292	simeconazole	硅氟唑	0.05	0.05	0.05	0.05
293	simetryn	西草净	0.05			
294	spinetoram	乙基多杀菌素	0.05	0.05	0.05	0.05
295	spinosad	多杀霉素	0.05	1*		0.1
296	spiromesifen	螺甲螨酯	0.05	0.05	0.05	0.05
297	spirotetramat	螺虫乙酯				0.6*
298	sulfoxaflor	氟啶虫胺腈	0.2	0.08*		0.05
299	tebuconazole	戊唑醇	0.05	0.05*	0.5*	
300	tebufenozide	虫酰肼	0.3			
301	tebufloquin		0.2			
302	tebupirimfos	丁基嘧啶磷				0.01
303	tecloftalam	叶枯酞	0.5			
304	tecnazene	四氯硝基苯				1*
305	tefluthrin	七氟菊酯				0.05
306	tefuryltrione	呋喃磺草酮	0.05			
307	terbufos	特丁硫磷	0.01			
308	terbuthylazine	特丁津	0.05	0.05	0.05	0.05
309	terbutryn	去草净	0.05	0.1*	0.05	0.05
310	thenylchlor	噻吩草胺	0.05*			
311	thiabendazole	噻菌灵	0.2*	0.2*		5*
312	thiacloprid	噻虫啉	0.1			0.1
313	thiamethoxam	噻虫嗪	0.1		0.05	0.1
314	thifensulfuron-methyl	噻吩磺隆	0.05	0.05	0.05	0.05
315	thifluzamide	噻呋酰胺	0.1			
316	thiobencarb	禾草丹	0.05	0.1	0.1	0.05
317	thiometon	甲基乙拌磷	0.05*	0.05	0.05	0.05*

编号	农药英文名	农药中文名	最大残留限量/(mg/kg)			
			水稻	小麦	玉米	马铃薯
318	tiadinil	噻酰菌胺	1			
319	tolclofos-methyl	甲基立枯磷				0.05
320	triadimefon	三唑酮		0.1*		
321	triadimenol	三唑醇		0.05*	0.05*	
322	triallate	野麦畏		0.05*		
323	triazamate	唑蚜威	0.05	0.05	0.05	0.05
324	triazophos	三唑磷				0.05*
325	triclopyr	三氟吡氧乙酸	0.3*			
326	tricyclazole	三环唑	0.7	0.05	0.05	0.05
327	trifloxystrobin	肟菌酯		0.15*	0.02*	0.02*
328	triflumizole	氟菌唑	0.05			
329	triflumuron	杀铃脲	0.05	0.05	0.05	0.05
330	trifluralin	氟乐灵		0.05*	0.05*	0.05*
331	triforine	嗪氨灵	0.01*	0.01*	0.01*	
332	trinexapac-ethyl	抗倒酯		3*		
333	valifenalate	缬菌胺				0.05
334	vamidothion	蚜灭磷	0.05*	0.05	0.05	0.05
335	vinclozolin	乙烯菌核利				0.1*
336	zoxamide	苯酰菌胺	0.05	0.05	0.05	0.2

"*"代表临时限量。

附录　欧盟撤销登记农药清单

序号	农药英文名称	农药名称	相关法规
1	(4Z-9Z)-7,9-dodecadien-1-ol	(4Z-9Z)-7,9-十二烷二烯-1-醇	2004/129/EC
2	(E)-10-dodecen-1-yl acetate	(E)-10-十二烯乙酸	2004/129/EC
3	(E)-2-methyl-6-methylene-2,7-octadien-1-ol (myrcenol)	(E)-2-甲基-6-亚甲基-2,7-辛二烯-1-醇(月桂烯)	2007/442
4	(E)-2-methyl-6-methylene-3,7-octadien-2-ol (isomyrcenol)	(E)-2-甲基-6-亚甲基-3,7-辛二烯-2-醇(异月桂烯)	Reg 647/2007
5	(E)-9-dodecen-1-yl acetate	(E)-9-十二烯乙酸	2007/442
6	(E,E)-8,10-dodecadien-1-yl acetate	(E,E)-8,10-十二烷二烯-1-基乙酸酯	2007/442
7	(E,Z)-4,7-tridecadien-1-yl acetate	(E,Z)-4,7-十三烷二烯-1-基乙酸酯	2004/129/EC
8	(E,Z)-8,10-tetradecadien-1-yl	(E,Z)-8,10-十四烷二烯基	2007/442
9	(E,Z)-9-dodecen-1-yl acetate; (E,Z)-9-dodecen-1-ol; (Z)-11-tetradecen-1-yl acetate	(E,Z)-9-十二烯基乙酸酯；(E,Z)-9-十二烯-1-醇；(Z)-11-十四烯-1-基乙酸酯	2007/442
10	(IR)-1,3,3-trimethyl-4,6-dioxatricyclo[3,3,1,02,7]nonane (lineatin)	(IR)-1,3,3-三甲基-4,6-二氧杂三环[3,3,1,02,7]壬烷	2007/442
11	(Z)-13-hexadecen-11-yn-1-yl acetate	(Z)-13-十六烯-11-炔-1-基乙酸酯	Reg. (EU) 2016/638 (2008/127, Reg. (EU) 2015/418, Reg. (EU) No 540/2011)
12	(Z)-3-methyl-6-isopropenyl-3,4-decadien-1-yl acetate	(Z)-3-甲基-6-异丙基-3,4-癸二烯-1-基乙酸酯	2004/129/EC
13	(Z)-3-methyl-6-isopropenyl-9-decen-1-yl acetate	(Z)-3-甲基-6-异丙基-9-癸烯-1-基乙酸酯	2004/129/EC
14	(Z)-5-dodecen-1-yl acetate	(Z)-5-十二烯-1-基乙酸酯	2004/129/EC
15	(Z)-7-tetradecanole	(Z)-7-十四碳烯醇	2004/129/EC
16	(Z)-9-tricosene (formerly Z-9-tricosene)	(Z)-9-二十三碳烯	2004/129/EC
17	(Z,E)-3,7,11-trimethyl-2,6,10-dodecatrien-1-ol (aka farnesol)	(Z,E)-3,7,11-三甲基-2,6,10-十二烷三烯-1-醇	Reg 647/2007
18	(Z,Z)-octadien-1-yl acetate	(Z,Z)-辛二烯基乙酸酯	2004/129/EC
19	(Z,Z,Z,Z)-7,13,16,19-docosatetraen-1-yl isobutyrate	(Z,Z,Z,Z)-7,13,16,19-二十二碳四烯酸-1-醇基异丁酸酯	Reg. (EU) 2016/636 (2008/127, Reg. (EU) 2015/308, Reg. (EU) No 540/2011)

续表

序号	农药英文名称	农药名称	相关法规
20	1,1-dichloro-2,2-bis-(4-ethyl-phenyl-)ethane	1,1-二氯-2,2-二(4-乙苯)乙烷	
21	1,2-dibromoethane	1,2-二溴乙丙	79/117/EEC
22	1,2-dichloroethane	二氯化乙烯	79/117/EEC
23	1,2-dichloropropane	1,2-二氯丙烷	2002/2076
24	1,3,5-tri-(2-hydroxyethyl)-hexahydro-s-triazyne	1,3,5-三(2-羟乙基)-己-氢化-*s*-三嗪	2007/442
25	1,3-dichloropropene (*cis*)	1,3-二氯丙烯(顺式)	2002/2076
26	1,3-dichloropropene	1,3-二氯丙烯	
27	1,3-diphenyl urea	1,3-二苯基脲	2002/2076
28	1,7-dioxaspiro-[5,5]-undecane	1,7-二氧杂螺[5,5]十一烷	Reg 647/2007
29	1-methoxy-4-propenylbenzene (anethole)	1-甲氧基-4-丙烯基苯(茴香苯)	2007/442
30	1-methyl-4-isopropylidenecyclohex-1-ene (terpinolene)	1-甲基-4-异亚丙基环己-1-烯(异松油烯/萜品油烯)	2007/442
31	2,3,6-TBA	2,3,6-三氯苯甲酸, 草芽平	2002/2076
32	2,4,5-T	2,4,5-三氯苯氧乙酸	2002/2076
33	2,6,6-trimethylbicyclo(3.1.1)hept-2-en-4-ol	2,6,6-三甲基二环[3.1.1]庚-2-烯-4-醇	2007/442
34	2,6,6-trimethylbicyclo[3.1.1]hept-2-ene (alpha-pinen)	2,6,6-三甲基二环[3.1.1]庚-2-烯(α-蒎烯)	2007/442
35	2-(dithiocyanomethylthio)-benzothiazol	2-(二硫代氰甲基硫代)苯并噻唑	2002/2076
36	2-aminobutane (aka sec-butylamine)	2-氨基丁烷	2002/2076
37	2-benzyl-4-chlorophenol	2-苄基-4-氯苯酚	Reg. (EC) No 2076/2002
38	2-ethyl-1,6-dioxaspiro (4,4) nonan (chalcogran)	2-乙基-1,6-二氧杂螺(4,4)壬烷	2007/442
39	2-hydroxyethyl butyl sulfide	2-羟乙基丁基硫醚	2007/442
40	2-mercaptobenzothiazole	2-巯基苯并噻唑	2007/442
41	2-methoxy-5-nitrofenol sodium salt (ISO: nitrophenolate mixture)	2-甲氧基-5-硝基苯酚钠	2007/442
42	2-methoxypropan-1-ol	2-甲氧基丙醇	2007/442
43	2-methoxypropan-2-ol	2-甲氧基丙-2-醇	2007/442
44	2-methyl-3-buten-2-ol	2-甲基-3-丁烯-2-醇	2007/442
45	2-methyl-6-methylene-2,7-octadien-4-ol (ipsdienol)	2-甲基-6-亚甲基-2,7-辛二烯-4-醇(齿小蠹二烯醇)	2007/442
46	2-methyl-6-methylene-7-octen-4-ol (ipsenol)	2-甲基-6-亚甲基-7-辛烯-4-醇(小蠹烯醇)	2007/442
47	2-naphthyloxyacetamide	2-萘氧基乙酰胺	2007/442
48	2-naphthyloxyacetic acid (2-NOA)	2-萘氧基乙酸	Reg. (EU) No 1127/2011 (2009/65)

序号	农药英文名称	农药名称	相关法规
49	2-propanol	2-丙醇	2004/129/EC
50	3(3-benzyloxycarbonyl-methyl)-2-benzothia-zolinone (benzolinone)	3(3-苄基琥珀酰亚胺碳酸酯-1-甲基)-2-苯并噻唑酮(苯并噻唑酮)	2007/442
51	3,7,11-trimethyl-1,6,10-dodecatrien-3-ol (aka nerolidol)	3,7,11-三甲基-1,6,10-十二烷三烯-3-醇(橙花叔醇)	Reg 647/2007
52	3,7,7-trimethylbicyclo[4.1.0]hept-3-ene (3-carene)	3,7,7-三甲基二环[4.1.0]庚-3-烯	2007/442
53	3,7-dimethyl-2,6-octadienal	3,7-二甲基-2,6-辛二烯醛	2004/129/EC
54	3-methyl-3-buten-1-ol	3-甲基-3-丁烯-1-醇	2007/442
55	4,6,6-trimethyl-bicyclo[3.1.1]hept-3-en-ol, ((S)-cis-verbenol)	4,6,6-三甲基-二环[3.1.1]庚-3-烯醇(顺式马鞭烯醇)	2007/442
56	4-chloro-3-methylphenol	4-氯-3-甲基苯酚	2004/129/EC
57	4-CPA (4-chlorophenoxyaceticacid = PCPA)	4-氯苯氧乙酸	2002/2076
58	4-t-pentylphenol	4-叔戊基苯酚	2002/2076
59	5-chloro-3-methyl-4-nitro-1H-pyrazole (CMNP)	5-氯-3-甲基-4-硝基吡唑	
60	7,8-epoxi-2-methyl-octadecane	7,8-环氧-2-甲基-十八烷	2004/129/EC
61	7-methyl-3-methylene-7-octene-1-yl-propionate	7-甲基-3-亚甲基-7-辛烯-1-基丙酸酯	2004/129/EC
62	8-methyl-2-decanol propanoate	8-甲基-2-癸醇丙酸酯	
63	acephate	乙酰甲胺磷	2003/219/EC
64	acetochlor	乙草胺	Reg. (EU) No 1372/2011 (2008/934)
65	Achillea millefolium L.	蓍	Reg. (EU) 2017/2057
66	acifluorfen	三氟羧草醚	2002/2076
67	acridinic bases	吖啶碱	2004/129/EC
68	active chlorine generated from sodium chloride by electrolysis	氯化钠电解生成的活性氯	
69	acrinathrin	氟丙菊酯	2008/934, Reg. (EU) 2017/358, Reg. (EU) 2021/1450, Reg. (EU) 2022/801, Reg. (EU) No 2019/291, Reg. (EU) No 540/2011, Reg. (EU) No 974/2011
70	afidopyropen	双丙环虫酯	
71	Agrobacterium radiobacter K84	放射性土壤杆菌 K84 菌株	2007/442
72	Agrotis segetum granulosis virus	黄地老虎颗粒体病毒	2004/129/EC
73	alachlor	甲草胺	06/966/EC
74	alanycarb	棉铃威	02/311/EC
75	aldicarb	涕灭威	2003/199/EC

序号	农药英文名称	农药名称	相关法规
76	aldimorph	4-十二烷基-2,6-二甲基吗啉	2002/2076
77	aldrin	艾氏剂	850/2004
78	alkyl mercury compounds	烷基（烃基）汞化合物	79/117/EEC
79	alkyldimethylbenzyl ammonium chloride	烷基-二甲基-苄氯化铵	2004/129/EC
80	alkyldimethylethylbenzylammonium chloride	氯化烷基二甲基乙基苄基铵	2004/129/EC
81	alkyloxyl and aryl mercury compounds	烷氧基和芳基汞化合物	79/117/EEC
82	alkyltrimethyl ammonium chloride	烷基三甲基氯化铵	2002/2076
83	alkyltrimethylbenzyl ammonium chloride	烷基三甲基苄基氯化铵	2002/2076
84	allethrin	烯丙菊酯	2002/2076
85	alloxydim	禾草灭	2002/2076
86	allyl alcohol	烯丙醇	2002/2076
87	alpha-cypermethrin (aka alphamethrin)	顺式氯氰菊酯	04/58/EC, Reg. (EU) 2017/841, Reg. (EU) 2018/917, Reg. (EU) 2019/1690, Reg. (EU) 2019/707, Reg. (EU) 2021/795, Reg. (EU) No 540/2011
88	ametryn	莠灭净	2002/2076
89	amicarbazone	氨唑草酮	
90	amino acids: gamma-aminobutyric acid	氨基酸:γ-氨基丁酸	2007/442
91	amino acids: mix	混合氨基酸	2004/129/EC
92	amitraz	双甲脒	2004/141/EC
93	amitrole (aminotriazole)	杀草强	Reg. (EU) 2016/871 (01/21/EC, 2010/77/ EU, Reg. (EU) 2015/ 1885, Reg. (EU) No 540/2011)
94	ammonium acetate	乙酸铵	2008/127, Reg. (EU) No 540/2011
95	ammonium bituminosulfonate	鱼石脂	Reg 647/2007
96	ammonium carbonate	碳酸铵	2007/442
97	ammonium hydroxyde	氢氧化铵	2004/129/EC
98	ammonium sulphamate	氨基磺酸铵	2006/797/EC
99	ammonium sulphate	硫酸铵	2004/129/EC
100	ampropylfos	氨丙膦酸	2002/2076
101	ancymidol	嘧啶醇	2002/2076
102	anilazine	敌菌灵	2002/2076
103	anilofos	杀稗磷	
104	anthracene oil	蒽油	2002/2076

序号	农药英文名称	农药名称	相关法规
105	anthraquinone	蒽醌	2008/986
106	aramite	杀螨特	
107	*Arctium lappa* L. (aerial parts)	牛蒡	Reg. (EU) 2015/2082
108	*Artemisia absinthium* L.	中亚苦蒿	Reg. (EU) 2015/2046
109	*Artemisia vulgaris* L.	北艾	Reg. (EU) 2015/1191
110	*Aschersonia aleyrodis*	粉虱座壳孢	2004/129/EC
111	asomate	砷制剂	
112	asphalts	沥青	2007/442
113	atrazine	莠去津	2004/248/EC
114	aviglycine HCl	四烯雌酮	
115	azaconazole	戊环唑	2002/2076
116	azafenidin	唑啶草酮	02/949/EC
117	azamethiphos	甲基吡啶磷	2002/2076
118	azimsulfuron	四唑嘧磺隆	1999/80/EC, 2007/21/EC, 2010/54/EU, Reg. (EU) 2022/801, Reg. (EU) No 540/2011, Reg. (EU) No 704/2011
119	azinphos ethyl	乙基保棉磷	95/276/EC
120	azinphos-methyl	谷硫磷	Reg 1335/2005
121	aziprotryne	叠氮津	2002/2076
122	azocyclotin	环己锡	2008/296
123	*Bacillus sphaericus*	球形芽孢杆菌	2007/442
124	*Bacillus subtilis* strain IBE 711	枯草芽孢杆菌 IBE 711	2007/442
125	*Bacillus thuringiensis* subsp. *tenebrionis* strain NB 176 (TM 14 1)	苏云金芽孢杆菌拟步行甲亚种	(2008/113, Reg. (EU) No 540/2011)
126	*Baculovirus* GV	杆状病毒 GV	2007/442
127	barban	燕麦灵	2002/2076
128	barium fluosilicate	氟硅酸钡	2002/2076
129	barium nitrate	硝酸钡	2004/129/EC
130	barium polysulphide	多硫化钡	2002/2076
131	*Beauveria bassiana* strain BB1	球孢白僵菌株 BB1	
132	*Beauveria brongniartii*	布氏白僵菌	2008/768
133	benazolin	草除灵	2002/2076
134	benalaxyl	苯霜灵	04/58/EC, Reg. (EU) 2017/841, Reg. (EU) 2018/917, Reg. (EU) 2019/707, Reg. (EU) 2020/1280, Reg. (EU) 2020/869, Reg. (EU) No 540/2011

续表

序号	农药英文名称	农药名称	相关法规
135	bendiocarb	噁虫威	2002/2076
136	benfuracarb	丙硫克百威	2007/615
137	benfuresate	呋草黄	2002/2076
138	benodanil	麦锈灵	2002/2076
139	benomyl	苯菌灵	2002/928/EC
140	bensulide	地散磷	2002/2076
141	bensultap	杀虫磺	2002/2076
142	bentaluron	1-(1,3-苯并噻唑-2-基)-3-异丙基脲	2002/2076
143	benzalkonium chloride	苯扎氯胺	2002/2076
144	benzoximate	苯螨特	2002/2076
145	benzoylprop	新燕灵	2002/2076
146	benzthiazuron	噻草隆	Reg. (EC) No 2076/2002
147	beta-cyfluthrin	高效氟氯氰菊酯	Reg. (EU) 2020/892 (03/31/EC, Reg. (EU) 2016/950, Reg. (EU) 2017/1511, Reg. (EU) 2018/1262, Reg. (EU) 2019/1589, Reg. (EU) No 540/2011, Reg. (EU) No 823/2012)
148	beta-cypermethrin	高效氯氰菊酯	Reg. (EU) 2017/1526 (2011/266/EU)
149	bicyclopyrone	氟吡草酮	
150	bifenthrin	联苯菊酯	(2009/887/EC, Reg. (EU) 2017/195, Reg. (EU) 2018/291, Reg. (EU) 2019/324, Reg. (EU) No 582/2012)
151	binapacryl	乐杀螨	79/117/EEC
152	bioallethrin	生物烯丙菊酯	2002/2076
153	biohumus	有机矿物肥料	2007/442
154	bioresmethrin	生物苄呋菊酯	2002/2076
155	biphenyl	联苯	2004/129/EC
156	bis(tributyltin) oxide	双(三丁基锡)氧化物	2002/2076
157	bitertanol	联苯三唑醇	Reg. (EU) No 767/2013 (2008/934, Reg. (EU) No 1278/2011)
158	bitumen	沥青	2002/2076
159	bispyribac	双草醚酸	2011/22/EU, Reg. (EU) 2022/808, Reg. (EU) No 2018/1916, Reg. (EU) No 740/2011

序号	农药英文名称	农药名称	相关法规
160	blasticidin-S	灭瘟素	
161	bone oil	骨油	2008/943
162	boric acid	硼酸	2004/129/EC
163	brandol (hydroxynonyl-2,6-dinitrobenzene)	羟基壬基-2,6-二硝基苯	2002/2076
164	brodifacoum	溴鼠灵	2007/442
165	bromacil	除草定	2002/2076
166	bromadiolone	溴敌隆	2011/48/EU, Reg. (EU) 2022/801, Reg. (EU) No 540/2011
167	bromethalin	溴鼠胺	2004/129/EC
168	bromocyclen	溴烯杀	2002/2076
169	bromofenoxim	溴酚肟	2002/2076
170	bromophos	溴硫磷	2002/2076
171	bromophos-ethyl	乙基溴硫磷	2002/2076
172	bromopropylate	溴螨酯	2002/2076
173	bromoxynil	溴苯腈	04/58/EC, Reg. (EU) 2017/841, Reg. (EU) 2018/917, Reg. (EU) 2019/707, Reg. (EU) 2020/1276, Reg. (EU) 2020/869, Reg. (EU) No 540/2011
174	bronopol	溴硝醇	2002/2076
175	butachlor	丁草胺	2002/2076
176	butamifos	抑草磷	
177	butocarboxim	丁酮威	2002/2076
178	butoxycarboxim	丁酮砜威	2002/2076
179	butralin	仲丁灵	2008/819
180	butylate	丁草特	2002/2076
181	cadusafos (aka ebufos)	硫线磷	2007/428
182	cafenstrole	唑草胺	
183	calciferol	钙化醇	2004/129/EC
184	calcium carbonate (aka chalk)	碳酸钙	2002/2076
185	calcium chloride	氯化钙	2007/442
186	calcium oxide (quick lime)	氧化钙	2002/2076
187	calcium phosphate	磷酸钙	2004/129/EC
188	calcium phosphide	磷化钙	2008/125, Reg. (EU) 2017/195, Reg. (EU) 2020/1643, Reg. (EU) 2022/801, Reg. (EU) No 540/2011

续表

序号	农药英文名称	农药名称	相关法规
189	camphechlor	毒杀芬	79/117/EEC
190	captafol	敌菌丹	79/117/EEC
191	*Capsicum annuum* L. var. *annuum*, longum group, cayenne, extract (oleoresins capsicum)	辣椒油树脂	Reg. (EU) 2021/464
192	carbaryl	甲萘威	2007/355
193	carbetamide	双酰草胺	2011/50/EU, Reg. (EU) 2018/155, Reg. (EU) 2020/1295, Reg. (EU) 2022/801, Reg. (EU) No 540/2011
194	carbendazim	多菌灵	(2006/135/EC, 2010/70/EC, 2011/58/EU, Reg. (EU) No 540/2011, Reg. (EU) No 542/2011)
195	carbofuran	克百威	2007/416
196	carboxin	萎锈灵	2011/52/EU, Reg. (EU) 2022/801, Reg. (EU) No 2018/1266, Reg. (EU) No 2019/324, Reg. (EU) No 540/2011
197	carbon disulphide	二硫化碳	2002/2076
198	carbon dioxide (basic substance)	二氧化碳	Reg. (EU) 2021/80
199	carbon tetrachloride	四氯化碳	
200	carbon monoxide	一氧化碳	2008/967
201	carbophenothion	三硫磷	2002/2076
202	carbosulfan	丁硫克百威	2007/415
203	carpropamid	环丙酰菌胺	
204	cartap	杀螟丹	2002/2076
205	casein	酪蛋白	2007/442
206	cetrimide	西曲溴铵	2002/2076
207	chinin hydrochlorid	盐酸盐	2008/317
208	chinomethionat (aka quinomethionate)	灭螨猛	2002/2076
209	chlobenthiazone	灭瘟唑	
210	chlomethoxyfen	甲氧除草醚	2002/2076
211	chloral-bis-acylal	双缩三氯乙醛	2002/2076
212	chloral-semi-acetal	半缩三氯乙醛	2002/2076
213	chloralose	氯醛糖	2007/442
214	chloramben	草灭平	2002/2076
215	chlorates (incl. Mg, Na, K chlorates)	氯酸盐(包括镁、钠钾氯酸盐)	2008/865
216	chlorbenside	氯杀螨	

序号	农药英文名称	农药名称	相关法规
217	chlorbromuron	氯溴隆	2002/2076
218	chlorbufam	氯炔灵	2002/2076
219	chlordane	氯丹	850/2004
220	chlordecone	十氯酮	850/2004
221	chloretazate (iso: karetazan)	玉雄杀	2002/2076
222	chlorethoxyfos	氯氧磷	
223	chlorfenapyr	溴虫腈	2001/697/EC
224	chlorfenprop	燕麦酯	2002/2076
225	chlorfenson (aka chlorfenizon)	杀螨酯	2002/2076
226	chlorfenvinphos	毒虫畏	2002/2076
227	chlorfluazuron	氟啶脲	2002/2076
228	chlorflurenol (chlorflurecol)	整形醇	2004/129/EC
229	chlorhydrate of poly(iminino imido biguanidine)	氯化水合聚亚胺双胍	2004/129/EC
230	chloridazon (aka pyrazone)	氯草敏	(2008/41, Reg. (EU) No 540/2011)
231	chlorimuron	氯嘧磺隆	
232	chlorine dioxide	二氧化氯	
233	chlormephos	氯甲硫磷	2002/2076
234	chlorobenzilate	乙酯杀螨醇	2002/2076
235	chloroneb	地茂散	
236	chlorophacinone	氯敌鼠	2007/442
237	chlorophylline	叶绿酸	2004/129/EC
238	chloropropylate	丙酯杀螨醇	Reg. (EC) No 2076/2002
239	chlorothalonil	百菌清	Reg. (EU) 2019/677 (05/53/EC, Reg. (EU) 2017/1511, Reg. (EU) 2018/1262, Reg. (EU) No 533/2013, Reg. (EU) No 540/2011)
240	chloroxuron	枯草隆	2002/2076
241	chlorphonium chloride	三丁氯苄膦	2002/2076
242	chlorpropham	氯苯胺灵	Reg. (EU) 2019/989 (04/20/EC, Reg. (EU) 2017/841, Reg. (EU) 2018/917, Reg. (EU) No 540/2011)
243	chlorpyrifos	毒死蜱	Reg. (EU) 2020/18 (05/72/EC, Reg. (EU) 2018/1796, Reg. (EU) 84/2018, Reg. (EU) No 540/2011, Reg. (EU) No 762/2013)

序号	农药英文名称	农药名称	相关法规
244	chlorpyrifos-methyl	甲基毒死蜱	Reg. (EU) 2020/17 (05/72/EC, Reg. (EU) 2018/1796, Reg. (EU) 84/2018, Reg. (EU) No 540/2011, Reg. (EU) No 762/2013)
245	chlorsulfuron	氯磺隆	(2009/77/EC, Reg. (EU) No 540/2011)
246	chlorthal-dimethyl	氯酞酸二甲酯	2009/715/EC
247	chlorthiamid	氯硫酰草胺	2002/2076
248	chlorthiophos	虫螨磷	2002/2076
249	chloropicrin	氯化苦	2008/934, Reg. (EU) 2022/751, Reg. (EU) No 1381/2011
250	chlozolinate	乙菌利	2000/626/EC
251	cholecalciferol	胆钙化醇	2004/129/EC
252	choline chloride	氯化胆碱	2004/129/EC
253	*Chromobacterium subtsugae* PRAA4-1T	铁杉下色杆菌 PRAA4-1T	
254	cinidon ethyl	环酰草酯	Reg. (EU) No 1134/2011 (02/64/EC, Reg. (EU) No 540/2011)
255	cinosulfuron	醚磺隆	2004/129/EC
256	*cis*-zeatin	玉米素	2007/442
257	citrus extract	天然柑橘提取物	Reg 647/2007
258	citrus extract/grapefruit extract	天然柑橘提取物/葡萄提取物	2007/442
259	citrus extract/grapefruit seed extract	天然柑橘提取物/葡萄籽提取物	2007/442
260	clofencet	苯哒嗪酸	2004/129/EC
261	clomeprop	氯甲酰草胺	
262	clothianidin	噻虫胺	(06/41/EC, 2010/21/EU, Reg. (EU) No 1136/2013, Reg. (EU) No 2018/784, Reg. (EU) No 485/2013, Reg. (EU) No 540/2011, Reg. (EU) No 84/2018)
263	conifer needle powder	松针粉	2007/442
264	copper complex: 8-hydroxyquinolin with salicylic acid	铜络合物：8-羟基喹啉与水杨酸	2007/442
265	corn steep liquor	玉米浆	2004/129/EC
266	coumachlor	氯杀鼠灵	2004/129/EC
267	coumafuryl	克鼠灵	2004/129/EC
268	coumaphos	蝇毒磷	
269	coumatetralyl	杀鼠醚	2004/129/EC

序号	农药英文名称	农药名称	相关法规
270	comfrey steeping	紫草浸泡液	Reg. (EU) 2021/809
271	cresylic acid	甲苯基酸	2005/303
272	crimidine	鼠立死	2004/129/EC
273	cryolite	冰晶石	
274	cufraneb	硫杂灵杀菌剂	2002/2076
275	cumylphenol	对枯基苯酚	2007/442
276	cyanamide (H & Ca cyanamide)	单氰胺	2008/745
277	cyanazine	草净津	2002/2076
278	cyanides: calcium, hydrogen, sodium	氰化物(钙、氢、钠)	2004/129/EC
279	cyclanilide	环丙酰草胺	Reg. (EU) No 1022/2011 (01/87/EC, Reg. (EU) No 540/2011)
280	cyclaniliprole	环溴虫酰胺	Reg. (EU) 2017/357
281	cycloate	环草敌	2002/2076
282	cycluron	环莠隆	2002/2076
283	cyenopyrafen	腈吡螨酯	
284	cyfluthrin	氟氯氰菊酯	(03/31/EC, Reg. (EU) No 460/2014, Reg. (EU) No 540/2011, Reg. (EU) No 823/2012)
285	cyhalothrin	氯氟氰菊酯	94/643/EC
286	cyhexatin	三环锡	2008/296
287	cyprofuram	酯菌胺	2002/2076
288	cyromazine	环丙氨嗪	(2009/77/EC, Reg. (EU) No 540/2011)
289	cyproconazole	环丙唑醇	2011/56/EU, Reg. (EU) 2022/801, Reg. (EU) No 540/2011
290	DADZ (zinc-dimethylditiocarbamate)	二甲氨基二硫代甲酸锌	2002/2076
291	dalapon	茅草枯	2002/2076
292	DDT	滴滴涕	850/2004
293	delta-endotoxin of *Bacillus thuringiensis*	苏云金杆菌杀虫剂	2002/2076
294	denathonium benzoate	苯甲地那铵盐	2008/127, Reg. (EU) 2017/195, Reg. (EU) 2020/1643, Reg. (EU) 2022/801, Reg. (EU) No 540/2011, Reg. (EU) No 608/2012
295	demeton-*S*-methyl	甲基内吸磷	2002/2076
296	demeton-*S*-methyl sulphone	磺吸磷	2002/2076

续表

序号	农药英文名称	农药名称	相关法规
297	desmedipham	甜菜安	Reg. (EU) 2019/1100 (04/58/EC, Reg. (EU) 2017/841, Reg. (EU) 2018/917, Reg. (EU) 2019/707, Reg. (EU) No 540/2011)
298	desmetryn	敌草净	2002/2076
299	di-1-*p*-menthene B470	二-1-对孟烯 B470	Reg 647/2007
300	di-allate	燕麦敌	2002/2076
301	diafenthiuron	丁醚脲	2002/2076
302	dialifos	氯亚胺硫磷	2002/2076
303	diazinon	二嗪农	2007/393
304	dichlobenil	敌草腈	2011/234/EU
305	dichlofenthion	除线磷	2002/2076
306	dichlofluanid	抑菌灵	2002/2076
307	dichlone	二氯萘醌	2002/2076
308	dichlorophen	双氯酚	2005/303
309	dichlorprop	2,4-滴丙酸	2002/2076
310	dichlorvos	敌敌畏	2007/387
311	diethofencarb	乙霉威	2011/26/EU, Reg. (EU) 2022/801, Reg. (EU) No 540/2011
312	diclobutrazol	苄氯三唑醇	2002/2076
313	dicloran	氯硝胺	2011/329/EU
314	dicofol	三氯杀螨醇	2008/764/EC
315	dicofol (containing <78% *p*,*p*'-dicofol or > 1g/kg DDT and DDT related cmpds)	三氯杀螨醇(含有 DDT)	79/117/EEC
316	dicrotophos	百治磷	2002/2076
317	dicyclopentadiene	二环戊二烯	2002/2076
318	didecyldimethylammonium chloride	双十烷基二甲基氯化铵	Reg. (EU) No 175/2013 (2009/70/EC, Reg. (EU) No 540/2011)
319	dieldrin	狄氏剂	850/2004
320	dienochlor	除螨灵	2002/2076
321	diethatyl (-ethyl)	乙酰甲草胺	2002/2076
322	difenacoum	鼠得克	(2009/70, Reg. (EU) No 540/2011)
323	difenoxuron	枯莠隆	2002/2076
324	difenzoquat	野燕枯	2002/2076
325	difethialone	噻鼠灵	2004/129/EC
326	diflufenzopyr	氟吡草腙	

序号	农药英文名称	农药名称	相关法规
327	diflubenzuron	除虫脲	2008/69/EC, 2010/39/EU, Reg. (EU) 2017/855, Reg. (EU) 2018/1796, Reg. (EU) 2019/1589, Reg. (EU) 2022/801, Reg. (EU) No 540/2011
328	dikegulac	调呋酸	Reg. (EC) No 2076/2002
329	dimefox	甲氟磷	2002/2076
330	dimefuron	噁唑隆	2002/2076
331	dimepiperate	哌草丹	2002/2076
332	dimethenamid	二甲吩草胺	2006/1009/EC
333	dimethipin	噻节因	2007/553
334	dimethirimol	二甲嘧酚	2002/2076
335	dimethyl sulfide	二甲硫醇	Reg. (EU) 2021/1451
336	dimethoate	乐果	Reg. (EU) 2019/1090 (07/25/EC, Reg. (EU) 2018/917, Reg. (EU) 2019/707, Reg. (EU) No 540/2011)
337	dimethylvinphos	甲基毒虫畏	
338	dimexano	草灭散	2002/2076
339	diniconazole-M	烯唑醇	2008/743
340	dinitramine	敌乐胺	2002/2076
341	dinobuton	消螨通	2002/2076
342	dinocap	敌螨普	
343	dinoseb, its acetate and salts	地乐酚	79/117/EEC
344	dinotefuran	呋虫胺	
345	dinoterb	特乐酚	98/269/EC
346	dioctyldimethyl ammonium chloride	双辛烷基二甲基氯化铵	2004/129/EC
347	dioxacarb	二氧威	2002/2076
348	dioxathion	敌杀磷	2002/2076
349	diphacinone	敌鼠	2004/129/EC
350	diphenamid (aka difenamide)	双苯酰草胺	2002/2076
351	diphenylamine	二苯胺	Reg. (EU) No 578/2012 (2009/859/EC)
352	diquat	敌草快	Reg. (EU) 2018/1532 (01/21/EC, 2010/77/EU, Reg. (EU) 2015/1885, Reg. (EU) 2016/549, Reg. (EU) 2017/841, Reg. (EU) 2018/917, Reg. (EU) No 540/2011)

续表

序号	农药英文名称	农药名称	相关法规
353	disodium octaborate tetrahydrate	四水八硼酸二钠	2002/2076
354	disulfoton	乙拌磷	2002/2076
355	ditalimfos	灭菌磷	2002/2076
356	dithiopyr	氟硫草定	
357	diuron	敌草隆	08/91/EC, Reg. (EU) 2019/707, Reg. (EU) 2022/801, Reg. (EU) No 2018/1262, Reg. (EU) No 540/2011
358	DNOC	二硝甲酚	99/164/EC
359	drazoxolon	敌菌酮	2002/2076
360	edifenphos	克瘟散	
361	EDTA and its salts	乙二胺四乙酸	2007/442
362	endosulfan	硫丹	05/864/EC
363	endothal	茵多酸	2002/2076
364	endrin	异艾氏剂	850/2004
365	EPN	苯硫磷	
366	epoxiconazole	氟环唑	(2008/107, Reg. (EU) 2019/168, Reg. (EU) No 540/2011)
367	EPTC (S-dipropylthiocarbamate)	扑草灭	2002/2076
368	esprocarb	戊草丹	
369	etacelasil	乙烯硅	2002/2076
370	etaconazole	乙环唑	
371	ethaboxam	噻唑菌胺	
372	ethalfluralin	乙丁烯氟灵	2008/934
373	ethandinitril		
374	ethanedial (glyoxal)	乙二醛	2007/442
375	ethanethiol	乙硫醇	2004/129/EC
376	ethanol	乙醇	
377	ethametsulfuron-methyl	胺苯磺隆	dossier complete 2011/124/EU, Reg (EU) 2020/1281
378	ethidimuron (aka sulfodiazol)	磺噻隆	Reg. (EC) No 2076/2002
379	ethiofencarb	杀虫丹	2002/2076
380	ethion (aka diethion)	乙硫磷	2002/2076
381	ethiprole	扑虱灵	
382	ethirimol	乙菌定	2002/2076
383	ethoate-methyl	益硫磷	2002/2076

续表

序号	农药英文名称	农药名称	相关法规
384	ethoprophos	灭线磷	Reg. (EU) 2019/344 (07/52/EC, Reg. (EU) 2018/917, Reg. (EU) No 1178/2013, Reg. (EU) No 540/2011)
385	ethoxyquin	乙氧喹啉	2011/143/EU (2008/941)
386	ethoxysulfuron	乙氧嘧磺隆	(03/23/EC, Reg. (EU) No 186/2014, Reg. (EU) No 540/2011, Reg. (EU) No 823/2012)
387	ethychlozate	吲熟酯	
388	ethyl 2,4-decadienoate	2,4-癸二烯酸乙酯	Reg 647/2007
389	ethyl formate	甲酸乙酯	
390	ethylene oxide	环氧乙烷	79/117/EEC
391	ethylhexanoate	己酸乙酯	2004/129/EC
392	etrimfos	乙嘧硫磷	2002/2076
393	etridiazole	土菌灵	2011/29/EU, Reg. (EU) 2022/801, Reg. (EU) No 540/2011, Reg. (EU) No 540/2011, review report-update 2021 (confirmatory information)
394	extract from Mentha piperita	薄荷提取物	2007/442
395	extract from plant red oak, prickly pear cactus, fragrant sumac, red mangrove	植物红栎、仙人掌、香漆树、红树提取物	2007/442
396	fatty acids / isobutyric acid	异丁酸	2007/442
397	fatty acids / isovaleric acid	异戊酸	2007/442
398	fatty acids / valeric acid	戊酸	2007/442
399	fatty acids: potassium salt - caprylic acid	辛酸钾	2007/442
400	fatty acids: potassium salt - tall oil fatty acid	妥尔油酸钾	2007/442
401	fatty alcohols / aliphatic alcohols	脂肪醇	2008/941
402	famoxadone	噁唑菌酮	02/64/EC, 2010/77/EU, Reg. (EU) 2015/1885, Reg. (EU) 2016/549, Reg. (EU) 2017/841, Reg. (EU) 2018/917, Reg. (EU) 2019/707, Reg. (EU) 2020/869, Reg. (EU) 2021/1379, Reg. (EU) 2021/745, Reg. (EU) No 540/2011

序号	农药英文名称	农药名称	相关法规
403	fenamidone	咪唑菌酮	Reg. (EU) 2018/1043 (03/68/EC, Reg. (EU) 2016/950, Reg. (EU) 2017/841, Reg. (EU) 2018/917, Reg. (EU) No 540/2011, Reg. (EU) No 823/2012)
404	fenaminosulf	敌磺钠	2002/2076
405	fenarimol	氯苯嘧啶醇	(2006/134/EC)
406	fenazaflor	抗螨唑	2002/2076
407	fenbutatin oxide	苯丁锡	Reg. (EU) No 486/2014 (2011/30/EU, decision 2008/934, Reg. (EU) No 540/2011)
408	fenchlorphos	皮蝇磷	
409	fenfuram	甲呋酰胺	2002/2076
410	fenitrothion	杀螟硫磷	2007/379
411	fenobucarb	仲丁威	
412	fenoprop	涕丙酸	2002/2076
413	fenothiocarb	苯硫威	2002/2076
414	fenoxaprop	噁唑禾草灵	2002/2076
415	fenpiclonil	拌种咯	2002/2076
416	fenpropathrin	甲氰菊酯	2002/2076
417	fenpropimorph	丁苯吗啉	(2008/107, Reg. (EU) No 540/2011)
418	fenridazon	哒嗪酮酸	2002/2076
419	fenson (aka fenizon)	除螨酯	2002/2076
420	fensulfothion	线虫磷	2006/141/EC
421	fenthion	倍硫磷	04/140/EC
422	fenthiosulf		2002/2076
423	fentin acetate	三苯基乙酸锡	2002/478/EC
424	fentin hydroxide	三苯基氢氧化锡	2002/479/EC
425	fentrazamide	四唑酰草胺	
426	fenuron	非草隆	2002/2076
427	fenvalerate	氰戊菊酯	98/270/EC
428	FEN 560 (fenugreek seed powder)	葫芦巴籽粉	2010/42/EU, Reg. (EU) 2022/801, Reg. (EU) No 2018/184, Reg. (EU) No 2019/324, Reg. (EU) No 540/2011

续表

序号	农药英文名称	农药名称	相关法规
429	fenamiphos (aka phenamiphos)	苯线磷	06/85/EC, Reg. (EU) 2015/415, Reg. (EU) 2018/917, Reg. (EU) 2019/707, Reg. (EU) 2020/1246, Reg. (EU) 2020/869, Reg. (EU) No 540/2011
430	fenbuconazole	腈苯唑	2010/87/EU, Reg. (EU) 2018/155, Reg. (EU) 2022/801, Reg. (EU) No 540/2011
431	fenoxycarb	苯氧威	2011/20/EU, Reg. (EU) 2022/801, Reg. (EU) No 540/2011
432	ferbam	福美铁	95/276/EC
433	fipronil	氟虫腈	(07/52/EC, 2010/21/EU, Reg. (EU) 2016/2035, Reg. (EU) No 540/2011, Reg. (EU) No 781/2013)
434	flamprop	麦燕灵	2002/2076
435	flamprop-M	麦草伏-M	2004/129/EC
436	flocoumafen	氟鼠灵	2004/129/EC
437	fluacrypyrim	嘧螨酯	
438	fluazifop	吡氟禾草灵	2002/2076
439	fluazolate (formerly isopropozole)	异丙吡草酯	2002/748/EC
440	flubenzimine	氟螨噻	2002/2076
441	flucarbazone-sodium	氟酮磺隆	
442	flucycloxuron	氟螨脲	2002/2076
443	flucythrinate	氟氰戊菊酯	2002/2076
444	flufenoxuron	氟虫脲	2008/934, Reg. (EU) No 942/2011
445	flufenzin (ISO: diflovidazin)	杀螨净	2007/442
446	flumequine	氟甲喹	2002/2076
447	flumetsulam	唑嘧磺草胺	2007/442
448	flumiclorac-pentyl	氟烯草酸	
449	fluoroacetamide	氟乙酰胺	2004/129/EC
450	fluorodifen	三氟硝草醚	2002/2076
451	fluoroglycofen	乙羧氟草醚	2002/2076
452	flupoxam	氟胺草唑	2002/2076
453	flupyrsulfuron-methyl (DPX KE 459)	氟啶嘧磺隆	Reg. (EU) 2017/1496 (01/49/EC, 2010/77/EU, Reg. (EU) 2015/1885, Reg. (EU) 2016/549, Reg. (EU) 2017/841, Reg. (EU) No 540/2011

序号	农药英文名称	农药名称	相关法规
454	flurenol (flurecol)	抑草丁	2004/129/EC
455	fluridone	氟啶草酮	2002/2076
456	flurprimidol	呋嘧醇	2011/328/EU
457	flurtamone	呋草酮	03/84/EC, Reg (EU) No 2018/1917, Reg. (EU) No 540/2011 (Reg. (EU) 2016/950, Reg. (EU) 2017/1511, Reg. (EU) No 2018/1262, Reg. (EU) No 823/2012)
458	flusilazole	氟硅唑	(06/133/EC, Reg. (EU) No 540/2011)
459	flusulfamide	磺菌胺	
460	fluquinconazole	氟喹唑	2008/934/EC, Reg (EU) 2018/155, Reg. (EU) 2022/801, Reg. (EU) No 806/2011
461	flutriafol	粉唑醇	Reg. (EU) 2018/1266, Reg. (EU) 2018/155, directive 91/414/EEC, Reg. (EU) 2020/2007, Reg. (EU) 2021/726, Reg. (EU) 2022/801, Reg. (EU) No 540/2011
462	folic acid	叶酸	2007/442
463	fomesafen	氟磺胺草醚	2002/2076
464	fonofos	地虫磷	2002/2076
465	formaldehyde	甲醛	2007/442
466	formic acid	甲酸	2007/442
467	formothion	安果	2002/2076
468	fosamine	杀木膦	2002/2076
469	fosthietan	丁硫环磷	2002/2076
470	fuberidazole	麦穗宁	Reg. (EU) No 540/2011 (2008/108)
471	furalaxyl	呋霜灵	2002/2076
472	furathiocarb	呋线威	2002/2076
473	furconazole	呋菌唑	2002/2076
474	furfural	糠醛	2002/2076
475	furmecyclox	拌种胺	2002/2076
476	garlic pulp	蒜泥	2007/442
477	gelatine	吉利丁	2007/442
478	gentian violet	龙胆紫	2002/2076

续表

序号	农药英文名称	农药名称	相关法规
479	glufosinate	草铵膦	(07/25/EC, Reg. (EU) 2015/404, Reg. (EU) No 365/2013, Reg. (EU) No 540/2011)
480	glutaraldehyde (aka glutardialdehyde)	戊二醛	2007/442
481	grape (*Vitis vinifera*) cane tannins	葡萄藤鞣质	Reg. (EU)2020/29
482	grease (bands, fruit trees)	润滑脂	
483	guazatine	双胍盐	2008/934 (2010/455/EU)
484	halfenprox (aka brofenprox)	苄螨醚	2002/2076
485	haloxyfop	吡氟氯禾灵	2002/2076
486	haloxyfop-P (haloxyfop-R)	高效吡氟氯禾灵	2010/86/EU, Reg. (EU) 2015/2233, Reg. (EU) 2020/1643, Reg. (EU) 2022/801, Reg. (EU) No 2018/670, Reg. (EU) No 540/2011
487	HBTA (high boiling tar acid)	高沸点焦油酸	2007/442
488	heptachlor	七氯	850/2004
489	heptenophos	庚烯磷	2002/2076
490	hexachlorobenzene	六氯苯	850/2004
491	hexachlorocyclohexane (HCH)	六六六	850/2004
492	hexachlorophene	六氯酚	2002/2076
493	hexaconazole	己唑醇	2006/797
494	hexaflumuron	氟铃脲	2004/129/EC
495	hexamethylene tetramine (urotropin)	六次甲基四胺	2007/442
496	hexazinone	环嗪酮	2002/2076
497	hydramethylnon	氟蚁腙	2002/2076
498	hydroxy-MCPA	2-甲-4-氯苯氧基乙酸	2002/2076
499	hydroxyphenyl-salicylamide	羟基苯基水杨酰胺	2002/2076
500	indanofan	茚草酮	
501	imazamethabenz	咪草酸	2005/303
502	imazapic	甲基咪草烟	
503	imazapyr	咪唑烟酸	2002/2076
504	imazaquin	咪唑喹啉酸	Reg. (EU) No 540/ 2011 (2008/69, Reg. (EU) No 1100/2011)
505	imazethabenz	甲基咪草酯	2076/2002
506	imazethapyr	普施特	2004/129/EC
507	imazosulfuron	唑吡嘧磺隆	(05/3/EC, Reg. (EU) No 540/2011, Reg. EU No 1197/2012)

序号	农药英文名称	农药名称	相关法规
508	imibenconazole	亚胺唑	
509	imicyafos	氰咪唑硫磷	
510	iminoctadine	双胍辛胺	2002/2076
511	indolylacetic acid (aka auxins)	吲哚乙酸	2008/941
512	iodofenphos	碘硫磷	2002/2076
513	ioxynil	碘苯腈	(04/58/EC, Reg. (EU) No 540/2011)
514	iprobenfos	异稻瘟净	
515	iprodione	异菌脲	Reg. (EU) 2017/2091 (03/31/EC, Reg. (EU) 2016/950, Reg. (EU) 2017/1511, Reg. (EU) No 540/2011, Reg. (EU) No 823/2012)
516	iron pyrophosphate	焦磷酸铁	2007/442
517	isazofos	氯唑磷	2002/2076
518	isocarbamid	草特灵	2002/2076
519	isocarbophos (ISO: isopropyl *O*-(methoxya-minothiophosphoryl)salicylate)	水胺硫磷	
520	isofenphos	异柳磷	2002/2076
521	isofenphos-methyl	甲基异柳磷	
522	isolane	移栽灵	2002/2076
523	isoprocarb	异丙威	
524	isopropalin	异乐灵	Reg. (EC) No 2076/2002
525	isoprothiolane	稻瘟灵	2002/2076
526	isoproturon	异丙隆	Reg. (EU) 2016/872 (02/18/EC, 2010/77/EU, Reg. (EU) 2015/1885, Reg. (EU) No 540/2011)
527	isopyrazam	吡唑萘菌胺	dossier complete 2010/132/EU, Reg. (EU) 2015/1106, Reg. (EU) 2018/155, Reg. (EU) 2022/782, Reg. (EU) No 1037/2012
528	isotianil	异噻菌胺	
529	isouron	异噁隆	
530	isoval	溴异戊酰脲	2004/129/EC
531	isoxathion	噁唑磷	2002/2076

序号	农药英文名称	农药名称	相关法规
532	imidacloprid	吡虫啉	2008/116/EC, 2010/21/EU, Reg. (EU) 2017/195, Reg. (EU) 2020/1643, Reg. (EU) 2022/801, Reg. (EU) No 485/2013, Reg. (EU) No 540/2011, Reg.(EU) No 2018/783
533	indanofan	茚草酮	
534	indoxacarb	茚虫威	06/10/EC, Reg. (EU) 2017/1511, Reg. (EU) 2018/1262, Reg. (EU) 2019/1589, Reg. (EU) 2020/1511, Reg. (EU) 2021/1449, Reg. (EU) 2021/2081, Reg. (EU) No 533/2013, Reg. (EU) No 540/2011
535	jasmonic acid	茉莉酸	2007/442
536	karanjin	水黄皮素	
537	karbutilate	特胺灵	2002/2076
538	kasugamycin	春雷霉素	2005/303
539	kelevan	氯戊环	
540	kinoprene	烯虫炔酯	2002/2076
541	lactic acid	乳酸	2004/129/EC
542	lactofen	乳氟禾草灵	2007/442
543	landes pine tar	兰德斯松焦油	Reg. (EU) No 2018/1294
544	lanolin	羊毛脂	2007/442
545	lauryldimethylbenzylammonium bromide	苯扎溴铵	2004/129/EC
546	lauryldimethylbenzylammonium chloride	十二烷基二甲基苄基氯化铵	2004/129/EC
547	lecithin	卵磷脂	2007/442
548	lepimectin	雷皮菌素	
549	lime phosphate	石灰磷酸盐	2004/129/EC
550	lindane	林丹	00/801/EC
551	linuron	利谷隆	Reg. (EU) 2017/244 (03/31/EC, Reg. (EU) 2016/950, Reg. (EU) No 540/2011, Reg. (EU) No 823/2012)
552	lufenuron	虱螨脲	(2009/77/EC, Reg. (EU) No 540/2011)
553	*Mamestra brassica* nuclear polyhedrosis virus	甘蓝夜蛾核型多角体病毒	2004/129/EC
554	mancopper	代森锰铜	2002/2076

序号	农药英文名称	农药名称	相关法规
555	mancozeb	代森锰锌	05/72/EC, Reg. (EU) 2018/1796, Reg. (EU) 2019/2094, Reg. (EU) 2020/2087, Reg. (EU) 84/2018, Reg. (EU) No 540/2011, Reg. (EU) No 762/2013
556	maneb	代森锰	(05/72/EC, Reg. (EU) 2016/2035, Reg. (EU) No 540/2011, Reg. (EU) No 762/2013)
557	marigold extract	万寿菊提取物	Reg 647/2007
558	matrine	苦参碱	
559	mecarbam	灭蚜磷	2002/2076
560	mecoprop	丙酸	(03/70/EC, Reg. (EU) No 540/2011, Reg. (EU) No 823/2012)
561	mefenacet	苯噻草胺	2002/2076
562	mefluidide	氟磺酰草胺	2004/401/EC
563	mephosfolan	二噻磷	2002/2076
564	mepronil	灭锈胺	2002/2076
565	mercuric oxide	氧化汞	79/117/EEC
566	mercurous chloride (calomel)	氯化亚汞	79/117/EEC
567	merphos (aka tributylphosphorotrithioite)	脱叶亚磷	2002/2076
568	metamifop	噁唑酰草胺	
569	methabenzthiazuron	苯噻隆	2006/302
570	methacrifos	虫螨畏	2002/2076
571	methamidophos	甲胺磷	(2006/131/EC)
572	methazole	灭草唑	2002/2076
573	methfuroxam	呋菌胺	2002/2076
574	methidathion	杀扑磷	2004/129/EC
575	methiocarb (aka mercaptodimethur)	甲硫威	07/5/EC, Reg. (EU) 2019/1606, Reg. (EU) No 540/2011 (Reg. (EU) 2018/917, Reg. (EU) 2019/707, Reg. (EU) No 187/2014)
576	methomyl	灭多虫	(2009/115/EC, Reg. (EU) No 540/2011)
577	methoprene	烯虫酯	2002/2076
578	methoprotryne	盖草津	2002/2076
579	methoxychlor	甲氧滴滴涕	2002/2076
580	methyl bromide	甲基溴	2011/120/EU (2008/753)

序号	农药英文名称	农药名称	相关法规
581	methyl isothiocyanate	异硫氰酸甲酯	2002/2076
582	methyl nonyl ketone	壬酸甲酯	Reg. (EU) 2017/781 (2008/127, Reg. (EU) No 540/2011, Reg. (EU) No 608/2012, Reg. (EU) No 629/2014)
583	methyl p-hydroxybenzoate	对羟基苯甲酸甲酯	2007/442
584	methyl-trans-6-nonenoate	反式-6-癸烯甲酯	2004/129/EC
585	methylenebisthiocyanate	二硫氰基甲烷	2002/2076
586	methylnaphthylacetamide	甲基萘乙酰胺	2002/2076
587	methylnaphthylacetic acid	甲基萘乙酸	2002/2076
588	metolachlor	异丙甲草胺	2002/2076
589	metolcarb	速灭威	
590	metominostrobin	苯氧菌胺	
591	metoxuron	甲氧隆	2002/2076
592	metosulam	磺草唑胺	2010/91/EU, Reg. (EU) 2022/801, Reg. (EU) No 540/2011
593	metsulfovax	噻菌胺	2002/2076
594	mevinphos	速灭磷	2002/2076
595	milk albumin	乳清蛋白	2007/442
596	Mimosa tenuiflora extract	细花含羞草叶提取物	Reg 647/2007
597	mirex	灭蚁乐	850/2004
598	molinate	禾草敌	Reg. (EU) No 2015/408 (03/81/EC, Reg. (EU) No 540/2011)
599	monalide	庚酰草胺	2002/2076
600	monocarbamide-dihydrogensulphate	硫酸二氢单脲	2007/553
601	monocrotophos	久效磷	2002/2076
602	monolinuron	绿谷隆	00/234/EC
603	monuron	灭草隆	2002/2076
604	methyl arsonic acid	甲基胂酸	2002/2076
605	mustard powder	芥末粉	2007/442
606	myclobutanil	腈菌唑	2011/2/EU, Reg. (EU) 2018/155, Reg. (EU) 2022/801, Reg. (EU) No 540/2011
607	N-acetyl thiazolidin-4-carboxylic acid	N-乙酰基噻唑-4-羧酸	
608	N-phenylphthalamic acid	N-苯基邻苯二甲酸单酰胺	2007/442
609	nabam	代森钠	2002/2076

序号	农药英文名称	农药名称	相关法规
610	naled	二溴磷	2005/788
611	naphtalene	萘	2004/129/EC
612	naphtylacetic acid hydrazide	萘乙酸酰肼	2002/2076
613	naptalam	萘草胺	2002/2076
614	natural seed extract of *Camellia* sp.	山茶属天然种子提取物	
615	neburon	草不隆	2002/2076
616	*Neodiprion sertifer* nuclear polyhedrosis virus	欧洲松锈锯角叶蜂核型多角体病毒	2007/442
617	nicotine	尼古丁	2009/9
618	nitenpyram	烯啶虫胺	
619	nitralin	磺乐灵	2002/2076
620	nitrofen	除草醚	79/117/EEC
621	nitrogen	氮	2004/129/EC
622	nitrothal	5-硝基苯-1,3-二甲酸	2002/2076
623	nonylphenol ether polyoxyethyleneglycol	壬基酚聚乙二醇醚	2002/2076
624	nonylphenol ethoxylate	壬基酚聚氧乙烯醚	2002/2076
625	norflurazon	达草灭	2002/2076
626	noruron	草完隆	2002/2076
627	novaluron	氟酰脲	2012/187/EU (2001/861/EC, 2009/579/EC)
628	nuarimol	氟苯嘧啶醇	2004/129/EC
629	octhilinone	辛基异噻唑酮	2002/2076
630	octyldecyldimethyl ammonium chloride	辛基癸基二甲基氯化铵	2004/129/EC
631	ofurace	甲呋酰胺	2002/2076
632	olein	三油酸甘油酯	2007/442
633	omethoate	氧乐果	2002/2076
634	onion extract	洋葱提取物	2004/129/EC
635	orbencarb	坪草丹	2002/2076
636	*Origanum vulgare* L. essential oil	牛至精油	Reg. (EU) 2017/241
637	orthosulfamuron	嘧苯胺磺隆	Reg. (EU) 2017/840 (06/806/EC)
638	orysastrobin	肟醚菌胺	
639	oryzalin	氨磺乐灵	2011/27/EU, Reg. (EU) 2022/801, Reg. (EU) No 540/2011
640	other inorganic mercury compounds	其他无机汞化合物	79/117/EEC
641	oxadiargyl	丙炔噁草酮	(03/23/EC, Reg. (EU) No 186/2014, Reg. (EU) No 540/2011, Reg. (EU) No 823/2012)

序号	农药英文名称	农药名称	相关法规
642	oxadiazon	噁草酮	(2008/69/EC, 2010/39/EU, Reg. (EU) No 540/2011)
643	oxadixyl	噁霜灵	2002/2076
644	oxasulfuron	环氧嘧磺隆	Reg. (EU) 2018/1019 (09/874/EC, Reg. (EU) 2016/950, Reg. (EU) 2017/841, Reg. (EU) 2018/917, Reg. (EU) No 540/2011, Reg. (EU) No 823/2012)
645	oxine-copper	喹啉铜	2002/2076
646	oxpoconazole	噁咪唑	
647	oxycarboxin	氧化萎锈灵	2002/2076
648	oxydemeton-methyl	亚砜磷	2007/392
649	oxymatrine	氧化苦参碱	
650	oxytetracycline	土霉素	2002/2076
651	p-chloronitrobenzene	对氯硝基苯	2002/2076
652	p-cresyl acetate	乙酸对甲酚酯	2004/129/EC
653	p-dichlorobenzene	对二氯苯	2004/129/EC
654	p-hydroxybenzoic acid	对羟基苯甲酸	2007/442
655	papaine	木瓜蛋白酶	2004/129/EC
656	paprika extract (capsanthin, capsorubin E 160 c)	红辣椒提取物	Reg. (EU) 2017/2067
657	paraffin oil/(CAS 64741-88-4)	真空泵油	2007/442
658	paraffin oil/(CAS 64741-89-5)	蒸馏油	2007/442
659	paraffin oil/(CAS 64741-97-5)	矿物油	2007/442
660	paraffin oil/(CAS 64742-54-7)	加氢石油重烷烃馏分	2009/617
661	paraffin oil/(CAS 64742-55-8)	馏分油	2007/442
662	paraffin oil/(CAS 64742-65-0)	溶剂脱蜡重石蜡馏分	2007/442
663	paraffin oil/(CAS 8012-95-1)	石蜡油	2007/442
664	paraformaldehyde	多聚甲醛	2002/2076
665	paraquat	百草枯	
666	parathion	对硫磷	01/520/EC
667	parathion-methyl	甲基对硫磷	03/166/EC
668	pebulate	克草敌	2002/2076
669	pefurazoate	稻瘟酯	
670	pentachlorophenol	五氯苯酚	2002/2076
671	pentanochlor	甲氯酰草胺	2002/2076

序号	农药英文名称	农药名称	相关法规
672	pencycuron	戊菌隆	directive 91/414/EEC, Reg. (EU) 2018/1266, Reg. (EU) 2020/1643, Reg. (EU) 2022/801, Reg. (EU) No 540/2011
673	pentoxazone	戊基噁唑酮	
674	pentapotassium bis(peroxymonosulphate) bis(sulphate)	单过硫酸氢钾复合盐	
675	pepper dust extraction residue (PDER)	辣椒粉提取残渣	Reg. (EU) 2019/324, Reg. (EU) No 540/2011 (2008/127, Reg. (EU) 2017/195, Reg. (EU) No 369/2012)
676	peracetic acid	过氧乙酸	2007/442
677	perchlordecone (mirex)	灭蚁灵	
678	perfluidone	黄草伏	2002/2076
679	permethrin	氯菊酯	00/817/EC
680	petroleum oils	机油	2007/442
681	petroleum oils/(CAS 64742-55-8/ 64742-57-7)	矿物油	2007/442
682	petroleum oils/(CAS 74869-22-0)	润滑油	2007/442
683	petroleum oils/(CAS 92062-35-6)	石油醚	2009/616
684	phenols	酚类化合物	2002/2076
685	phenothrin	苯醚菊酯	2002/2076
686	phenthoate	稻丰散	2002/2076
687	pherodim		2004/129/EC
688	phi EaH1 bacteriophage against *Erwinia amylovora*	phi-EaH1 噬菌体抗淀粉样埃文氏菌	
689	phi EaH2 bacteriophage against *Erwinia amylovora*	phi-EaH2 噬菌体抗淀粉样埃文氏菌	
690	*Phlebiopsis gigantea* strains FOC PG B20/5, B22/SP1190/3.2, B22/SP1287/3.1, BU 3, BU 4, SH 1, SP log 5, SP log 6, and 97/1062/116/1.1	大伏革菌 FOC PG B20/5, B22/SP1190/3.2, B22/SP1287/3.1, BU 3, BU 4, SH 1, SP log 5, SP log 6 和 97/1062/116/1.1 株系	(Dir 2008/113/EC, Reg. (EU) 2019/168, Reg. (EU) No 540/2011)
691	*Phlebiopsis gigantea* strains VRA 1985 and VRA 1986	大伏革菌 VRA 1985 和 VRA 1986	(Dir 2008/113/EC, Reg. (EU) 2019/168, Reg. (EU) No 540/2011)
692	phorate	甲拌磷	2002/2076
693	phosalone	伏杀磷	2006/1010
694	phosmet	亚胺硫磷	07/25/EC, Reg. (EU) 2018/917, Reg. (EU) 2019/707, Reg. (EU) 2020/869, Reg. (EU) 2021/745, Reg. (EU) 2022/94, Reg. (EU) No 540/2011

续表

序号	农药英文名称	农药名称	相关法规
695	phosametine (ls830556)	磺草膦	2002/2076
696	phosphamidon	磷胺	2002/2076
697	phosphoric acid	磷酸	2004/129/EC
698	phoxim	辛硫磷	2007/442
699	phthalide	四氯苯酞	
700	picoxystrobin	啶氧菌酯	Reg. (EU) 2017/1455 (03/84/EC, Reg. (EU) 2016/950, Reg. (EU) No 540/2011, Reg. (EU) No 823/2012)
701	piperalin	粉病灵	
702	piributicarb	稗草畏	
703	pirimiphos-ethyl	嘧啶硫磷	2002/2076
704	plant oils / blackcurrant bud oil	植物油/黑醋栗芽油	Reg. 647/2007
705	plant oils / citronellol	植物油/香茅醇	2007/442
706	plant oils / coconut oil	植物油/椰子油	2004/129/EC
707	plant oils / daphne oil	植物油/瑞香油	2007/442
708	plant oils / eucalyptus oil	植物油/桉树油	Reg 647/2007
709	plant oils / gaiac wood oil	植物油/愈创木油	2007/442
710	plant oils / garlic oil	植物油/大蒜油	2007/442
711	plant oils / lemongrass oil	植物油/柠檬草油	2007/442
712	plant oils / maize oil	植物油/玉米油	2004/129/EC
713	plant oils / marjoram oil	植物油/马郁兰油	Reg 647/2007
714	plant oils / olive oil	植物油/橄榄油	2007/442
715	plant oils / peanut oil	植物油/花生油	2004/129/EC
716	plant oils / pinus oil	植物油/松油	2007/442
717	plant oils / soya oil	植物油/豆油	2007/442
718	plant oils / soybean oil, epoxylated	植物油/大豆油	2004/129/EC
719	plant oils / ylang-ylang oil	植物油/衣兰油	2007/442
720	polybutene	聚丁烯	
721	polymer of styrene and acrylamide	苯乙烯与丙烯酰胺的聚合物	2007/442
722	polyoxin	多抗霉素	2005/303
723	polyvinyl acetate	聚乙酸乙烯酯	Reg 647/2007
724	potassium iodide	碘化钾	Reg. (EU) No 116/2014 (05/751/EC)
725	potassium oleate	油酸钾	
726	potassium permanganate	高锰酸钾	2008/768
727	potassium silicate	硅酸钾	2002/2076

序号	农药英文名称	农药名称	相关法规
728	potassium sorbate	山梨酸钾	2004/129/EC, Reg. (EU) 2017/2068
729	potassium thiocyanate	硫氰酸钾	Reg. (EU) No 108/ 2014 (05/751/EC)
730	potassium triiodide	三碘化钾	
731	pretilachlor	丙草胺	2004/129/EC
732	primisulfuron	氟嘧磺隆	2004/129/EC
733	probenazole	烯丙异噻唑	
734	procymidone	腐霉利	(2006/132/EC)
735	profenofos	丙溴磷	2002/2076
736	prohydrojasmon	茉莉酸诱导体	
737	promecarb	猛杀威	2002/2076
738	prometryn	扑草净	2002/2076
739	pronumone	扑灭通	2004/129/EC
740	propachlor	毒草胺	2008/742
741	propanil	敌稗	Reg. (Eu) No 2019/ 148 (2008/769, Reg. (EU) No 1078/2011)
742	propaphos	丙虫磷	
743	propargite	克螨特	Reg. (EU) No 943/ 2011 (2008/934)
744	propazine	扑灭津	2002/2076
745	propetamphos	胺丙畏	2002/2076
746	propham	苯胺灵	96/586/EC
747	propiconazole	丙环唑	Reg. (EU) 2018/1865 (03/70/EC, Reg. (EU) 2016/2016, Reg. (EU) No 540/2011, Reg. (EU) No 823/2012, Reg. (EU) 2018/84)
748	propineb	甲基代森锌	Reg. (EU) 2018/309 (03/39/EC, Reg. (EU) 2016/2016, Reg. (EU) No 540/2011, Reg. (EU) No 823/2012, Reg.(EU) No 84/ 2018)
749	propionic acid	丙酸	2004/129/EC
750	propisochlor (ISO:2-chloro-6'-ethyl-N-isopropoxymethylaceto-o-toluidide)	异丙草胺	2011/262/EU
751	propolis (water soluble extract)	蜂胶	Reg. (EU) 2020/640 (2007/442)
752	propoxur	残杀威	2002/2076
753	propyl-3-t-butylphenoxyacetate	丙基-苯氧乙酸叔丁酯	2002/2076

序号	农药英文名称	农药名称	相关法规
754	propyrisulfuron	丙嗪嘧磺隆	
755	prothiocarb	胺丙威	2002/2076
756	prothiofos	丙硫磷	2002/2076
757	prothoate	发硫磷	2002/2076
758	prochloraz	咪鲜胺	2008/934, Reg. (EU) 2021/1450, Reg. (EU) 2022/801, Reg. (EU) No 1143/2011, Reg. (EU) No 2019/291, Reg. (EU) No 540/2011
759	profoxydim	环苯草酮	2011/14/EU, Reg. (EU) 2022/801, Reg. (EU) No 706/2011
760	pseudozyma flocculosa		dossier complete 02/305/EC, Reg. (EU) 2017/377
761	putrescine (1,4-diaminobutane)	腐胺	(2008/127, Reg. (EU) No 540/2011, Reg. (EU) No 571/2012)
762	pymetrozine	吡蚜酮	Reg. (EU) 2018/1501 (01/87/EC, 2010/77/EU, Reg. (EU) 2015/1885, Reg. (EU) 2016/549, Reg. (EU) 2017/841, Reg. (EU) 2018/917, Reg. (EU) No 540/2011)
763	pyraclofos	吡唑硫磷	2002/2076
764	pyranocoumarin	环香豆素	2004/129/EC
765	pyrasulfotole	磺酰草吡唑	
766	pyrazophos	定菌磷	00/233/EC
767	pyrazoxyfen	苄草唑	2002/2076
768	pyridafol	6-氯-4-羟基-3-苯基-哒嗪	
769	pyridaphenthion	哒嗪硫磷	2002/2076
770	pyrifenox	啶斑肟	2002/2076
771	pyrifluquinazon	氟虫吡喹	
772	pyriftalid	环酯草醚	
773	pyrimidifen	嘧螨醚	
774	pyrimisulfan	磺胺类除草剂	
775	pyrithiobac sodium	嘧草硫醚	
776	pyroquilon	咯喹酮	2002/2076
777	pyroxasulfone	派罗克杀草砜	
778	quassia	从苦木科植物提取的苦味药	2008/941

序号	农药英文名称	农药名称	相关法规
779	quaternary ammonium compounds	季铵盐类化合物	2004/129/EC
780	quinalphos	喹硫磷	2002/2076
781	quinclorac	二氯喹啉酸	2004/129/EC
782	quinoclamine	灭藻醌	(2008/66, Reg. (EU) No 540/2011)
783	quinoxyfen	喹氧灵	Reg. (EU) 2018/1914 (04/60/EC, Reg. (EU) 2016/2016, Reg. (EU) No 540/2011, Reg. (EU)2018/524)
784	quintozene	五氯硝基苯	00/816/EC
785	quintozene containing > 1g/kg HCB or > 10g/kg pentachlorobenzene	五氯硝基苯（含> 1g/kg 六氯苯或 10g/kg 五氯苯）	79/117/EEC
786	quizalofop	喹禾灵	2002/2076
787	repellent (by taste) of vegetal and animal origin/extract of food grade/phosphoric acid and fish flour	驱虫剂/食品级提取物/磷酸和鱼粉	2007/442
788	repellents by smell of animal or plant origin/ tall oil crude	驱虫剂/高油原油	Reg. (EU) 2017/1186 (2008/127, Reg. (EU) No 540/2011, Reg. (EU) No 637/2012)
789	repellents by smell of animal or plant origin/ tall oil pitch	驱虫剂/浮油沥青	Reg. (EU) 2017/1125 (2008/127, Reg. (EU) No 540/2011, Reg. (EU) No 637/2012)
790	repellents: essential oils	驱虫剂/精油	2007/442
791	repellents: fatty acids, fish oil	驱虫剂/脂肪酸，鱼油	2007/442
792	repellents: tall oil crude (CAS 93571-80-3)	驱虫剂：粗妥尔油	2007/442
793	resins and polymers	树脂聚合物	(Reg. (EC) No 647/2007)
794	resmethrin	苄呋菊酯	2002/2076
795	*Reynoutria sacchalinensis* extract	虎杖提取物	Reg. (EU) 2018/296
796	*Rheum officinale* root extract	水解药用大黄根提取物	Reg. (EU) 2015/707
797	rock powder	岩粉	2002/2076
798	rotenone	鱼藤酮	2008/317
799	saflufenacil	苯嘧磺草胺	
800	*Saponaria officinalis* L. roots	沙蓬根	Reg. (EU) 2020/643
801	*Satureja montana* L. essential oil	冬季香薄荷精油	Reg. (EU) 2017/240
802	scilliroside	海葱糖苷	2004/129/EC
803	sea-algae extract (formerly sea-algae extract and seaweeds)	褐藻提取物	(2008/127, Reg. (EU) No 540/2011)
804	sebacic acid	癸二酸	2004/129/EC
805	secbumeton	密草通	2002/2076

序号	农药英文名称	农药名称	相关法规
806	seconal (aka 5-allyl-5-(1'-methylbutyl) barbituric acid)	速可眠	2002/2076
807	serricornin	羟基二甲基壬酮	2004/129/EC
808	sethoxydim	稀禾啶	2002/2076
809	siduron	环草隆	2002/2076
810	silafluofen	氟硅菊酯	
811	silver iodide	碘化银	
812	silver nitrate	硝酸银	2002/2076
813	simazine	西玛津	04/247/EC
814	simeconazole	硅氟唑	
815	sodium aluminium silicate	硅铝酸钠	(2008/127, Reg. (EU) 2017/195, Reg. (EU) 2019/324, Reg. (EU) No 540/2011)
816	sodium arsenite	亚砷酸钠	2002/2076
817	sodium carbonate	碳酸钠	2004/129/EC
818	sodium diacetoneketogulonate	双酮古洛糖酸钠	2002/2076
819	sodium dichlorophenate	二氯苯酚钠	2002/2076
820	sodium dimethylarsinate	二甲基砷酸钠	2002/2076
821	sodium dimethyldithiocarbamate	二甲基二硫代氨基甲酸钠	2002/2076
822	sodium dioctyl sulfosuccinate	磺基琥珀酸二辛酯钠	2002/2076
823	sodium fluosilicate	氟硅酸钠	2002/2076
824	sodium hydroxide	氢氧化钠	2004/129/EC
825	sodium hypochlorite	次氯酸钠	(2008/127/EC, Reg. (EU) No 190/2013, Reg. (EU) No 540/2011)
826	sodium lauryl sulfate	十二烷基硫酸钠	Reg. 647/2007
827	sodium metabisulphite	焦亚硫酸钠	Reg. 647/2007
828	sodium monochloroacetate	氯乙酸钠	2002/2076
829	sodium o-benzyl-p-chlorphenoxide	邻-苯甲基-对-氯苯酚钠	2004/129/EC
830	sodium p-t-amylphenate	对-叔戊基酚钠	2002/2076
831	sodium p-t-amylphenoxide	对-叔戊基苯酚钠	2004/129/EC
832	sodium pentaborate	五硼酸钠	2002/2076
833	sodium propionate	丙酸钠	2004/129/EC
834	sodium tetraborate	四硼酸钠	2004/129/EC
835	sodium tetrathiocarbamate	四硫代氨基甲酸钠	2002/2076
836	sodium tetrathiocarbonate	硫代碳酸钠	2006/797
837	sodium thiocyanate	硫氰酸钠	2002/2076

序号	农药英文名称	农药名称	相关法规
838	sodium-*p*-toluene-sulfonchloramid	氯胺 T	2007/442
839	soybean extract	大豆提取物	2004/129/EC
840	spirodiclofen	螺螨酯	(2010/25/EU, Reg. (EU) No 540/2011)
841	*Spodoptera exigua* nuclear polyhedrosis virus	甜菜夜蛾核型多角体病毒	(07/50/EC, Reg. (EU) No 540/2011)
842	streptomycin	链霉素	2004/129/EC
843	strychnine	马钱子碱	2004/129/EC
844	sulfentrazone	甲磺草胺	
845	sulfotep	治螟磷	2002/2076
846	sulphuric acid	硫酸	2008/937
847	sulprofos	硫丙磷	2002/2076
848	sumithrin	醚菊酯	
849	*Tanacetum vulgare* L.	普通艾菊	Reg. (EU) 2015/2083
850	tar acids	焦油酸	2002/2076
851	tar oils	煤焦油	2004/129/EC
852	tagetes oil	万寿菊油	Dossier complete 2010/164/EU
853	TCA	三氯乙酸	2002/2076
854	TCMTB	苯噻氰	2002/2076
855	tebutam (aka butam)	牧草胺	2002/2076
856	tebuthiuron	丁噻隆	2002/2076
857	tecnazene	四氯硝基苯	00/725/EC
858	teflubenzuron	氟苯脲	(2009/37, Reg. (EU) No 540/2011)
859	temephos	双硫磷	2002/2076
860	tepraloxydim	吡喃草酮	(05/34/EC, Reg. (EU) No 540/2011, Reg. (EU) No 58/2015)
861	terbacil	特草定	2002/2076
862	terbufos	特丁磷	2002/2076
863	terbumeton	特丁通	2002/2076
864	terbutryn	特丁净	2002/2076
865	tetrachlorvinphos	杀虫威	2002/2076
866	tetradifon	四氯杀螨砜	2002/2076
867	tetraethyl pyrophosphate (TEPP)	焦磷酸四乙酯	
868	tetramethrin	胺菊酯	2002/2076
869	tetrasul	杀螨硫醚	2002/2076
870	thallium sulphate	硫酸铊	2004/129/EC

序号	农药英文名称	农药名称	相关法规
871	thiacloprid	噻虫啉	Reg. (EU) 2020/23 (04/99/EC, Reg. (EU) 2016/2016, Reg. (EU) 2018/524, Reg. (EU) 2019/168, Reg. (EU) No 1197/2012, Reg. (EU) No 540/2011)
872	thiamethoxam	噻虫嗪	(07/6/EC, 2010/21/ EU, Reg. (EU) No 2018/524, Reg. (EU) No 2018/785, Reg. (EU) No 485/2013, Reg. (EU) No 487/ 2014, Reg. (EU) No 540/2011)
873	thiazafluron	噻氟隆	2002/2076
874	thiazopyr	噻草啶	2002/2076
875	thidiazuron	噻苯隆	2008/296
876	thiobencarb	禾草丹	2008/934
877	thiocyclam	杀虫环	2002/2076
878	thiodicarb	硫双威	2007/366/EC
879	thiofanox	久效威	2002/2076
880	thiometon	甲基乙拌磷	2002/2076
881	thionazin	虫线磷	2002/2076
882	thiophanate (ethyl)	硫菌灵	2002/2076
883	thiosultap sodium	杀虫双	
884	thiourea	硫脲	2004/129/EC
885	thiram	福美双	Reg. (EU) 2018/1500 (03/81/EC, Reg. (EU) 2016/2016, Reg. (EU) No 540/2011, Reg. (EU)2018/524)
886	thiophanate-methyl	甲基硫菌灵	05/53/EC, Reg. (EU) 2017/1511, Reg. (EU) 2018/1262, Reg. (EU) 2019/1589, Reg. (EU) 2020/1498, Reg. (EU) No 533/2013, Reg. (EU) No 540/2011
887	thyme oil	百里香油	dossier complete 2010/164/EU
888	tiadinil	噻酰菌胺	
889	tiocarbazil	仲草丹	2002/2076
890	tolfenpyrad	唑虫酰胺	
891	tolpyralate	苯甲酰吡唑类除草剂	
892	tolylfluanid	对甲抑菌灵	(2010/20/EU)

序号	农药英文名称	农药名称	相关法规
893	tolylphtalam (ISO: *N-m*-tolylphthalamic acid)	3'-甲基苯酞氨酸	2002/2076
894	tomato mosaic virus	番茄花叶病毒	2004/129/EC
895	topramezone	苯唑草酮	dossier complete 03/850/EC, Reg. (EU) 2021/79
896	tralkoxydim	肟草酮	2008/107, Reg. (EU) No 540/2011
897	tralomethrin	四溴菊酯	2002/2076
898	*trans*-6-nonen-1-ol	反-6-壬烯-1-醇	2004/129/EC
899	triadimefon	三唑酮	2004/129/EC
900	triadimenol	三唑醇	(2008/125, Reg. (EU) No 540/2011)
901	triapenthenol	抑芽唑	2002/2076
902	triasulfuron	醚苯磺隆	Reg. (EU) 2016/864 (00/66/EC, 2010/77/EU, Reg. (EU) 2015/1885, Reg. (EU) No 540/2011)
903	triazamate	唑蚜威	2005/487
904	triazbutyl	丁基三唑	2002/2076
905	triazophos	三唑磷	2002/2076
906	triazoxide	咪唑嗪	2009/860/EC, Reg. (EU) 2022/801, Reg. (EU) No 807/2011
907	tribufos (*S,S,S*-tributyl-phosphorotrithioate)	脱叶磷	2002/2076
908	tricalcium phosphate	磷酸三钙	2007/442
909	trichlorfon	敌百虫	2007/356
910	trichloronat	毒壤膦	2002/2076
911	trichoderma polysporum strain IMI 206039	多孢木霉菌株	(2008/113, Reg. (EU) No 540/2011)
912	tricyclazole	三环唑	Reg. (EU) 2016/1826 (2008/770)
913	tridemorph	克啉菌	2004/129/EC
914	tridiphane	灭草环	2002/2076
915	trietazine	草达津	2002/2076
916	trifenmorph	杀螺吗啉	2002/2076
917	trifloxysulfuron	三氟啶磺隆	
918	triflumizole	氟菌唑	(2010/27/EU, Reg. (EU) No 540/2011)
919	trifluralin	氟乐灵	2010/355/EU
920	triforine	嗪氨灵	2002/2076
921	triflumezopyrim	三氟苯嘧啶	

序号	农药英文名称	农药名称	相关法规
922	triflumuron	杀铃脲	2011/23/EU, Reg. (EU) 2022/801, Reg. (EU) No 540/2011
923	trimedlure	地中海实蝇性诱剂	2004/129/EC
924	trimethylamine hydrochloride	三甲铵盐酸盐	(2008/127, Reg. (EU) No 540/2011)
925	trioxymethylene	三聚甲醛	2002/2076
926	uniconazole	烯效唑	
927	validamycin	井冈霉素	2002/2076
928	vamidothion	蚜灭磷	2002/2076
929	vernolate	灭草猛	2002/2076
930	*Verticillium nonalfalfae* strain Vert56	黄萎病菌 Vert56 菌株	
931	vinclozolin	乙烯菌核利	(Reg 1335/2005)
932	warfarin (aka coumaphene)	杀鼠灵	(06/05/EC, Reg. (EU) No 186/2014, Reg. (EU) No 540/2011, Reg. (EU) No 823/2012)
933	waxes	蜡	
934	wheat gluten	小麦面筋	Reg 647/2007
935	XMC	一氯代二甲苯	
936	zeta-cypermethrin	zeta-氯氰菊酯	2009/37, Reg. (EU) 2020/1643, Reg. (EU) 2022/801, Reg. (EU) No 540/2011
937	zineb	代森锌	01/245/EC
938	Zucchini yellow mosaic virus (ZYMV mild strain)	西葫芦黄花叶病毒（ZYMV 弱毒株）	

参考文献

[1] GB 2763—2021, 食品安全国家标准 食品中农药最大残留限量. 北京: 中国农业出版社, 2021.

[2] GB 2761—2017, 食品安全国家标准 食品中真菌毒素限量. 北京: 中国标准出版社, 2017.

[3] GB 2762—2022, 食品安全国家标准 食品中污染物限量. 北京: 中国标准出版社, 2012.

[4] 国际食品法典官网: https://www.fao.org/fao-who-codexalimentarius.

[5] EFSA 官网: https://www.efsa.europa.eu.

[6] 日本食品化学研究振兴财团官网: https://www.ffcr.or.jp/index.html.

[7] 美国 eCFR 官网: https://www.ecfr.gov/.

[8] 澳大利亚联邦政府: https://www.legislation.gov.au/.

[9] 韩国食品药品管理局: https://www.mfds.go.kr/eng/index.do.

[10] ISO 英文名查询网址: http://www.alanwood.net/pesticides/index_cn_frame.html.

[11] 香港特别行政区政府食物安全中心: https://www.cfs.gov.hk/sc_chi/whatsnew/whatsnew_fstr/whatsnew_fstr_21_Pesticide.html.